战略性新兴领域"十四五"高等教育系列教材

智能制造导论

主　编　陈　明　张光新　谢　楠
副主编　夏晓峰　陈　云　黄平捷　刘晋飞
参　编　黄　华　明　萱　杨　敏　吴　强　黄志晨
　　　　刘乙涵　梅超龙　瞿靖东　朱易凡

机械工业出版社

本书从制造技术的演进出发，通过介绍智能制造的基本概念、体系架构、核心技术、典型应用场景等内容，较为全面地阐述了智能制造的理论和实践知识。

本书主要内容包括智能制造概述、信息物理系统、智能制造系统架构及参考模型、智能制造新技术、离散型智能制造、流程型智能制造、网络协同制造、远程运维、个性化定制、智能制造系统安全保障技术体系。

本书可作为高等院校机械工程、智能制造工程等专业的教材，也可供相关领域工程技术人员参考。

图书在版编目（CIP）数据

智能制造导论 / 陈明，张光新，谢楠主编. -- 北京：机械工业出版社，2024.12. -- (战略性新兴领域"十四五"高等教育系列教材). -- ISBN 978-7-111-76645-2

Ⅰ. TH166

中国国家版本馆 CIP 数据核字第 2024DX8069 号

机械工业出版社（北京市百万庄大街22号　邮政编码100037）
策划编辑：余　皞　　　责任编辑：余　皞　章承林
责任校对：李小宝　陈　越　封面设计：严娅萍
责任印制：郜　敏
三河市航远印刷有限公司印刷
2024年12月第1版第1次印刷
184mm×260mm・14.75印张・326千字
标准书号：ISBN 978-7-111-76645-2
定价：49.80元

电话服务　　　　　　　　网络服务
客服电话：010-88361066　机　工　官　网：www.cmpbook.com
　　　　　010-88379833　机　工　官　博：weibo.com/cmp1952
　　　　　010-68326294　金　书　网：www.golden-book.com
封底无防伪标均为盗版　　机工教育服务网：www.cmpedu.com

前　言

"制造业是立国之本、兴国之器、强国之基。"智能制造是我国制造业创新发展的主要抓手，是我国制造业转型升级的主要路径，是我国加快建设制造强国的主攻方向。当前，新一轮工业革命方兴未艾，其根本动力在于新一轮科技革命。21世纪以来，互联网、云计算、大数据等新一代信息技术飞速发展，这些历史性的技术进步集中汇聚在新一代人工智能技术的战略性突破上，新一代人工智能已经成为新一轮科技革命的核心技术。新一代人工智能技术与先进制造技术的深度融合，形成了新一代智能制造技术，成为新一轮工业革命的核心驱动力。新一代智能制造技术的突破和广泛应用，将重塑制造业的技术体系、生产模式和产业形态，实现第四次工业革命。

随着智能制造技术在企业的广泛应用，智能制造的人才缺口也越来越大。在教育部"新工科"建设的引领下，全国已有300余所本科院校开设了"智能制造工程"专业，更多的院校开展了教学改革，更新了教学内容，以使毕业生符合当前社会需求。目前为本科生介绍智能制造相关技术的教材已有不少品种，但是因为智能制造工程的内涵和新技术还在高速推陈出新，因此教材还需与时俱进，快速更新体系内容，加快出版节奏。

本书的主要编写目的就是介绍智能制造的基本概念、体系架构、核心技术和典型的应用场景，为智能制造工程、机械工程及相关专业的学生梳理出一个相对清晰的脉络。本书有以下特点：

1. 内容体系完整。本书涵盖了智能制造的整体架构、新技术、新模式与实践案例。在整体系统架构章节中，对比了德国工业4.0架构、中国智能制造系统架构、美国工业互联网架构等具有代表性的不同国家的参考模型；对信息物理系统、多传感器信息融合、新一代人工智能、工业大数据、物联网、云计算等新技术进行了阐述；涵盖了网络协同制造、远程运维、个性化定制等智能制造新模式；对离散制造与流程制造等不同行业的智能制造特征、方式及实践案例进行了描述。

2. 技术先进。书中所描述的模型、技术、实践案例等，均来源于当前最新的资料或研究成果，代表了智能制造最前沿的技术方向与成就，能为读者提供智能制造发展现状与未来发展方向的参考。

3. 与工程紧密结合。书中包含大量来自国内外知名企业的实践案例，例如通用电气、宝钢、西门子、大众等，力争做到理论与工程实践的紧密结合，使读者能理解智能制造技术的部署实施方法。

本书由同济大学陈明教授、浙江大学张光新教授和重庆大学谢楠教授任主编，其中第6章由张光新教授负责统筹，第2章和第10章由谢楠教授负责统筹，其余各章由陈明教授负责统筹。

夏晓峰、陈云、黄平捷、刘晋飞任副主编，负责相关章节的编写。黄华、明萱、杨敏、吴强、黄志晨、刘乙涵、梅超龙、瞿靖东、朱易凡参加了相关章节的编写。

由于智能制造技术发展很快，加之编者水平有限，书中难免有不妥之处，请各位读者批评指正。

编　者

目　录

教学大纲

知识图谱

前言

第1章　智能制造概述 ·· 1
1.1　制造与制造系统 ··· 1
1.2　智能制造的提出、定义、内容与特征 ······································· 4
1.3　智能制造的发展历程 ··· 13
1.4　世界各国的智能制造战略 ·· 16
1.5　智能制造的未来 ·· 21
参考文献 ··· 22

第2章　信息物理系统 ·· 23
2.1　信息物理系统的内涵 ··· 23
2.2　信息物理系统的实现 ··· 34
2.3　信息物理系统的建设和应用 ··· 44
参考文献 ··· 46

第3章　智能制造系统架构及参考模型 ··· 47
3.1　智能制造的基础 ·· 47
3.2　智能制造系统参考模型 ·· 53
3.3　智能制造系统架构解析 ·· 62
参考文献 ··· 66

第4章　智能制造新技术 ·· 68
4.1　多传感器信息融合技术 ·· 68
4.2　自动识别技术 ··· 72
4.3　新一代人工智能 ·· 75
4.4　新型网络技术 ··· 80

4.5 物联网技术 85
4.6 大数据技术 87
4.7 云计算技术 90
4.8 虚拟/增强现实技术 93
参考文献 97

第 5 章　离散型智能制造 98

5.1 离散型智能制造的内涵 98
5.2 离散型智能制造的架构 101
5.3 典型案例 112
参考文献 120

第 6 章　流程型智能制造 122

6.1 流程型智能制造的内涵 122
6.2 流程型智能制造的架构 126
6.3 典型案例 136
6.4 流程型智能制造的下一步发展趋势 139
参考文献 140

第 7 章　网络协同制造 142

7.1 网络协同制造的定义 142
7.2 网络协同制造的架构 146
7.3 案例分析 158
参考文献 161

第 8 章　远程运维 162

8.1 远程运维概要 162
8.2 远程运维体系架构 167
8.3 典型案例 172
参考文献 184

第 9 章　个性化定制 185

9.1 个性化定制概述 185
9.2 个性化定制模式体系架构 187
9.3 典型案例 196
参考文献 201

第 10 章　智能制造系统安全保障技术体系 202

- 10.1　智能制造系统安全概述 202
- 10.2　智能制造系统网络概述与着力点 203
- 10.3　安全保障技术体系与自主可控 206
- 10.4　智能制造系统安全需求 207
- 10.5　安全自主可控 211
- 10.6　智能制造系统安全的基石 212
- 10.7　智能制造系统安全标准路线图 222
- 10.8　智能制造系统安全的行业分析 223
- 参考文献 227

知识体系

第 1 章

智能制造概述

PPT 课件

讲座

制造业是社会经济发展的重要推手，是经济社会稳定的重要支柱。如图 1-1 所示，制造业的发展经历了三次工业革命。第一次工业革命揭开了近代工业化生产的序幕，第二次工业革命和第三次工业革命期间的技术发展催生了现代制造业。当前，第四次工业革命的概念被提出，制造业技术革新和制造业需求不断变化，新一轮产业革命正在进行当中，而智能制造就是这场制造业革命的主导。

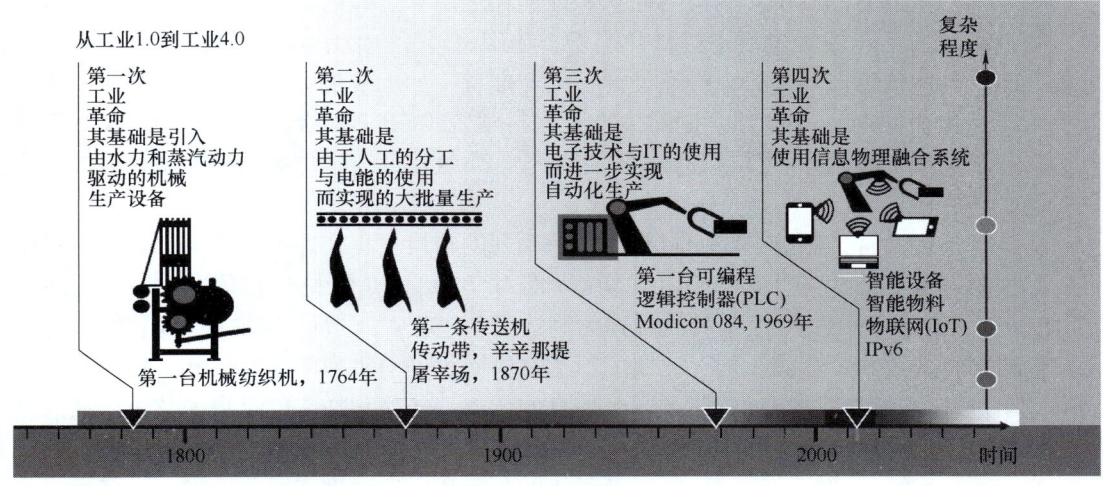

图 1-1 四次工业革命

智能制造是一个大概念，是先进制造技术与先进信息技术的深度融合，贯穿于产品设计、制造、服务等全生命周期的各个环节及相应系统的优化集成，旨在不断提升企业的产品质量、效益、服务水平，减少资源消耗，推动制造业创新、绿色、协调、开放、共享发展。

1.1 制造与制造系统

1.1.1 制造与制造技术

制造活动是人类最基础、最重要的活动。制造技术的发展是推动人类经济进步、社会进步、文明进步的主要动力，也是国家综合国力的体现。制造（Manufacturing）一词源于拉丁语，原意是手工制作，即把原材料用手工方式制成有用的产品。狭义的制造一般是指生产过程中从原材料到成品直接起作用的那部分工作，包括毛坯制作、零件加工等具体操作。图 1-2 所示为锤子的部分制造过程，从左往右分别为毛坯制作、零件加工和零件装配。

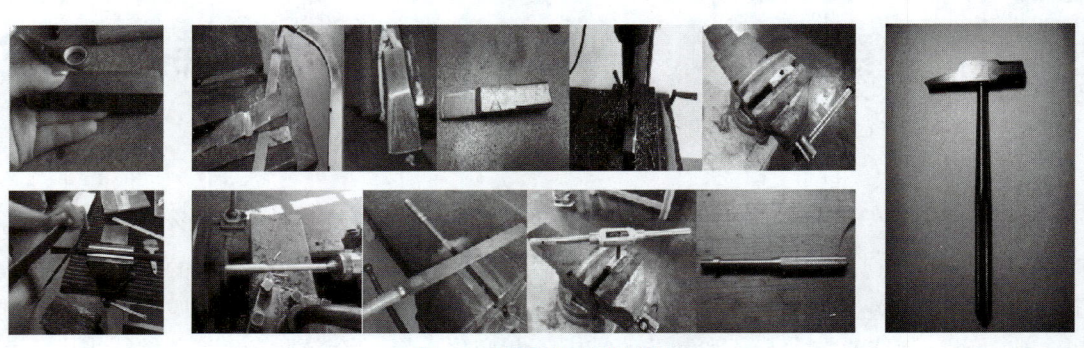

图 1-2　锤子的制造过程

随着人类生产力的发展，制造的概念和内涵在范围和过程两个方面大大拓展。范围方面，制造涉及的工业领域包括了机械、电子、化工、轻工、食品和军工等国民经济领域。过程方面，制造包括市场分析、产品设计、生产准备、加工装配、制造管理、销售、服务等整个产品生命周期。1990 年，国际生产工程科学院（CIRP）给出了制造的定义：制造包括制造企业的产品设计、材料选择、制造生产、质量保证、管理和营销一系列有内在联系的运作和活动。

从技术角度而言，制造是将原材料经过一系列的转换过程使之成为产品，这些转换既可以是原材料在物理性质上的变化（如切削加工），也可以是原材料在化学性质上的改变（如化工产品的生产）。通常这些转换被称为制造工艺过程。制造过程总是伴随着物料的流动，包括物料的采购、存储、加工、装配、运输、销售等一系列活动，因此，制造是一个物料流动过程。同时，制造过程还是一个信息的传递、转换和加工的过程，整个产品的制造过程中，产品需求信息、产品设计信息、制造工艺信息以及加工装配信息等构成了一个完整的制造信息链。同时，为保证制造过程能够顺利和协调地进行，制造过程中还含有大量的管理信息和控制信息，所以制造也是一个信息流动的过程。

随着制造业的发展，制造技术不断积累。目前，先进制造技术（Advanced Manufacturing Technology，AMT）体系已经支撑起制造业的发展，并朝着智能化制造技术体系发展。

先进制造技术体系包括三个技术群：主体技术群，即 AMT 的关键支撑技术，如计算机辅助设计、加工工艺规划、增材制造技术、并行工程，以及材料生产工艺、加工工艺、加工和测试技术等；支撑技术群，如计算机技术、自动化技术、检测与转换技术、标准、框架等；管理技术群，如质量管理、基础设施、人员培训、全局监督等。

AMT 的发展将在新工业革命中发挥重要作用。如前所述，工业革命的实质是制造业生产方式与制造模式发生了重大变化，它必然也是始于制造技术的突破性发展。AMT 是制造业产生变革的根本力量，新一代信息技术（云计算、大数据、物联网、务联网、云平台等）、新能源（再生能源、清洁能源等）、新材料（复合材料、纳米材料等）技术等将为新工业革命创造强大的新基础设施。

1.1.2 制造系统

制造系统是指由制造过程及其所涉及的硬件、软件和人员组成的一个具有特定功能的有机整体。这里所涉及的制造过程包括产品的经营规划、开发研制、加工制造和控制管理的过程；硬件包括生产设备、工具和材料、能源以及各种辅助装置；软件则包括制造理论、制造工艺和方法及各种制造信息等。

在功能上，制造系统是一个将制造资源转变为成品或半成品的输入输出系统，如图 1-3 所示。其主要子系统功能如下：

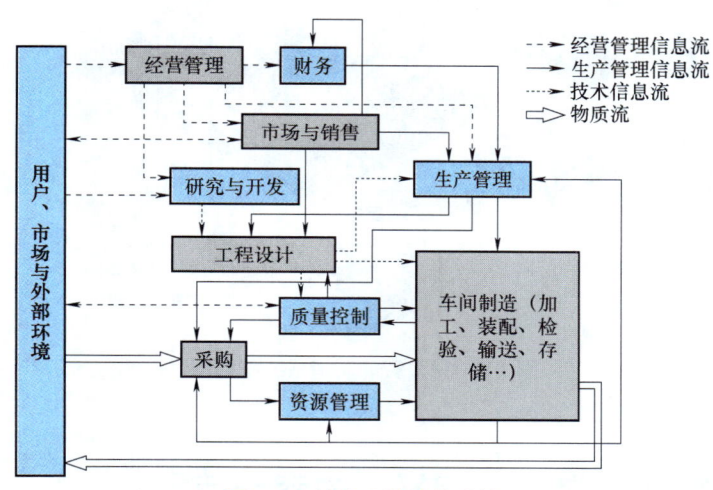

图 1-3　制造系统功能结构

1) 经营管理子系统：确定企业经营方针和发展方向，进行战略规划、决策。
2) 市场与销售子系统：进行市场调研与预测，制定销售计划，开展销售与售后服务。
3) 研究与开发子系统：制定开发计划，进行基础研究、应用研究与产品开发。
4) 工程设计子系统：进行产品设计、工艺设计、工程分析、样机试制、试验与评价，制定质量保证计划。
5) 生产管理子系统：制定生产计划、作业计划，进行库存管理、成本管理、资源管理（设备管理、工具管理、能源管理、环境管理）、生产过程控制。
6) 采购供应子系统：负责原材料及外购件的采购、验收、存储。
7) 质量控制子系统：收集用户需求与反馈信息，进行质量监控和统计过程控制。
8) 财务子系统：制定财务计划，进行企业预算和成本核算，负责财务会计工作。
9) 资源管理子系统：进行设备管理、工具管理、能源管理、环境管理。
10) 车间制造子系统：零件加工，部件及产品装配、检验，物料存储与输送，废料存放与处理。

如图1-4所示,一个完整的智能制造体系除了完善的智能工厂外,还应该包含售后、物流、财务等多个子系统。在这个层次体系中,每一层次都不是独立存在的,各个系统环环相扣,相互影响。

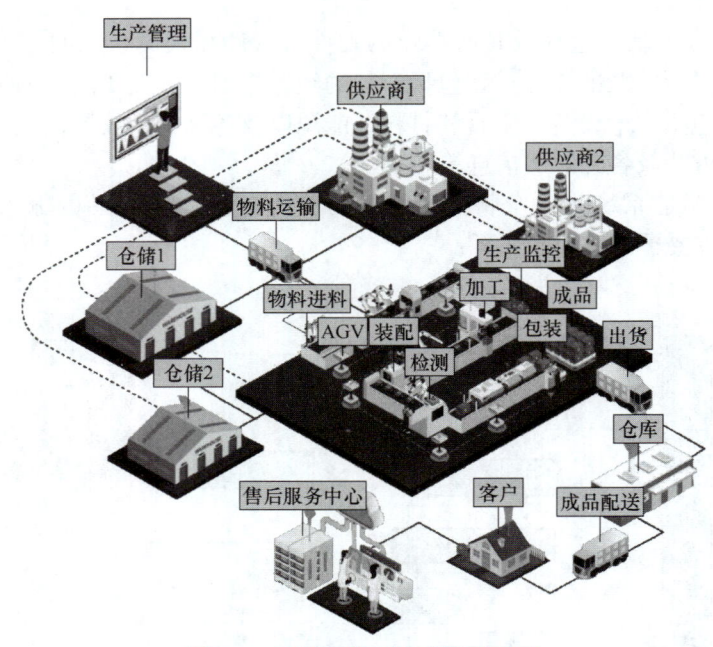

图1-4 完整智能制造系统平面图

1.2 智能制造的提出、定义、内容与特征

1.2.1 智能制造的提出

智能制造的提出源于人工智能(Artificial Intelligence,AI)在制造领域中的应用研究。自1956年,麦卡锡等四位学者在美国首次提出"人工智能"这一术语后,人工智能技术和应用发展经历了多次高潮和低谷。人工智能经过推理期、知识期和学习期,发展到今天出现了新的研究热点:大数据智能、人机混合增强智能、群体智能、跨媒体智能等。

为了应对制造业正面临的前所未有的挑战,在人工智能研究的基础之上,智能制造被认为是解决问题的关键。1988年,美国纽约大学的怀特(P. K. Wright)教授和卡内基梅隆大学的布恩(D. A. Bourne)教授出版了《智能制造》一书,并首次提出了智能制造的概念,他们认为智能制造的目的是通过集成知识工程、制造软件系统、机器人视觉和机器控制对制造技术工人的技能和专家知识进行建模,以使智能机器人在没有人工干预的情况下进行小批量生产。

智能制造一经提出,便获得了欧、美、日等发达国家的普遍重视,他们很快围绕智能制造技术和智能制造系统开展了大量国际合作研究。1991年，日、美、欧共同发起实施"智能制造国际合作研究计划"中提出"智能制造系统是一种在整个制造过程中贯彻智能活动，并将这种智能活动与机器有机融合，将整个制造过程从订货、产品设计、生产到市场销售等各个环节，以柔性方式集成起来的，能发挥最大生产力的先进生产系统"。

1.2.2 智能制造的定义

21世纪以来，随着物联网、大数据、云计算等新一代信息技术的快速发展及应用，智能制造被赋予了新的内涵，即新一代信息技术条件下的智能制造。2010年9月，美国在华盛顿举办的"21世纪智能制造研讨会"上提出，智能制造是对先进智能系统的强化应用，它使新产品的迅速制造、产品需求的动态响应以及对工业生产和供应链网络的实时优化成为可能。德国正式推出的工业4.0战略，虽没明确提出智能制造概念，但包含了智能制造的内涵，即将企业的机器、存储系统和生产设施融入虚拟网络 - 实体物理系统（Cyber-Physical Systems，CPS）。在制造系统中，这些虚拟网络 - 实体物理系统包括智能机器、存储系统和生产设施，能够相互独立地自动交换信息、触发动作和控制。

2011年6月，美国智能制造领导联盟（Smart Manufacturing Leadership Coalition，SMLC）发表了《实施21世纪智能制造》报告，给出了智能制造的定义：智能制造是先进智能系统强化应用、新产品快速制造、产品需求动态响应以及工业生产和供应链网络实时优化的制造，其核心技术是网络化传感器、数据互操作性、多尺度动态建模与仿真、智能自动化以及可扩展的多层次网络安全。融合从工厂到供应链的所有制造，并对固定资产、过程和资源的虚拟追踪横跨整个产品的生命周期。结果是在一个柔性的、敏捷的、创新的制造环境中优化性能和效率，并且使业务与制造过程有效地串联在一起。

2013年4月，德国在汉诺威工业博览会上正式推出"工业4.0"战略。德国对智能制造的理解也是一个逐步深化的过程，在推出"工业4.0"战略时对工业4.0还没有严格的定义，只是使用描述性的语言概括了工业4.0的特征。工业4.0将使生产资源形成一个循环网络，让生产资源具有自主性、可自我调节以应对不同的形势、可自我配置等。工业4.0的智能产品具有独特的可识别性，可以在任何时候被分辨出来。工业4.0将可能使有特殊产品特性需求的客户直接参与到产品设计、生产、销售、运作和回收的各个阶段。工业4.0的实施将使企业员工可以根据形势和环境敏感的目标来控制、调节和配置智能制造网络和生产步骤。图1-5所示为工业4.0宣传图。

2016年12月8日，我国工业和信息化部、财政部联合制定的《智能制造发展规划（2016—2020年）》给出了较为明确的定义："智能制造是基于新一代信息通信技术与先进制造技术深度融合，贯穿于设计、生产、管理、服务等制造活动的各个环节，具有自感知、自学习、自决策、自执行、自适应等功能的新型生产方式。"虽然各行各业均在响应国家的号召全力推动智能制造的发展，但是，智能制造尚处于不断发展过程中，对于智能制造的理解和定义也要与时俱进。

综上所述，智能制造是将物联网、大数据、云计算等新一代信息技术与先进自动化技术、传感技术、控制技术、数字制造技术结合，实现工厂和企业内部、企业之间和产品全生命周期的实时管理和优化的新型制造系统。

图 1-5　工业 4.0 宣传图

1.2.3　智能制造的内涵与特征

关于智能制造，其内涵是实现整个制造业价值链的智能化和创新，是信息化与工业化深度融合的进一步提升。智能制造融合了信息技术、先进制造技术、自动化技术和人工智能技术。智能制造包括开发智能产品，应用智能装备，自底向上建立智能产线、构建智能车间、打造智能工厂，践行智能研发，形成智能物流和供应链体系，开展智能管理，推进智能服务，最终实现智能决策。从智能制造的内涵可以得出图 1-6 所示的智能制造金字塔，其中，智能产品、智能服务可以帮助企业带来商业模式的创新，智能装备、智能产线、智能车间到智能工厂可以帮助企业实现生产模式的创新，智能研发、智能管理、智能物流与供应链则可以帮助企业实现运营模式的创新，而智能决策则可以帮助企业实现科学决策。

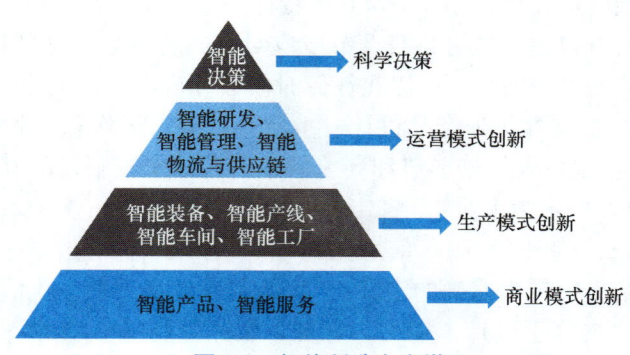

图 1-6　智能制造金字塔

（1）智能产品（Smart Product）　智能产品通常包括机械、电气和嵌入式软件，具有记忆、感知、计算和传输功能。典型的智能产品包括智能手机、智能可穿戴设备、无人机、智能汽车、智能家电、智能售货机等，智能装备也是一种智能产品。企业应该思考如何在产品上加入智能化的单元，提升产品的附加值。比如，在图 1-7 中的智能汽车上添加车用智能传感器监测各种工况信息，如车速、各种介质的温度、发动机运转工况等对实现智能驾驶的发展起着重要作用，且传感器的增多及智能化也能够有效提高自动驾驶的安全性。

图 1-7　智能汽车产品

（2）智能服务（Smart Service）　基于传感器和物联网（Internet of Things，IoT），可以感知产品的状态，从而进行预防性维修维护，及时帮助客户更换备品备件，甚至可以通过了解产品运行的状态，帮助客户带来商业机会。还可以采集产品运营的大数据，辅助企业进行市场营销的决策。此外，企业通过开发面向客户服务的应用程序（APP），也是一种智能服务的手段，可以针对企业购买的产品提供有针对性的服务，从而锁定用户，开展服务营销。如图 1-8 所示，传感器网可收集各种设备的数据，APP 可根据检测的数据获取设备所需的服务或者存在的问题，并通过知识库和库存选择服务或零件，安排相关的工程师去现场开展服务，使设备始终保持正常运行状态。

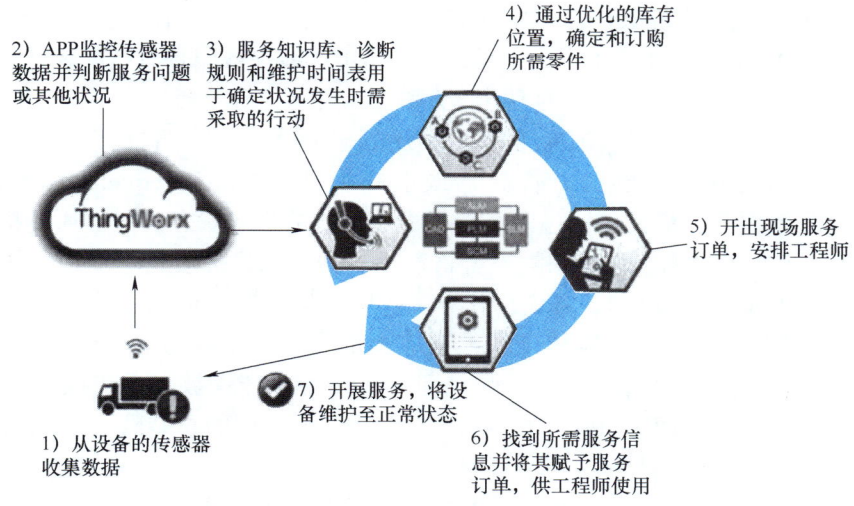

图 1-8　物联网驱动智能服务

（3）智能装备（Smart Equipment，SE）　制造装备经历了机械装备到数控装备，目前正在逐步发展为智能装备。智能装备具有检测功能，可以实现在机检测，从而补偿加工误差，提高加工精度，还可以对热变形进行补偿。以往一些精密装备对环境的要求很高,现在由于有了闭环的检测与补偿,可以降低对环境的要求。智能装备一个最基本的要求,就是要提供开放的数据接口,能够支持设备联网,国外称为机器与机器(Machine-to-Machine,M2M)互联。

DMG MORI(德玛吉森精机)最新推出的复合加工中心 LaserTec 65 已经融合了增材制造和切削加工(减材制造),可以通过激光堆焊的增材制造工艺快速制造毛坯,如图 1-9 所示。

图 1-9 DMG MORI 的复合加工中心

(4)智能产线(Smart Production Line,SPL) 很多行业的企业高度依赖自动化生产线,比如钢铁、化工、制药、食品饮料、烟草、芯片制造、电子组装、汽车整车和零部件制造等。一些机械标准件生产也应用了自动化生产线,实现了自动化的加工、装配和检测,比如轴承生产。很多企业的技术改造重点,就是建立自动化生产线、装配线和检测线。美国波音公司的飞机总装厂已建立了 U 形的脉动式总装线。自动化生产线可以分为刚性自动化生产线和柔性自动化生产线,柔性自动化生产线一般应具有缓冲区。为了提高生产效率,工业机器人、吊挂系统在自动化生产线上应用越来越广泛。

目前,智能产线在我国制造企业的应用还处于起步阶段。智能产线的特点有:在生产和装配的过程中,能够通过传感器或射频识别(Radio Frequency Identification,RFID)自动进行数据采集,并通过电子看板显示实时的生产状态;能够通过机器视觉和多种传感器进行质量检测,自动剔除不合格产品,并对采集的质量数据进行统计过程控制(Statistical Process Control,SPC)分析,找出质量问题的成因;能够支持多种相似产品的混线生产和装配,灵活调整工艺,适应小批量、多品种的生产模式;具有柔性,如果生产线上有设备出现故障,能够调整到其他设备生产;针对人工操作的工位,能够给予智能的提示。如图 1-10 所示为西门子成都电子工厂的总装线,已经基本达到了智能产线的水平。

(5)智能车间(Smart Workshop,SW) 一个车间通常有多条生产线,这些生产线要么生产相似零件或产品,要么有上下游的装配关系。要实现车间的智能化,需要对生产状况、设备状态、能源消耗、生产质量、物料消耗等信息进行实时采集和分析,进行高效排产和合理排班。因此,无论什么制造行业,制造企业,生产过程执行系统(Manufacturing Execution System,MES)都会成为企业的必然选择。

图 1-10 西门子成都电子工厂的智能总装线

MES 是一个车间级的综合管理系统，可以帮助企业显著提升设备利用率，提高产品质量，实现生产过程可追溯和上料防错，提高生产效率。智能车间还要建立有线或无线的工厂网络，能够实现生产指令的自动下达和设备与产线信息的自动采集。

数字孪生（Digital Twin，DT）可以将 MES 采集到的数据在虚拟的三维车间模型中实时地展现出来，不仅提供车间的虚拟现实（Virtual Reality，VR）环境，而且还可以显示设备的实际状态，实现虚实融合。如图 1-11 所示为海尔胶州工厂的虚实融合应用，视频监控系统不仅记录视频，还可以对车间的环境，人员行为进行监控、识别与报警。例如，有工人没有戴安全帽，进入了不允许进入的区域，或者倒地，都可以自动报警。智能车间应当在温度、湿度、洁净度的控制和工业安全（包括工业自动化系统的安全、生产环境的安全和人员安全）等方面达到智能化水平。

图 1-11 海尔胶州工厂的虚实融合应用

（6）智能工厂（Smart Factory，SF） 一个工厂通常由多个车间组成，大型企业有多个工厂。一个普遍的共识是，仅仅有自动化生产线和一大堆机器人，并不是智能工厂。作为智能工厂，不仅生产过程应实现自动化、透明化、可视化、精益化，同时，产品检测、质量检验和分析、生产物流也应当与生产过程实现闭环集成。一个工厂的多个车间之间要实现信息共享、准时配送、协同作业。一些离散制造企业也建立了类似流程制造企业那样的生产指挥中心，对整个工厂进行指挥和调度，及时发现和解决突发问题，这也是智能工厂的重要标志。

图 1-12 所示为三星开展的移动工厂（Mobile Plant，MP）的实践，工人可以通过智能

手机查询工单,可以开视频会议,维修人员碰到疑难问题,可以通过手机视频寻求专家解答,还给智能手机配备了 RFID 和条码扫描的接口,这也是一个智能工厂的创新实践。还有一些企业实现了刀具管理的智能化,通过在刀柄上植入 RFID 芯片,对刀具的全生命周期进行管理,从而提高刀具的使用寿命。智能工厂还应当重视利用智能的检测仪器,检测结果直接进入信息系统,无须人工干预。

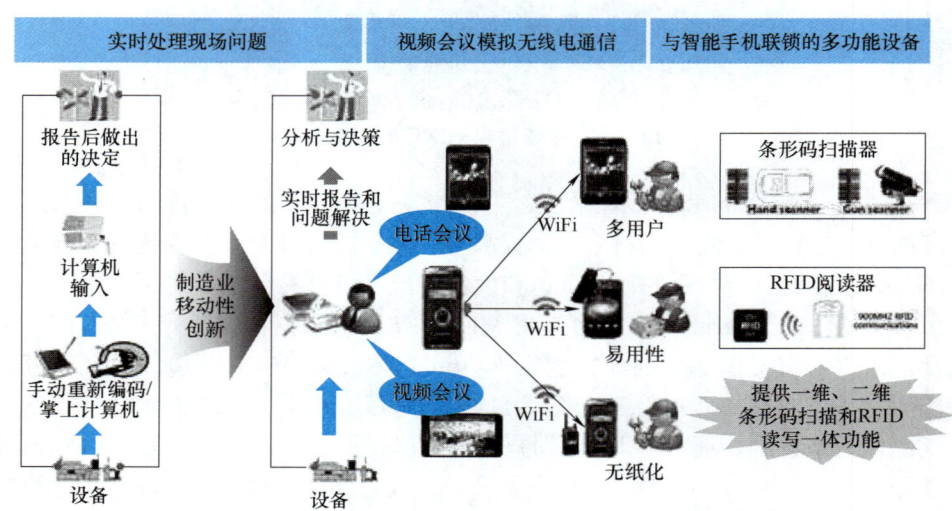

图 1-12 三星的移动工厂实践

（7）智能研发（Smart R&D,SRD）　离散型制造企业在产品研发方面已经应用了 CAD/CAM/CAE/CAPP/EDA（计算机辅助设计／计算机辅助制造／计算机辅助工程分析／计算机辅助工艺规划／电子设计自动化）等工具软件和 PDM/PLM（产品数据管理／产品生命周期管理）系统,但是很多企业应用这些软件的水平并不高。比如,很多企业还处于二维 CAD 和三维 CAD 软件混用的阶段,存档依然是二维,没有实现全三维设计基于模型的产品定义（Model Based Definition,MBD）；应用仿真技术仍然处于事后验证,没有实现仿真驱动设计等。企业要开发智能产品,需要机、电、软多学科的协同配合；要缩短产品研发周期,需要深入应用仿真技术,建立虚拟数字化样机,实现多学科仿真,通过仿真减少实物试验。

目前,在产品研发方面,已经出现了一些智能化的软件系统,成为智能研发的具体体现。如图 1-13 所示,Geometric 公司的 DFMPro 软件可以自动判断三维模型的工艺特征是否可制造、可装配、可拆卸。

（8）智能管理（Smart Management,SM）　一谈到管理,大家都会想到企业资源计划（ERP）系统。2003 年,国内就曾经出现过 ERP 过时的说法。事实上,时至今日 ERP 仍然是制造企业实现现代化管理的基石。以销定产是 ERP 最基本的思想,物料需求计划（Material Requirement Planning,MRP）是 ERP 的核心。

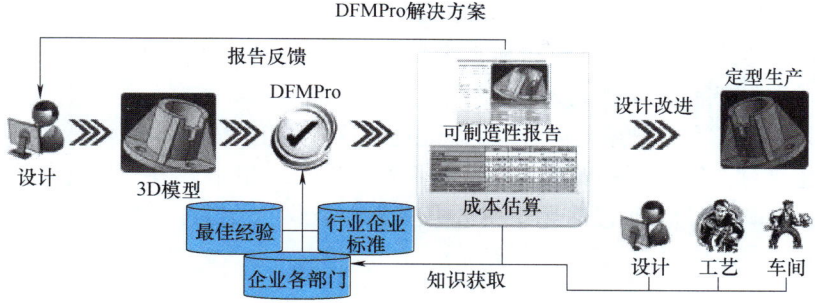

图 1-13　DFMPro 软件进行可制造性分析

智能管理主要体现在与移动应用、云计算和电子商务的结合。例如，移动版的 CRM 系统可以自动根据位置服务确定销售人员是否按计划拜访了特定客户。许多消费品制造企业实现了全渠道营销，实现了多个网店系统与 ERP 系统的无缝集成，从而实现自动派单。主流电梯制造企业纷纷研发了销售配置器软件系统，可以让销售人员根据客户的需求灵活地进行产品配置，快速进行报价，美国主流管理软件 Epicor 也包含了配置器功能。戴尔公司是基于互联网实现在线选配的先驱，宝马汽车也提供了在线选配的功能，海尔也开始了这方面的实践。

（9）智能物流与供应链（Smart Logistics and SCM，SL&SCM）　制造企业内部的采购、生产、销售流程都伴随着物料的流动，因此，越来越多的制造企业在重视生产自动化的同时，也越来越重视物流自动化，自动化立体仓库、无人引导小车（Automated Guided Vehicle，AGV）、智能吊挂系统得到了广泛的应用；而在制造企业和物流企业的物流中心，智能分拣系统、堆垛机器人、自动辊道系统的应用日趋普及。仓储管理系统（Warehouse Management System，WMS）和运输管理系统（Transport Management System，TMS）也受到制造企业和物流企业的普遍关注。

如图 1-14 所示，三星已实现了供应链同步化，通过厂商间的计划共享，减少多余库存，提高供应链的客户应对能力。

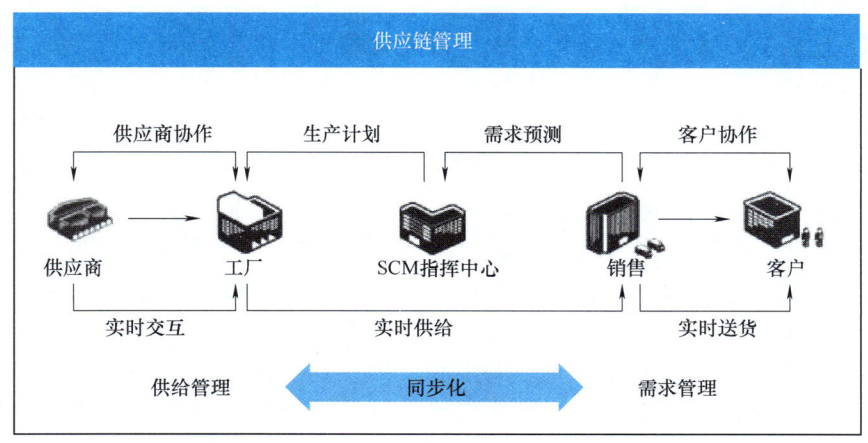

通过厂商间的计划共享，减少多余库存，提高供应链的客户应对能力

图 1-14　三星的供应链同步化

(10) 智能决策（Smart Decision Making，SDM） 企业在运营过程中，产生了大量的数据，它们往往是来自各个业务部门和业务系统产生的核心业务数据，比如合同、回款、费用、库存、现金、产品、客户、投资、设备、产量、交货期等数据，这些数据一般是结构化的数据，可以进行多维度的分析和预测，这就是业务智能（Business Intelligence，BI）技术的范畴，也被称为管理驾驶舱或决策支持系统，Power BI 软件在驾驶舱使用时的界面如图 1-15 所示。同时，企业可以应用这些数据提炼出企业的关键绩效指标（Key Performance Indicator，KPI），并与预设的目标进行对比。

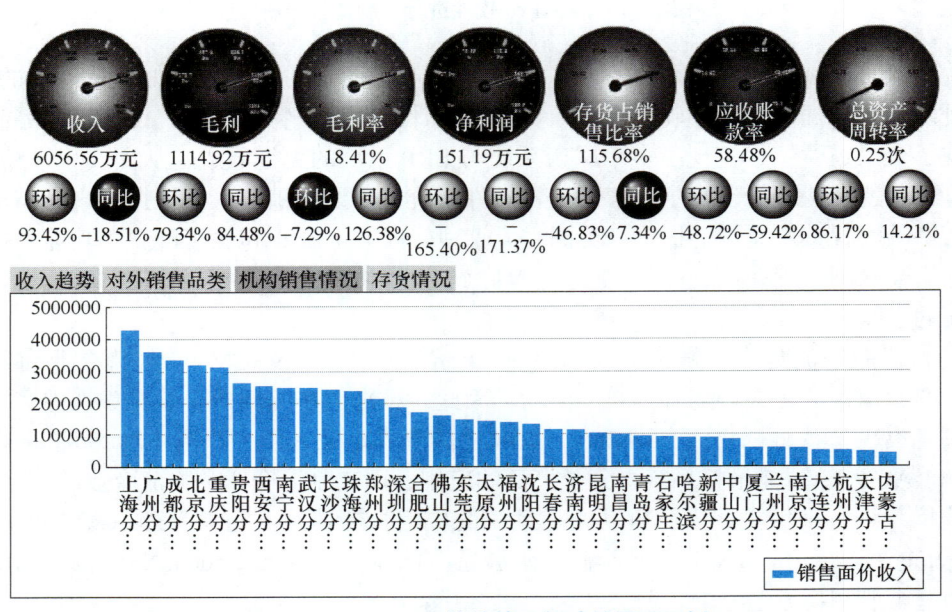

图 1-15 Power BI 软件管理驾驶舱界面示例

1.2.4 智能制造的特征

智能制造基于传感技术、网络技术、自动化技术、人工智能技术等先进技术，通过智能化的感知、人机交互、决策和执行，实现产品设计、生产、管理、服务等制造活动的智能化，使制造过程能够去中心化、自适应、自组织、自维护、具有高度柔性，是信息技术、智能技术与装备制造技术的深度融合与集成。因此，智能制造的典型特征是"状态感知—实时分析—自主决策—高度集成—精准执行"（图 1-16），即利用传感系统获取企业、车间、设备的实时运行状态信息和数据，通过高速网络实现数据和信息的实时传输、存储和结构化处理，根据分析的结果，按照设定的规则做出判断和决策，再将处理结果反馈到现场调整执行状态。智能制造技术实现了从人工智能到机器智能、从机器智能再到系统智能的进步和发展，其前提是产品和制造过程的数字化模型、数字化控制的工艺装备、网络化集成的制造系统、基于传感网络或知识库的智能化处理。

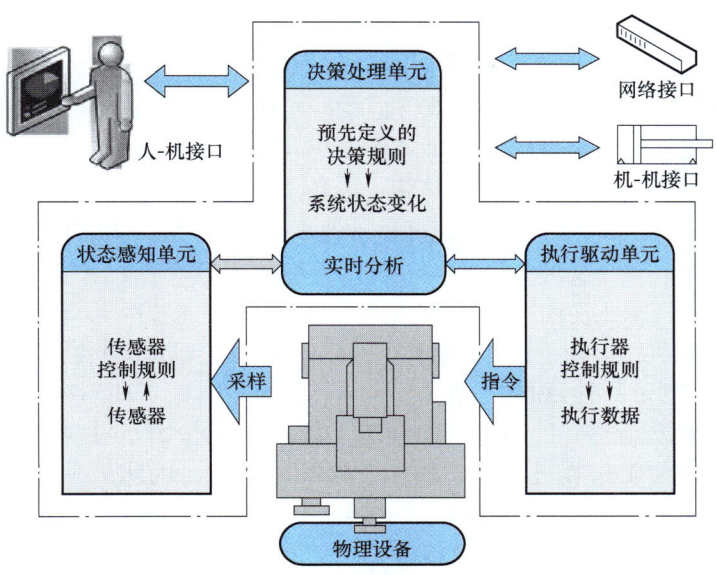

图 1-16 智能制造的特征

1.3 智能制造的发展历程

PPT 课件

1.3.1 智能制造的数字化阶段

从 20 世纪中叶到 90 年代中期，信息化表现为以计算机、通信和控制应用为主要特征的数字化阶段。

在数字化阶段，伴随制造业对于技术进步的强烈需求，以数字化为主要形式的信息技术广泛应用于制造业，推动制造业发生革命性变化。数字化制造是在数字化技术和制造技术融合的背景下，通过对产品信息、工艺信息和资源信息进行数字化描述、分析、决策和控制，快速生产出满足用户要求的产品，大大提高了制造能力及水平。

近半个世纪内，数字化技术有了长足的发展。从 20 世纪 50 年代的数控（Numerical Control，NC）机床和自动编程工具（Automatically Programmed Tools，APT）到 20 世纪 60 年代的计算机辅助设计 / 制造（Computer Aided Design/Manufacturing，CAD/CAM）软件和柔性制造系统（Flexible Manufacturing System，FMS）再到 20 世纪 70 年代 CAD 和 CAM 技术的融合以及 20 世纪 80 年代的计算机集成制造系统（Computer Integrated Manufacturing System，CIMS）的发展，使得各种技术之间，各类数据之间有了更高级的数字化融合，制造过程中设计、制造、管理等各阶段相互协同，为制造技术的发展奠定了基础。

数字化阶段发展起来的数字化技术涵盖了设计、制造以及管理等各个阶段，主要包括以下的内容：

（1）计算机辅助设计 计算机辅助设计（CAD）技术不仅仅是辅助绘图，而是协助创建、修改、分析和优化的设计技术。它包括产品的构思、功能设计、结构分析、加工制造等。

（2）计算机辅助工程分析　计算机辅助工程分析（Computer Aided Engineering，CAE）通常指有限元分析和机构的运动学及动力学分析。有限元分析可完成力学分析（线性、非线性、静态、动态）、场分析（热场、电场、磁场等）、频率响应和结构优化等。机构分析能完成机构内零部件的位移、速度、加速度和力的计算，机构的运动模拟及机构参数的优化。

（3）逆向工程技术　逆向工程（Reverse Engineering，RE）技术是对实物进行快速测量，并反求为可被 3D 软件接受的数据模型（CAD 模型），进而对样品做出修改和详细设计，达到快速开发新产品的目的。

（4）计算机辅助制造　计算机辅助制造（CAM）能根据 CAD 模型自动生成零件加工的数控代码，对加工过程进行动态模拟、同时完成在实现加工时的干涉和碰撞检查。CAM 系统和数字化装备结合可以实现无纸化生产，为 CIMS 的实现奠定基础。

（5）计算机辅助工艺规划　计算机辅助工艺规划（Computer Aided Process Planning，CAPP）是指借助于计算机软硬件技术和支撑环境，利用计算机进行数值计算、逻辑判断和推理等功能来制定零件机械加工工艺过程。借助于 CAPP 系统，可以解决手工工艺设计效率低、一致性差、质量不稳定、不易达到优化等问题，也是利用计算机技术辅助工艺师完成零件从毛坯到成品的设计和制造的过程。

（6）快速成型技术　快速成型（Rapid Prototyping，RP）技术是 20 世纪 90 年代发展起来的，被认为是近年来制造技术领域的一次重大突破。RP 系统综合了机械工程、CAD、数控技术，激光技术及材料科学技术，可以自动、直接、快速、精确地将设计思想物化为具有一定功能的原型或直接制造零件，从而可以对产品设计进行快速评价、修改及功能试验。

（7）产品数据管理　产品数据管理（Product Data Management，PDM）是一门用来管理所有与产品相关信息（包括零件信息、配置、文档、CAD 文件、结构、权限信息等）和所有与产品相关过程（包括过程定义和管理）的技术。通过实施 PDM，可以提高生产效率，有利于对产品的全生命周期进行管理，加强对文档、图样、数据的高效利用，使工作流程规范化。

（8）企业资源计划　企业资源计划系统（Enterprise Resource Planning System，ERP）是建立在信息技术基础上，对企业的所有资源（物流、资金流、信息流、人力资源）进行整合集成管理，采用信息化手段实现企业供应链管理，从而对供应链上的每一环节实现科学管理。ERP 包括三个主要方面的内容：生产控制（计划、制造）、物流管理（分销、采购、库存管理）和财务管理（会计核算、财务计划、财务分析以及财务决策）。

（9）制造执行系统　制造执行系统（Manufacturing Execution System，MES）是一套面向制造企业车间执行层的生产信息化管理系统。MES 可以为企业提供包括制造数据管理、计划排产管理、生产调度管理、库存管理、质量管理、人力资源管理、工作中心/设备管理、工具工装管理、采购管理、成本管理、项目看板管理、生产过程控制、底层数据集成分析、上层数据集成分解等管理模块，打造一个扎实、可靠、全面、可行的制造协同管理平台。

数字化阶段的特点大致可归纳为以下三点：

（1）实现制造过程的对象用数据来表述　包括产品和工艺的数字化，制造装备/设备的数字化，材料、元器件、被加工的零部件、模具、夹具、刀具等"物"的数字化以及人的数字化。

（2）数据的互联互通　包括网络通信系统构建，不同来源的异构数据格式的统一以及数据语义的统一。

（3）信息集成　数据的互联互通，其目的是要利用这些数据实现整个制造过程各环节的协同。具体体现在 PDM、MES、ERP 等管理系统的协同功能。例如 MES 中的计划排产模块，它需要输入交货信息、库存信息、在制品信息、工艺信息、设备信息、质量信息以及人力配置等信息，通过算法对这些信息进行集成，实现各环节的协同，从而输出一个可执行的生产计划。

1.3.2　智能制造的数字化网络化阶段

从 20 世纪 90 年代中期开始至今，互联网大规模普及应用，信息化进入了以万物互联为主要特征的网络化阶段。

如今，互联网技术开始广泛应用，"互联网+"不断推进互联网和制造业融合发展，网络将人、流程、数据和事物连接起来，通过企业内、企业间的协同和各种社会资源的共享与集成，重塑制造业的价值链，推动制造业从数字化制造向数字化网络化制造转变。

网络化阶段的特点大致可归纳为以下三点：

1）在产品方面，数字技术、网络技术得到普遍应用，产品实现网络连接，设计、研发实现协同与共享。

2）在制造方面，实现企业间横向集成、企业内部纵向集成和产品流程端到端集成，打通整个制造系统的数据流、信息流。

3）在服务方面，企业与用户通过网络平台实现连接和交互，企业生产开始从以产品为中心向以用户为中心转型，通过远程运维，为用户提供更多的增值服务。

通过对网络化阶段特征的描述，可以看出该阶段是基于数字化阶段发展而来，并以网络技术为支撑，以信息为纽带，实现了人、现实世界及其对应的虚拟世界的深度融合。该阶段主要的支撑技术包括了信息物理系统（Cyber-Physical System，CPS）技术、物联网技术以及协同制造技术。

如图 1-17 所示，现实世界和虚拟世界通过 CPS 被联系在了一起。CPS 就像是一面镜子，镜子外面是现实世界，镜子里是虚拟世界，虚拟世界的影像随着现实世界的一举一动而改变；不同的是，CPS 可以将虚拟世界的一举一动反馈到现实世界，实现虚实结合。

随着消费者需求的变化，商业模式也不断地进行着调整与革新以适应市场需求。早期，消费者只能在制造商生产的产品中选择相对满意的产品，B2B（Business-to-Business）、B2C（Business-to-Customer）等商业模式都是基于此发展起来的。如今，消费者对个性化产品的要求越来越高，为此 C2M（Customer-to-Manufactory）+ O2O（Online to Offline）的商业模式得以发展起来。

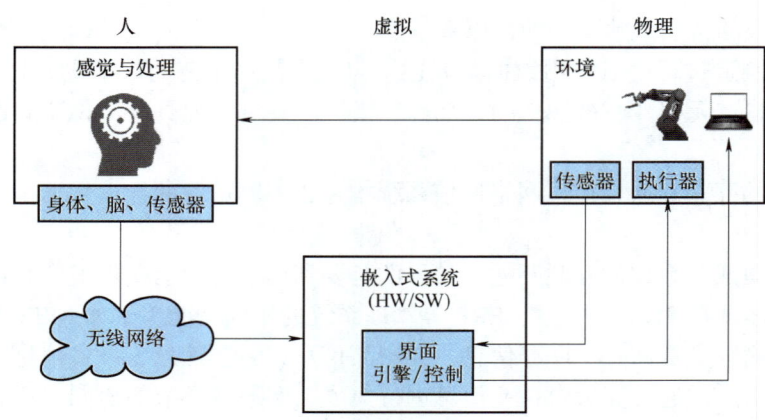

图 1-17 CPS 技术框架

如图 1-18 所示,制造商只与销售商产生联系,消费者从销售商处购买产品,这就是 B2C。随着网络技术的发展,开始出现了网上购物,B2C 发展有了新的内容。与此同时,个人之间的交易也时有发生,因此产生了 C2C(Customer-to-Customer)。今天,通过信息交互平台,消费者可以与制造商直接联系,全程参与商品的定制,并通过网络实时查取生产进度,制造商开始了以服务型制造为核心的生产,这就是 C2M 和 O2O 的结合。

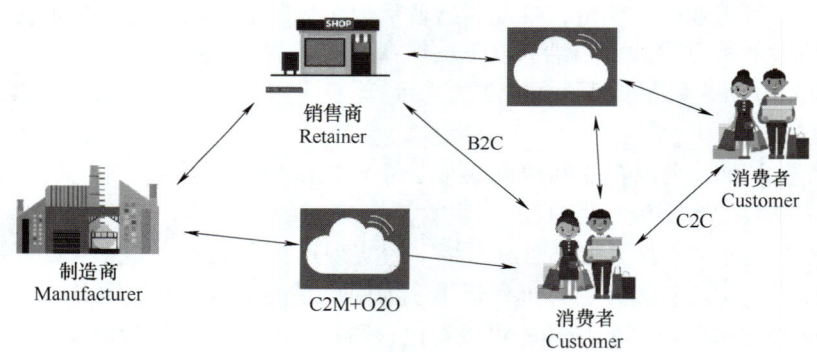

图 1-18 商业模式示意图

1.4 世界各国的智能制造战略

智能制造时代的到来为世界各国都提供了新的发展机遇,世界各国纷纷出台相应的政策和战略。一方面,去工业化后的发达国家在经济危机的冲击中意识到了实体经济对国家经济稳定的重要性,纷纷实施再工业化,并将智能制造上升到国家战略层面,作为重振制造业战略的重要抓手,以保证自己国家内部经济的稳定和保持在世界范围内的领先地位;另一方面,随着劳动力成本的增加,部分劳动密集型产业逐渐向发展中国家转移,为承接转移产业,在智能制造发展浪潮中发展国内制造业,发展中国家也积极出台相应政策,努力抓住智能制造的时代机遇。

1.4.1 美国

1971年8月15日之后，美国人逐渐放弃了实体经济转向虚拟经济，渐渐变成一个去工业化的国家。近几年美国的GDP已经超过20万亿美元，但实体经济为其GDP的贡献不超5万亿美元，剩下的大部分都是虚拟经济带来的。同时，美国拥有巨大的进出口贸易逆差。信息化浪潮将制造业在全球范围内按照价值链进行分工生产，但美国依然掌握着先进制造的核心技术并拥有优秀的人力资源。次贷危机、虚拟经济、产业空心化等因素促使美国再工业化，并希望通过重振制造业再次引导未来世界制造业的发展。

美国重振制造业战略是由多部门联合制定、协同分工、目标和措施明确的国家级战略。表1-1列举了历年来美国重振制造业的主要政策。

表 1-1 美国重振制造业的主要政策

时间	政策	内容
2024.02	关键和新兴技术清单2024	汇总了18项关键和新兴技术，同时，对每项技术的子领域进行了描述
2022.10	2022版《先进制造业国家战略》	提出了七大愿景、三大支柱、十一项具体目标，以确保美国先进制造业的全球领导地位
2018.10	《先进制造业美国领导力战略》	提出大力发展未来智能制造体系
2017.01	《国家机器人计划2.0》	支持机器人科学与技术的基础研究
2014.12	《振兴美国制造业和创新法案》	在美国国家科技研究所（NIST）框架下实施制造业创新网络计划，在全国范围内建立制造业创新中心
2013.03	《美国机器人路线图》	强调了机器人技术在美国制造业和卫生保健领域的重要作用
2013.01	《国家制造业创新网络初步设计》	组建美国制造业创新网络（NNMI），集中力量推动数字化制造、新能源以及新材料应用等先进制造业创新发展
2011.06	先进制造业伙伴关系计划	通过政府、高校以及企业的合作来振兴美国制造业，以创造高质量的就业岗位
2010.07	《2010美国制造业促进法案》	大规模投资清洁能源、道路交通、改善宽带服务，消减企业部分关税
2009.12	《重振美国制造业框架》	提出将重振制造业作为美国经济长远发展的重大战略
2009.11	《美国"再工业化"战略》	促进制造业增长，让美国回归实体经济

为重振制造业，美国重点加强三大支柱建设。一是加强创新网络建设，重点是建立国家制造创新研究机构网络，增加跨领域技术的研发投资，鼓励各地形成先进制造业技术的政企合作生态系统；实施企业投资大学设施的免税政策，促进产业界和大学进行先进制造业的合作研究；建设国家先进制造业信息门户，建立可搜索的制造业资源数据库，提供必需的基础设施帮助中小型制造企业创新发展。二是加强人才资源建设，重点是提升公众对从事制造业的兴趣，努力改变公众对制造业的认识偏差；加强先进制造业的大学项目，增加相关的教育模块和课程，增加制造业方面的奖学金和实习机会，培养先进制造业急需的

技能人才;投资社区大学教育,发展伙伴关系,提供技能认证,缓解制造业人才严重不足的困境,为制造业规模扩张和创新发展提供持续有效的人才资源支撑。三是加强商业环境建设,重点是推进税收改革,吸引制造业企业回流美国发展;强化政策修订与完善,不断优化先进制造业政策体系;改革贸易政策,推动制造业出口和提升国际竞争力。

1.4.2 德国

德国是一个传统制造业强国,经济实力位居欧洲首位,世界第三大经济强国。制造业是德国经济发展的支柱产业,如汽车及零部件、机械和精密仪器等,其规模和产值都位居世界前列。根据德国联邦统计局的数据显示,2021年德国制造业GDP比重为26.6%,在发达国家中最高。智能制造和精密制造是其保持全球竞争优势的基础。但是,德国制造业在全球份额持续下降。

21世纪以来,德国政府一直努力建立部门间的高技术战略协调机制,以推动德国的技术革命和研发创新,并通过技术创新确保德国制造业的传统优势和竞争地位。德国通过进一步升级制造业,来保持德国制造业的国际竞争优势。

2006年8月德国政府颁布"2006高科技战略",2010年7月德国政府颁布"2020高科技战略",2013年4月德国政府推出"工业4.0战略"。德国工业4.0战略,强调虚拟网络与现实实体的融合,核心是"互联网+制造业",即建设信息物理融合系统,实现智能制造,重点是智能化生产系统和过程以及网络化分布式生产设施,涉及整个企业的生产物流管理、人机互动以及3D技术在生产过程中的应用等众多方面,其目的主要是通过互联网、物联网、物流网,整合物流资源,充分发挥现有物流资源供应方和物流快速服务的效率。

2019年2月5日,德国联邦经济事务与能源部长阿特迈尔(Peter Altmaier)公布了《国家工业战略2030》,如图1-19所示,提出最重要的突破性创新是数字化技术,特别是人工智能技术,在工业生产中应用互联网数字化技术已逐渐成为标配,用于实现生产制造、销售供应等信息的智慧化和数据化;还提出德国将继续扩大在关键工业领域的全球领先地位,包括钢铁及铜铝工业、化工产业、设备和机械制造等。

图1-19 《国家工业战略2030》终稿及其重点关注内容

1.4.3 中国

我国工业和信息化部公布的数据显示,2022年,我国制造业增加值占全球比重近30%,制造业规模已经连续13年居世界首位,并且在2022年,我国制造业增加值占GDP比重为27.7%。在世界500种主要工业品中,我国有超过四成产品的产量位居世界第一位。65家制造业企业入围2022年世界500强企业榜单,培育专精特新中小企业达7万多家。按照国民经济统计分类,我国制造业有31个大类、179个中类、609个小类,是全球产业门类最齐全、产业体系最完整的制造业。然而，近年来我国的经济正在由高速增长转为中高速增长，迈入了经济发展的新常态，"中国制造"的劳工成本优势不再，传统劳动密集型制造业竞争力正在逐步消失。一方面原有劳动密集型产业向东南亚和印度等更低劳动力成本的国家转移，另一方面，"中国制造"正向价值链更高端的产品延伸。受困于全球经济疲软，"中国制造"出口数据增速放缓。

经济高速增长所掩盖的中国制造的问题在放慢速度过程中暴露了出来。总体来看，"我国制造业大而不强。尽管有着巨大的体量，但是自主创新能力不强，高精尖产品缺乏，产业结构不合理，能源资源利用效率偏低，信息化水平较低等问题也越发显得严重。在面对这些问题的同时，我国制造业还要同时面对来自发达国家和发展中国家的双重压力。

尽管当前我国制造业正处于转型过程中的阵痛期，但同时也面临着机遇。新一代信息技术与制造业的深度融合，正在引发新一轮技术革命和产业变革，而制造业数字化网络化智能化是这次变革的核心。而新一轮科技革命和产业变革与我国加快转变经济发展方式形成了历史交汇。我国制造业需要在当前已经形成门类齐全、独立完整的制造体系基础之上，努力把握智能制造这一重要抓手，大力发展先进技术弥补当前的不足，努力实现对老牌制造业强国的换道超车。为此，近年来我国多个部门发布信息化和工业化两化融合等方面的发展规划。

《"十四五"信息化和工业化深度融合发展规划》提出着力加快新一代信息技术与制造业深度融合，2025年全国两化融合发展指数达到105；围绕培育新模式新业态、加快产业数字化转型、夯实融合发展基础、激发企业主体活力、构建融合生态体系等5个方面的发展重点，分别明确了2025年的发展目标。提出培育新产品新模式新业态，推进行业领域数字化转型，筑牢融合发展新基础，激发企业主体新活力，培育跨界融合新生态等五项主要任务。

《"十四五"智能制造发展规划》提出构建虚实融合、安全高效、绿色低碳的智能制造，推动制造业实现数字化转型、网络化协同、智能化变革，实现智能化的安全生产。重点突破关键核心技术，包括智能感知、建模仿真、人机协作、网络协同等基础技术和共性技术。

2024年《政府工作报告》提出，充分发挥创新主导作用，以科技创新推动产业创新，加快推进新型工业化，提高全要素生产率，不断塑造发展新动能新优势，促进社会生产力实现新的跃升。国务院常务会议强调，以人工智能和制造业深度融合为主线，以智能制造为主攻方向，以场景应用为牵引，加快重点行业智能升级，大力发展智能产品，高水平赋能工业制造体系。

表1-2所列为近年来我国为振兴制造业所提出的主要政策。

表 1-2 我国振兴制造业的主要政策

时间	政策	内容
2024.03	《2024年政府工作报告》	充分发挥创新主导作用，以科技创新推动产业创新，加快推进新型工业化
2021.12	《"十四五"智能制造发展规划》	推进智能制造装备创新发展

(续)

时间	政策	内容
2021.11	《"十四五"信息化和工业化深度融合发展规划》	提出着力加快新一代信息技术与制造业深度融合
2018.07	《关于加快安全产业发展的指导意见》	加快先进安全产品研发和产业化
2015.05	《中国制造 2025》	智能制造战略规划
2013.09	《信息化和工业化深度融合专项行动计划（2013—2018 年）》	信息化和工业化深度融合
2010.10	《中共中央关于制定国民经济和社会发展第十二个五年规划的建议》	增强产品配套能力，淘汰落后产能，发展先进装备制造业
2009.05	《装备制造业调整和振兴规划》	加快装备制造企业兼并重组和产品更新换代，促进产业结构化升级，全面提升产业竞争力
2006.06	《国务院关于加快振兴装备制造业的若干意见》	以科技进步为支撑，提高装备制造企业独立创新能力的发展方向
2006.02	《国家中长期科学和技术发展规划纲要 2006—2020 年》	以装备制造为突破口，以绿色制造为导向，以信息化和自动化为支撑，提高企业自主创新能力

1.4.4　其他国家

日本工业向来以精细化和高品质著称，汽车、机床、机器人和电子电器是日本工业的"四大支柱"。但是，由于企业文化僵化、创新脱离市场，日本制造业出现了持续的业绩下滑。日本政府已经感受到了强大的竞争压力，并非常担忧在智能制造变革中落后于美国和德国。随着家用电器和小电器市场的溃败，日本制造业正在进行产业结构调整，试图逐步离开终端消费市场，转型至需要更多高技术门槛且竞争并不激烈的商用市场。2015 年 1 月，日本政府发布了《机器人新战略》，选择机器人领域作为突破口，在这个领域，日本长期以来保持着优势地位，未来的目标是将工业机器人进一步升级为智能机器人，试图达成三大目标：建立世界机器人创新基地，成为世界第一的机器人应用国家，引领物联时代迈向机器人时代。2020 年，日本发布"统合创新战略2020"，提出推进数字化转型，构建富有韧性的经济结构；运用人工智能、超算等新技术，加快推进数字化转型，以便在控制风险的同时提高生产效率；提高经济社会的韧性，以确保供应链稳定，强化对经济安全的保障能力，在网络安全、防灾等领域建立新型智库功能机制。日本第 5 期科学技术基本计划提出"社会 50"，具体指的是：人类社会从狩猎社会（Society 1.0）、农耕社会（Society 2.0）、工业社会（Society 3.0）、信息社会（Society 4.0）逐步演进之后，未来即将形成的一种设想中的新的"超智能社会"，其最终目标是依靠物联网（IoT）、人工智能（AI）等科技手段，融合网络空间与现实的物理空间，使所有人不分年龄、性别、地域、语言均能在需要的时候享受高质量的产品与服务，实现经济发展的同时解决人口老龄化、劳动力短缺等社会问题，最终构建形成一个以人为中心的新型社会。

其他发展中国家也希望以此为抓手,大力发展国内经济。为迎接部分产业的流入,也积极发展相应政策加以应对。2014年,印度发布"印度制造"计划,以基础设施建设、制造业和智慧城市为经济改革战略的三根支柱,通过智能制造技术的广泛应用将印度打造成新的"全球制造中心"。

1.5 智能制造的未来

在经济社会发展的强烈需求以及互联网的普及、云计算和大数据的涌现、物联网的发展等信息环境急速变化的共同驱动下,大数据智能、人机混合增强智能、群体智能、跨媒体智能等新一代人工智能技术加速发展,实现了战略性突破。新一代人工智能技术与先进制造技术深度融合,形成新一代智能制造——数字化网络化智能化制造。新一代智能制造将重塑设计、制造、服务等产品全生命周期的各环节及其集成,催生新技术、新产品、新业态、新模式,深刻影响和改变人类的生产结构、生产方式乃至生活方式和思维模式,实现社会生产力的整体跃升。新一代智能制造将给制造业带来革命性的变化,将成为制造业未来发展的核心驱动力。

如果说数字化网络化制造是新一轮工业革命的开始,那么新一代智能制造的突破和广泛应用将推动形成新工业革命的高潮,将重塑制造业的技术体系、生产模式、产业形态,并将引领真正意义上的"工业4.0",实现新一轮工业革命。新一代智能制造是一个大系统,主要是由智能产品和装备、智能生产和智能服务三大功能系统以及智能制造云和工业智联网两大支撑系统集合而成,新一代智能制造的系统集成过程如图1-20所示。

现如今大热的生成式人工智能与智能制造之间存在密切的关联。生成式人工智能结合了机器学习和生成式模型。在生成式人工智能中,生成式模型用于生成各种类型的数据,例如文本、图像或音频。而机器学习则用于优化生成式模型,以便生成更准确、更真实的数据。生成式人工智能的目标是通过与环境的交互来学习生成模型,以便生成与真实数据尽可能相似的数据。通过不断地观察环境的反馈,生成模型可以逐渐提高生成数据的准确性和合理性。它的出现使得智能制造系统更加智能化、灵活化和高效化,为实现智能制造的目标提供了强有力的支持。

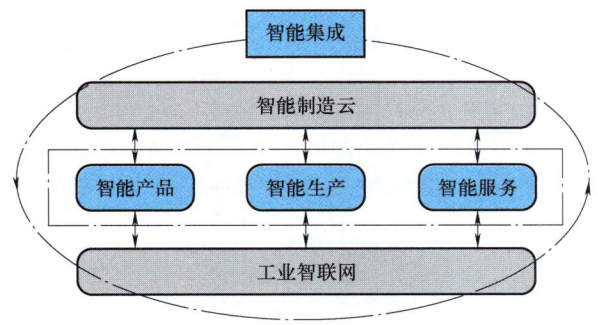

图1-20 新一代智能制造的系统集成

高度集成的新一代智能制造系统中，新一代人工智能技术的融入使得装备和产品发生了革命性变化。在智能工厂中，智能生产是主线，智能产品和装备成为新一代智能制造的主体。同时，新一代人工智能技术的应用催生了产业模式的革命性转变，以智能服务为核心的产业模式变革成为新一代智能制造系统的主题。智能制造云和工业智联网作为支撑新一代智能制造系统的基础，为新一代智能制造生产力和生产方式变革提供了发展的空间和可靠的保障。

新一代智能制造中，产品将呈现高度智能化、宜人化，生产制造过程将呈现高质、柔性、高效、绿色等特征，产业模式发生革命性的变化，服务型制造业与生产型服务业将快速发展，进而共同优化集成新型制造大系统，全面重塑制造业价值链，极大提高制造业的创新力和竞争力。新一代智能制造将给人类社会带来革命性变化，智能机器将替代人类大量体力劳动和相当部分的脑力劳动，人类工作生活环境和方式将朝着以人为本的方向迈进。同时，新一代智能制造将有效减少资源与能源的消耗和浪费，持续引领制造业绿色发展、和谐发展。期待着到2035年，新一代智能制造能在制造业实现大规模推广、应用，实现中国制造业的智能升级。

参 考 文 献

［1］陈明，梁乃超．智能制造之路：数字化工厂［M］．北京：机械工业出版社，2016．
［2］周济．走向新一代智能制造［J］．中国科技产业，2018（6）：20-23．
［3］中国电子技术标准化研究院．信息物理系统白皮书（2017）［EB/OL］．（2017-03-02）［2024-03-20］．http://www.cesi.cn/201703/2251．
［4］周佳军，姚锡凡．先进制造技术与新工业革命［J］．计算机集成制造系统，2015，21（8）：1963-1978．
［5］王天然，刘海波．自动化制造系统的产生与发展［J］．信息与控制，2000，29（6）：481-487．
［6］茉莉．世界先进制造系统的演进路径及体系结构［J］．兵工自动化，2013，32（11）：1-7．
［7］王媛媛．智能制造领域研究现状及未来趋势分析［J］．工业经济论坛，2016，3（5）：530-537．
［8］李健旋．美德中制造业创新发展战略重点及政策分析［J］．中国软科学，2016（9）：37-44．
［9］康金城．把握德国制造业的未来：实施"工业4.0"攻略的建议［EB/OL］．(2013-09-01)[2024-03-22]．https：//doc.mbalib.com/view/3a447da3247684d8c66bc5e9b35567a9．
［10］左延红．现代制造系统的研究现状及发展趋势［J］．现代制造工程，2014（4）：132-136．
［11］陈文科．中国制造业现状与国际竞争力分析［J］．对外经贸，2013（7）：7-10．
［12］张世昌．先进制造技术［M］．天津：天津大学出版社，2004．
［13］王隆太．先进制造技术［M］．北京：机械工业出版社，2015．
［14］冯瑞华，姜山，万勇．世界主要国家/地区面向安全的智能化制造发展战略分析［J］．世界科技研究与发展，2023，45（5）：543-554．
［15］吴双．推动数智赋能新型工业化［N］．人民邮电，2024-03-15（7）．
［16］赵继政，崔艳伟．''社会5.0''战略构想下的日本职业教育改革动向探究：基于日本政府及产业协会相关报告［J］．外国教育研究，2023，50（2）：116-128．

科学家科学史
"两弹一星"功勋科学家：最长的一天

第 2 章

信息物理系统

PPT 课件

目前，国内对信息物理系统（CPS）的研究规模不断扩大，已取得的研究成果正由集中在计算机领域逐渐转向工业制造系统，电力、石油化工等系统是 CPS 特征集中体现的领域。本章将从分析 CPS 系统的内涵入手，结合典型工业场景的需求，提出建设和应用 CPS 的方案。

2.1 信息物理系统的内涵

2.1.1 CPS概述

制造系统是指为达到预定制造目的而构建的物理的组织系统，它需要执行带有特定要求的预定任务，而嵌入式系统用于控制特定设备运行、监视其工作状态或辅助工厂运作等，前者的需求和后者的功能不谋而合，因此嵌入式系统一直是制造系统领域应用最广泛的、直面信息与物理（控制）交互问题的特殊（定制化）计算机系统。当我们看到和体会到互联网、云计算、大数据等信息技术的强大能力时，信息技术与制造技术的深度和广泛结合就变成一个既有巨大吸引力，同时也充满巨大挑战的问题集。这些"问题"从嵌入式系统在制造技术中如何成功应用，经过泛在计算、普适计算以及环境智能计算等阶段的逐步发展，演进为如何应用综合计算、网络和物理环境的多维复杂系统，实现大型工程系统的动态感知、精准控制和实时服务。智能制造系统是"大型工程系统"的一个实例，"多维复杂"的信息物理系统正是这一实例的实现基础。因而，我们有必要首先对信息物理系统进行基本的探讨。图 2-1 所示为一个简单的制造系统。

CPS 是通过计算核心（嵌入式系统）实现感知、控制、集成的物理、生物和工程系统。在系统中，CPS 的功能由计算和物理过程交互实现，计算被"深深嵌入"到每一个相互连通的物理组件中，甚至可能嵌入到物料中。CPS 将机电一体化、控制论、设计和过程科学融合，应用跨学科方法解决大型工程应用中更为复杂的计算、通信和控制问题。CPS 的本质是构建一套基于数据自由流动的状态感知、实时分析、科学决策、精准执行的闭环赋能体系。

广义地看，CPS 是具有综合性、融合能力的复杂大系统，它体现了互联网与千万用户的密切联系，它以计算机为基础，提供不同类型的控制算法，最终使得物理空间实体和信息空间的软件组件深度融合，而用户可以在广大的时空尺度上进行丰富的操作，满足用户的多种需求模式。在当今信息社会中，CPS 的身影无处不在，在能源、医疗、制造、航空航天等领域中都可以找到 CPS 的实际案例，比如机器人、航空驾驶系统、智能电动汽车、智能电网等。

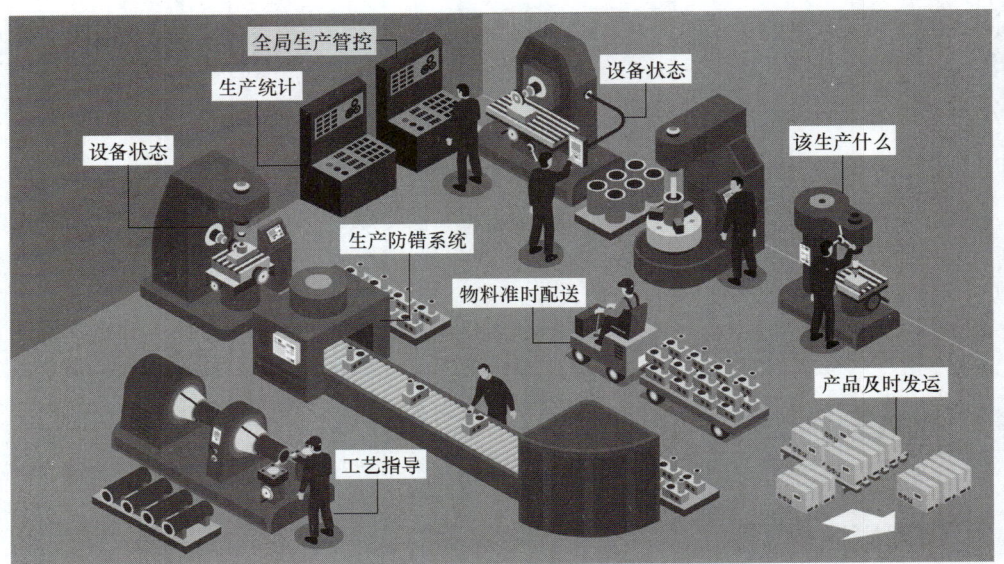

图 2-1　制造系统

1. CPS 起源

（1）术语起源　CPS 的概念是在不断变化的过程中成熟的。其中，"Cyber"一词最早可追溯至自希腊语单词"Kubernetes"，意思是"掌舵人"。1948 年，诺伯特·维纳在《控制论》中创造并使用了"Cybernetics"一词，这一名词在工程设计和实验应用领域中的使用最早可见于钱学森于 1954 年所著的 Engineering Cybernetics 一书中。在 1958 年发布的该书的中文版中，钱学森将"Cybernetics"翻译为了"控制论"。而美国作家威廉·吉布森在 1982 年发表短篇小说《燃烧的铬合金》Burning Chrome 中创造了"Cyberspace（赛博空间）"一词，并在其小说《神经漫游者》Neuromancer 发表后得到普及。如今"Cyber"常作为前缀，代表与自动控制、信息技术、互联网或计算机相关的事物，即采用电子或计算机进行的控制。CPS 这一术语最先是由美国国家航空航天局（National Aeronautic and Space Administration，NASA）于 1992 年提出的。2006 年，国际上举行了第一个信息物理系统的研讨会（NSF Workshop on Cyber-Physical Systems），美国国家科学基金会（National Science Foundation，NSF）科学家海伦·吉尔（Helen Gill）在该会议上对 CPS 这一概念做了详细的描述。CPS 的概念除被翻译为"信息物理系统"外，还被国内部分专家学者翻译为"信息物理融合系统""赛博物理系统""网络实体系统"或"赛博实体融合系统"。其发展历程如图 2-2 所示。

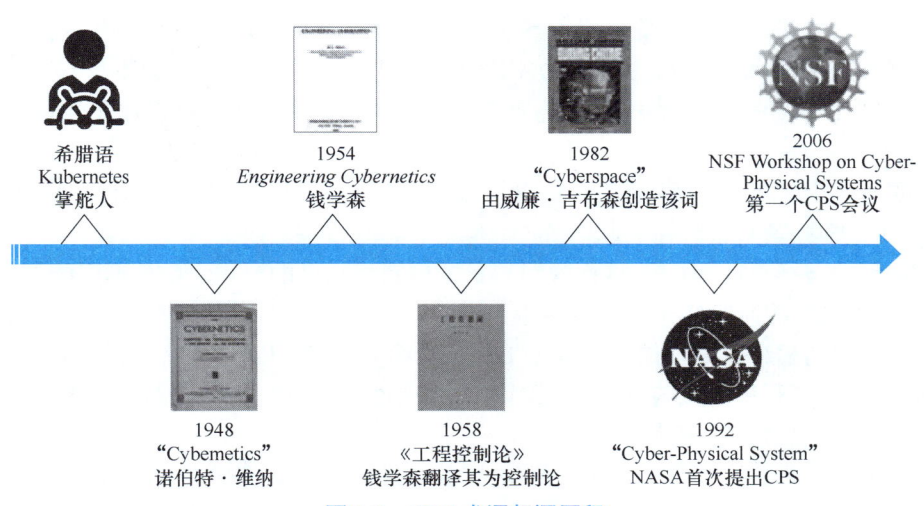

图 2-2　CPS 术语起源历程

（2）技术起源　CPS 的相关底层理论技术源于对嵌入式技术的应用与提升。随着新一代生产装备信息化和网络化需求的加剧，工业化与信息化的深度融合，传统嵌入式系统中用以解决物理系统相关问题所采用的单点解决方案将被淘汰，急需一种在更深程度上与控制、通信、感知与计算等技术相融合的新的解决方案。而当今的智能控制、更先进的通信机制、新型传感、云计算、雾计算等新一代信息技术的提出与发展顺势推动了 CPS 的不断成熟。

（3）需求起源　建设现代化经济体系，必须以 CPS 为支撑，加快推进我国制造业的智能化，实现质量效应提升、增长动力增强、产业结构优化、发展方式转变。CPS 的出现还源于工业生产环境下诸多现实亟需解决的问题，例如我国当前的工业生产正面临产能过剩、成本增加、供需失衡、环境复杂等问题。工业与制造业急需转型升级，淘汰那些不能满足广大用户新需求的传统的研发设计、生产制造、应用服务、经营管理等方式，同时提高资源配置利用效率。生产环节中的企业也需要 CPS 来提供个性化定制等的各种服务与关键技术，来辅助实现个性化生产、极少量生产、服务型制造和云制造等新型生产模式。工业互联网、工业 4.0 和两化深度融合是工业生产走出困境的主要途径，它们的理论和技术支持就是 CPS。在以上实际应用需求的拉动下，CPS 应势出现，为诸多需求提供了一种强有力的解决方案。

2. CPS 的不同定义与理解

CPS 的发展时间较短，但已引起了国际社会的广泛关注与讨论，国际社会的一些相关机构及专家对 CPS 系统具有如下理解与认识：

1）美国国家标准与技术研究院定义。CPS 为将计算、通信、感知和驱动与物理系统相结合，并通过与环境（包含人）进行不同程度的交互，以在期望的时间内实现信息物理协同运行的系统。

2）美国国家科学基金会认为 CPS 是通过计算核心（嵌入式系统）实现感知、控制、集成的物理、生物和工程系统。在系统中，计算被嵌入到每一个相互连通的物理组件中，甚至可能嵌入到物料中。CPS 的功能由计算和物理过程交互实现。

3）德国国家科学与工程院认为 CPS 是使用传感器直接获取物理数据并以执行器作用于物理过程的嵌入式系统。CPS 通过数字网络连接来自世界各地的数据和服务，并配备了多模态人机界面。CPS 开放的技术系统使整个主机的功能和服务远远超出了当前嵌入式系统具有的控制能力。

4）欧盟第七框架计划认为 CPS 包含计算、通信和控制，它们与不同物理过程（如机械、电子和化学）紧密融合在一起。

5）Smart America 认为 CPS 是物联网与系统控制相结合的产物。CPS 不仅能够"感知"某物位置，还具有控制某物与其周围物理世界互动的能力。

6）美国加利福尼亚大学伯克利分校 Edward A.Lee 教授认为 CPS 是计算过程和物理过程的集成系统，其利用嵌入式计算机和网络对物理过程进行监测和控制，并通过反馈环实现计算过程和物理过程的相互影响。

7）美国辛辛那提大学 Jay Lee 教授认为 CPS 是以多元数据的建模为基础，以智能连接（Connection）、智能分析（Conversion）、智能网络（Cyber）、智能认知（Cognition）和智能配置与执行（Configuration）5C 体系为构架，通过建立虚拟与实体系统的关系性、因果性和风险性的对称管理，持续优化决策系统的可追溯性、预测性、准确性和强韧性，从而实现对实体系统活动的全局协同优化的系统。

8）中国科学院何积丰院士认为从广义上理解，CPS 就是一个在环境感知的基础上，深度融合了计算、通信和控制能力的可控、可信、可扩展的网络化物理设备系统，它通过计算进程和物理进程相互影响的反馈循环实现深度融合和实时交互来增加或扩展新的功能，以安全、可靠、高效和实时的方式监测或控制一个物理实体。

综上分析，可得到 CPS 在定义和理解上的共同点包括：物理空间与信息空间的相互映射、交互与协同，先进感知与控制技术，自动控制技术，系统内部的资源配置与运行状态调整，其定义如图 2-3 所示。

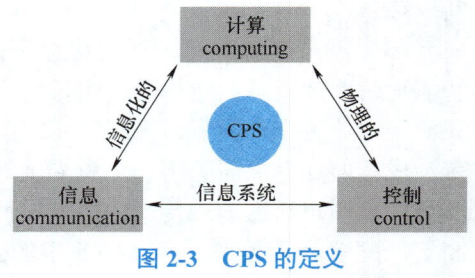

图 2-3 CPS 的定义

2.1.2 CPS的特征

1. CPS 的基本特征

CPS 作为支撑信息化和工业化深度融合的一套技术综合体系，构建了物理空间与信息空间通路，它是由纷繁复杂的感知数据驱动以实现优化资源配置的智能系统。数据是这套系统的关键所在，在系统正常工作运行过程中，需要获取数据、将数据规范化，计算所处理数据的物理意义。想要了解 CPS 的特征、进而明确 CPS 的独到之处，不能单独分析某个具体案例或具体问题，这样未免过于片面，而是应当结合 CPS 的层次分析，在不同层次中体会其基本特征和 CPS 不同于其他系统的独特魅力。CPS 的六大基本典型特征分别为：数据驱动、软件定义、泛在连接、虚实映射、兼容异构、系统自治。

（1）数据驱动　工业生产中存在着大量的数据，并且大部分都是隐藏的，未被充分挖掘利用。通过构建"状态感知、实时分析、科学决策、精准执行"的数据自动流动的闭环赋能体系（图 2-4），CPS 将隐形的数据从物理空间中显性地转化到信息空间上，进而迭代更新汇集成知识库。在转化过程中，由状态实时分析数据做出科学决策判断，精准执行后，将数据作为输出结果展示出来。因此，数据是 CPS 的重中之重。CPS 运行过程中伴随着数据的生成、传输、分析以及计算。在不断地迭代优化过程中，积累经验，进行细微调整，不断提升数据质量。最终实现对外部环境资源的优化配置。

图 2-4　数据驱动

（2）软件定义　传统的网络、存储、设备等基础环节随软件、芯片、传感器与控制设备等综合应用而重新定义，工业控制领域也受此影响。工业应用软件是对各类工业生产过程在代码层面的抽象描述，可实现绝大多数的生产制造过程。CPS 通过各种技术功能的软件全面应用到研发设计、生产制造、管理服务等方方面面，渗透进生产过程的各个环节，全面感知和控制人员、设备、物理环境，实现各类资源的优化配置。除此以外，通过软件还可以控制产品和装备运行，把产品和装备运行的状态实时地展现出来。

（3）泛在连接　网络通信是 CPS 的基础保障，是实现 CPS 内部不同节点以及与其他 CPS 之间相互通信的基础。在工业生产应用场景下，CPS 对网络连接的可靠性、时延等网络性能和组网灵活度、功耗有特殊需求。同时还面临着异构网络融合、业务支撑的智能性和高效性等挑战。

CPS 中的设备置身于无所不在的网络之中，可实现在任何时间、地点，使用任何网络与任何其他设备的信息交换。随着无线宽带、射频识别、信息传感及网络业务等信息通信技术的发展，网络通信将会更加全面深入地融合信息空间与物理空间，表现出明显的泛在连接特征，如图 2-5 所示。

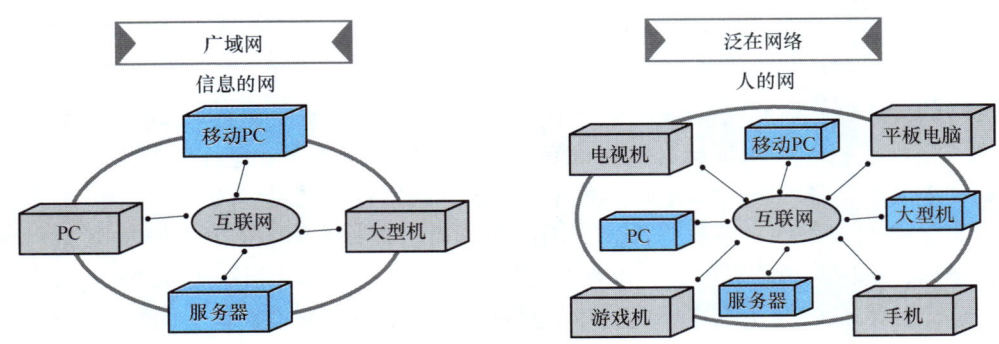

图 2-5　泛在连接

(4）虚实映射　CPS 搭建起信息空间与物理空间的数字映射，能够实现物理空间实体设备和信息空间数字模型的联动功能（图 2-6）。采用数字孪生技术，为系统中生产设备构建数字孪生模型，通过监控其孪生体来达到监控物理设备的作用。在信息空间中对物理空间的物理实体进行全要素重建，提供一种高效、低成本的管理模式。借助信息空间对数据的处理能力，对外部无法预知的物理变化，进行有效决策。

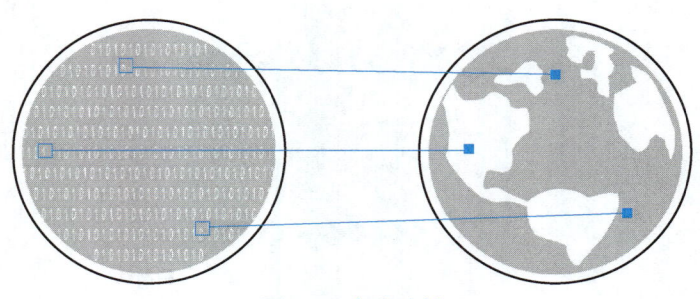

图 2-6　虚实映射

(5）兼容异构　当今任何大型系统都必须面对不同平台的软件、硬件、网络结构所带来的兼容性问题。在 CPS 或高层次的 CPS 中，同样存在大量不同种类的软件、硬件、数据和网络。具体来讲，CPS 能将不同结构的处理单元（如 FPGA、精简指令集 CPU、复杂指令集 CPU 等）和传统 IT 网络、工业以太网、现场总线集成起来，加之形态各异的数据格式，让数据在 CPS 中按照需求正常流动，进而达到信息技术和工业技术强强联合，两化融合的目的。因此，CPS 必须具备兼容异构的能力，为其各个环节深度融合打造互通信道，提供可靠保障。

(6）系统自治　不同于普通控制系统，CPS 能够感知外部环境变化，收集可用数据，处理、分析、计算，最终对外部变化提出自适应应对方案。在高层级 CPS 中，为了解决 CPS 自治问题，必须攻克多个 CPS 之间的网络互联。将多个单元级 CPS 统一管理调度，按照预计方案，统一生产、运行。将多个系统级 CPS 联入统一智能服务平台中，在企业层面调配运营生产，管理企业经营、应对供应链的变化，并收集大量现场数据，存入系统，组织形成大规模数据、模型、知识库，为系统自我学习、提升提供充足资源，实现 CPS 的自优化和自配置，增强系统环境适应性。

近年来，传感器网络和计算能力与汽车 CPS 的广泛整合促使开发的各种驾驶系统能够在单调驾驶的条件下帮助驾驶员并保护乘客避免危险情况的发生。这一趋势将激发未来市场对自动驾驶汽车的需求。为了可靠地感知交通并规划行动，自动驾驶车辆需要具有容错感知能力的传感器，以实现 CPS 感知环节。此外，车辆到车辆（Vehicle to Vehicle，V2V）和车辆到基础设施（Vehicle to Infrastructure，V2I）的通信技术（也称为 V2X 通信）将被集成到未来的汽车系统中。V2X 通信允许在车辆和路边单元之间交换关于车辆的位置和速度、特定道路驾驶条件、事故等信息。因此车辆可以根据自身对环境的感知数据和 V2V 的交换数据，迅速对道路行驶、速度控制等做出分析和决定，并根据数据的动态变化实时调整。这充分体现 CPS 系统在环境感知、实时分析和决策、精准执行上的特征。图 2-7 所示为汽车内由传感器网络组成的汽车系统的不同层次以及更高系统级别上的交互。

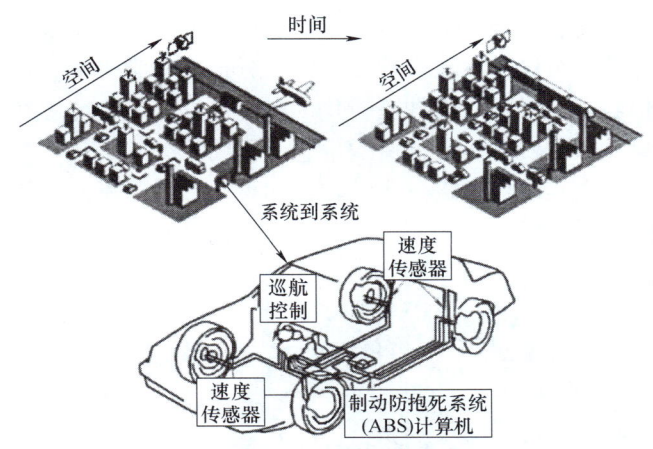

图 2-7　汽车领域的多层次 CPS

医疗 CPS 指的是在现代医疗技术中利用具有网络通信功能的先进嵌入式系统负责监控和控制患者身体的物理状态，例如质子治疗机器、电解剖映射和干预、生物兼容和可植入装置及机器人修复技术，而这些设备的故障可能会对患者的健康产生不利影响。考虑到这种相互作用的复杂性，医疗 CPS 的可靠性和安全性的确定和验证是非常重要且仍具有挑战性的任务。对患者的生命和病理特征的建模及高效仿真将在医疗 CPS 的设计和验证及个性化治疗策略的开发中发挥关键作用。使用 GPU 技术的普通台式机的运算速度就可以实现近乎实时获得指示心律失常状态的复杂空间模式的模拟，而无须超级计算机来进行器官的实时模拟，这有助于基于模型的临床诊断和治疗计划的实现。在医疗 CPS 中，从对患者身体物理状态数据的感知、患者生命和病理特征建模验证，到机器治疗与修复干预，均反映了 CPS 的闭环赋能过程特征，即状态感知、实时分析、科学决策和精准执行。图 2-8 所示为基于 CPS 技术的健康医疗关系图。

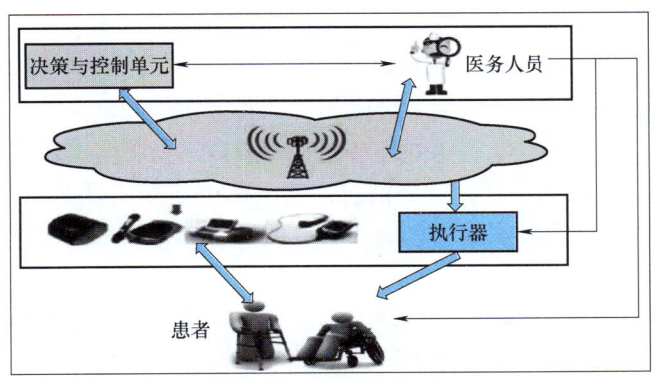

图 2-8　基于 CPS 技术的健康医疗关系

2. CPS 的本质与关键环节

CPS 的本质就是构建一套信息空间与物理空间之间基于数据自动流动的状态感知、实时分析、科学决策、精准执行的闭环赋能体系（图 2-9），解决生产制造、应用服务过程中的复杂性和不确定性问题,提高资源配置效率,实现资源优化。实现数据的自动流动具体来说需要经过四个环节,分别是:状态感知、实时分析、科学决策、精准执行。大量蕴含在物理空间中的隐性数据经过状态感知被转化为显性数据,进而能够在信息空间中进行计算分析,也就是将显性数据转化为有价值的信息。不同系统的信息经过集中处理形成对外部变化的科学决策,也就是将信息进一步转化为知识。最后以更为优化的数据作用到物理空间,构成一次数据的闭环流动。

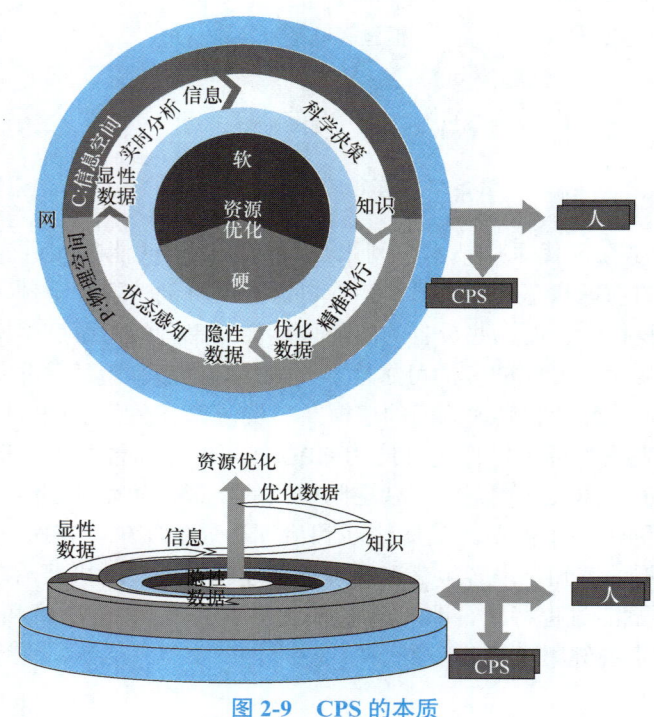

图 2-9　CPS 的本质

（1）状态感知　状态感知是对外界状态的数据获取。生产制造过程中蕴含着大量的隐性数据,这些数据暗含在实际过程的方方面面,如物理实体的尺寸、运行机理,外部环境的温度、液体流速、压差等。状态感知环节通过传感器、物联网等数据采集技术,将这些蕴含在物理实体背后的数据不断传递到信息空间,使得数据"可见",变为显性数据。状态感知环节是对数据的初级采集加工,是一次数据自动流动闭环的起点,也是数据自动流动的源动力。

（2）实时分析　实时分析是对显性数据的进一步理解。实时分析是将感知的数据转化为认知信息的过程,是对原始数据赋予意义的过程,也是发现物理实体状态在时空域和逻辑域的内在因果性或关联性的过程。大量的显性数据并不一定能够直观地体现出物理实体的内在联系,这就需要经过实时分析环节,利用数据挖掘、机器学习、聚类分析等数据处理分析技术对数据进一步分析、估计,使得数据"透明",将显性数据进一步转化为直观可理解的信息。此外,在这一过程中,人的介入也能够为分析提供有效的输入。

（3）科学决策　科学决策是对信息的综合处理。所谓科学的决策,就是根据积累的经验、对现实的评估和对未来的预测，为了达到明确的目的，在一定的条件约束下，所做的最优决定。在这一环节，CPS 能够权衡当前时刻获取的所有来自不同系统或不同环境的信息，形成最优决策来对物理空间实体进行控制。分析决策并最终形成最优策略是 CPS 的核心关键环节。这个环节不一定在系统最初投入运行时就能产生效果，而往往在系统运行一段时间之后逐渐形成一定范围内的知识。对信息的进一步分析与判断使得信息真正地转变成知识，并且不断地迭代优化，形成系统运行、产品升级、企业发展所需的知识库。

（4）精准执行　精准执行是对决策的精准物理实现。在信息空间形成的决策最终将会作用到物理空间，而物理空间的实体设备只能以数据的形式接收信息空间的决策。因此，执行的本质是将信息空间产生的决策转换成物理实体可以执行的命令，进行物理层面的实现。这一环节输出更为优化的数据，使得物理空间设备运行更加可靠，资源调度更加合理，企业运营更加高效，各环节智能协同效果逐步优化。

2.1.3　横向对比

CPS 是一个具有复杂性与综合性的概念，为促进对 CPS 的理解，本节将对比 CPS 和物联网、嵌入式系统、混成系统这三个概念，比较它们的差别与各自的优势。

1. CPS 与物联网

CPS 虽然在概念上与物联网有所相似，但却有着本质上的区别。

1）在工作原理上，物联网及传感网络是基于无线连接实现感知的，其中控制与计算的成分占得并不多。它往往是一个物理实体通过传感器感知某项活动后，将状态信息交给其他物理实体去决策与执行的过程。但 CPS 在完成这种信息传递的功能之外，还要负责物理实体之间的协调工作，并且其本身的计算能力也更加强大，从而最终能够实现自治的目标。

2）在工作环境上，CPS 对硬件的要求比物联网高。CPS 要负责协调与计算工作，因此其硬件应能够收集信息并在本地执行信息的分析过程。这就要求在 CPS 工作环境中的物理硬件较之物联网中的硬件具有更强大的计算能力，且能够去适应实时性要求更高、数据与指令更丰富的运算场景。

3）在工作的重点上，CPS 强调的是物理世界和信息世界之间实时的、动态的信息回馈和循环的过程，而物联网则强调的是物物相连与信息传输。

2. CPS 与嵌入式系统

1）概念上的不同，CPS 是一个信息物理的混合系统，是一个跨学科跨领域的概念，而嵌入式系统只是用于嵌入式微电脑的操作系统。

2）工作范围上的不同，CPS 是一个应用广泛的、包含虚拟信息与多种硬件设备的系统，它将传感器、执行器、交互设备等物理实体集成于一体，而嵌入式系统则是较为单一地工作在特定的嵌入式环境当中，并且更加偏向于软件的概念。

3）复杂程度上的不同，CPS 要远远复杂于嵌入式系统，因为 CPS 不仅要监控一个嵌入式设备的运作，还要负责不同嵌入式设备间的交互，并根据它们之间的交互信息进行工作上的协调。除此之外，CPS 内部还需要快速迭代和动态优化的特性来维持系统的按需响应。

3. CPS 与混成系统

CPS 和混成系统（Hybrid System）极为相近，二者都是集成了大量组件的智能制造系统。混成系统一般是由离散分离组件和连续组件并行或串行组成，而组件之间的行为由计算模型进行控制。因此混成系统更加强调组件之间的运行模式（并行或串行）及位于其上的计算控制模型。也就是说，混成系统中的组件间是以固定的计算模式进行协调的，而不存在过多的感知、迭代与优化的技术，这不满足 CPS 的要求。CPS 要求形成一个以状态感知、实时分析、科学决策和精准执行为主线的数据闭环，即拥有自我感知与自治的能力。因此，相比基于特定计算模型的混成系统，CPS 将更加智能。除智能程度的差别以外，CPS 还包含了数据采集与监视控制（Supervisory Control And Data Acquisition，SCADA）系统，使得 CPS 不仅能够自主的监控与调整，更重要的是还能够实现工业生产系统的信息化。

CPS 和物联网、嵌入式系统、混成系统的对比见表 2-1。

表 2-1　CPS 和物联网、嵌入式系统、混成系统对比

项目	系统	内容	系统	内容
工作原理	物理信息系统	完成信息传递功能，负责物理实体之间的协调工作，利用本身的计算能力也能够实现自治的目标	物联网	获取物理实体信息，完成信息传递，不参与决策与执行
工作环境		硬件具有更强大的计算能力，能适应实时性要求更高、数据与指令更丰富的运算场景		硬件要求低，不需要计算、协调等工作
工作重点		强调的是物理空间和信息空间之间实时的、动态的信息回馈和循环的过程		强调的是物物相连与信息传输
概念		是一个信息物理的混合系统，是一个跨学科跨领域的概念	嵌入式系统	用于嵌入式微电脑的操作系统
工作范围		应用广泛的、包含虚拟信息与多种硬件设备的系统，它将传感器、执行器、交互设备等物理实体集成于一体		单一地工作在特定的嵌入式环境当中，并且更加偏向于软件的概念
复杂程度		系统复杂，不仅要监控每一个嵌入式设备的运作，还要负责不同嵌入式设备间的交互，进行工作上的协调		系统相对简单
运行模式		CPS 要求形成一个以状态感知、实时分析、科学决策和精准执行为主线的数据闭环，即拥有自我感知与自治的能力，CPS 更加智能	混成系统	由离散分离组件和连续组件并行或串行组成，组件之间的行为由计算模型进行控制，混成系统中的组件间是以固定的计算模式进行协调的，不存在过多的感知、迭代与优化的技术

2.1.4 HCPS概述

2017年12月7日，在南京举办的"世界智能制造大会"上，时任中国工程院院长的周济院士发表了题为"关于中国智能制造发展战略的思考"的报告，系统阐述了对我国智能制造发展的看法。报告中周济院士提到了一个观点，即随着智能制造战略的持续推进，传统制造过程中的人与物理系统之间的关系正在由人-物理系统（HPS）二元体系向人-信息-物理系统（HCPS）三元体系转变，该观点的提出引发了业界专家的普遍思考。

1. 对HCPS的理解

传统的制造系统包含人和物理系统两个主要部分，机器直接由人控制完成工作任务。此外，人类需要使用人体感知变化，并利用大脑学习知识，并进行相关分析决策。这一阶段的物理系统有助于人类完成大量简单而重复的体力劳动，提高了制造的效率和质量。

第一代和第二代智能制造系统在传统结构的HPS中间增加了信息系统（Cyber system），信息系统帮助人类完成部分原有感知、分析、决策任务，人进而可以通过控制信息系统来间接地操纵物理系统。在这一阶段，制造系统从单纯的人和物理设备组成发展至"人-信息-物理"的有机整体。在HCPS中，CPS是其关键所在。

新一代智能制造系统又在信息系统中加入了认知和学习的功能。由此，信息系统不仅能够感知外部变化，计算分析数据，还具备了自我学习，提升的能力。人工智能技术将使一、二代智能制造系统发生翻天覆地的变化，借助信息系统的学习能力，人类可以把部分简单、枯燥的学习任务分配给信息系统。因此，人类可以从繁重的体力劳动和脑力劳动中解放出来，从而投入到更高层面的统筹调度、管理工作中。同时，人类还可以利用更多的时间思考创新途径。如图2-10所示，在新一代智能制造系统中，人类处于整个系统的管理者的角色。主要负责协调各个部分的正常运行，保证系统整体运转流畅。

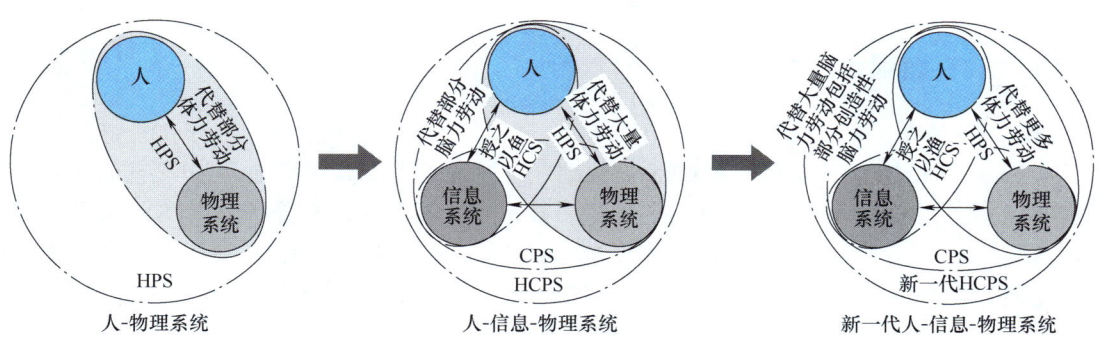

图2-10 从HPS到新一代HCPS的演变

2. HCPS系统集成

HCPS涉及面广，包容量大，涵盖近年来十分流行的人工智能技术。整个系统需要包含智能产品与生产设备、智能生产、智能服务三个基本功能模块。这三个模块需要被搭建在工业智联网和智能制造云平台中，后者作为HCPS的支撑系统，承载三个功能模块，服务于智能制造行业。

（1）智能产品与生产设备 智能产品与生产设备是整个工业4.0智能制造蓝图的体现。

智能产品为智能制造的最终成果，生产设备则是生产的基石。近年来广为关注的人工智能技术为智能产品提供理论背书，为进一步提升产品使用体验、质量、降低生产成本提出新思路、新方法。当然，具有创新性的设计思维也是十分重要的，跟随市场主流、市场趋势的同时，还应当大胆尝试新奇想法，勇于开辟新模式，为智能制造产品注入新血液。

（2）智能生产　智能生产是 HCPS 的主线，也是目前急需攻克的关键一环。智能车间、智能流水线、智能供应链是智能生产这一概念的具体体现。近年来，随着工业数字化渐渐普及，机器人自动化生产已经在生产车间中随处可见。数字化改造的实施，一定程度上消除了车间中的信息孤岛。但是，目前生产车间、供应链和流水线仅满足了前面提到的第二代智能制造的要求。现阶段，生产设备还没有认知和学习的能力，因此无法替代人类简单的学习型任务。新一代 HCPS 首先应当解决复杂系统精准建模、实时优化决策等关键问题，尽快实现自学习、自适应、自控制的目标。

（3）智能服务　以智能技术支撑，面向用户的服务是 HCPS 的主题。企业应当从以产品为中心，逐步转向以用户服务为中心，深化供给侧改革。智能生产为工厂提供了并行生产更多种类产品的可能。同时，未来大数据智能深度应用将提高用户对产品定制化、个性化的需求。因此，企业应当高度重视服务用户个性化需求的能力，落实以用户需求为中心的基本要求。另外，企业还应重视如何从生产型到服务型制造的过渡。巩固现有生产水平、产品质量的同时，发展、运用最新的人工智能技术，力求提供针对自家产品提供创新服务。

（4）工业智联网和智能制造云　工业智联网和智能制造云作为基础，支撑智能产品、智能生产、智能服务三个主要环节。工业智联网和智能制造云由智能网络系统、智能平台和智能安全体系组成，一起为 HCPS 保驾护航。

2.2 信息物理系统的实现

2.2.1 从水滴到大海的视角

1. CPS 体系

CPS 体系结构是研究和开发 CPS 的基础。正所谓"万丈高楼平地起"，要想开发出满足需要的 CPS，就必须深入理解 CPS 的核心技术和骨架灵魂，充分了解 CPS 的特性。而这些都需要一个科学的体系结构作为支撑。图 2-11 所示为一个 CPS 最小单元体系架构（单元级 CPS 体系架构），以此为基础，可扩展出系统级与系统之系统级体系架构。

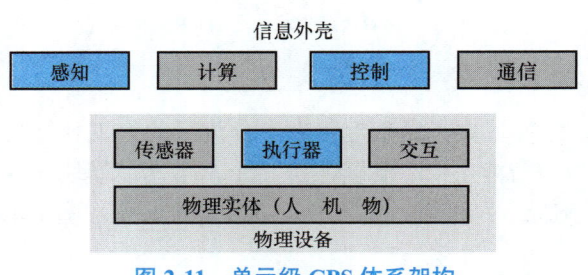

图 2-11　单元级 CPS 体系架构

(1) 物理设备　物理设备包含传感器、执行器、对外交互设备和人、机、物等物理实体，物理设备是实际存在的。物理设备可以通过传感器感知外部信号，如声、光、电、烟雾等，执行器能够接收控制指令并对物理实体进行控制。

(2) 信息外壳　信息外壳具有感知、计算、控制和通信功能，是物理设备与信息世界通信的接口与桥梁，能够实现物理实体的"数字化"，信息世界可以通过信息外壳和物理设备进行感知和交互。

2. 单元级与系统级

CPS 的运行过程是人、机、物共同参与的结果。例如在制造业中，实际生产过程中的冲压可能是经过传送带传送、工业机器人调整，最后再由冲压机床完成冲压的一个过程，是多种智能产品共同协作的结果。众多的智能设备协同合作才生产出满足实际需求的产品。多个单元级 CPS 之间的交互是通过工业网络（如工厂现场总线、工业以太网）来实现的，由此实现数据的大范围、宽领域的自动流动。通过引入网络，实现了多个单元级 CPS 间的协同调配，进而提高了制造资源配置优化的广度、深度和精度。系统级 CPS 基于多个单元级 CPS 的状态感知、信息交互、实时分析，实现了局部制造源的自组织、自配置、自决策、自优化。在单元级 CPS 功能的基础之上，系统级 CPS 加入了互联互通、边缘网关、数据互操作、即插即用、协同控制、监视与诊断等功能。其中互联互通、边缘网关与数据互操作主要实现单元级 CPS 的异构集成；即插即用主要实现系统 CPS 的组件管理，包括单元级 CPS 组件识别、配置、更新和卸载等功能；协同控制指对多个单元级 CPS 进行联动与协同控制；监视与诊断是对单元级 CPS 的状态实时监控并判断其是否具备应有的能力。

3. 系统之系统级

系统之系统（System of Systems，SoS）CPS 由多个系统级 CPS 有机组合构成。例如多个工序（系统级 CPS）构成一个车间级 CPS，进而构成整个工厂的 CPS。单元级与系统级 CPS 共同构成的 SoS CPS 体系架构，如图 2-12 所示。

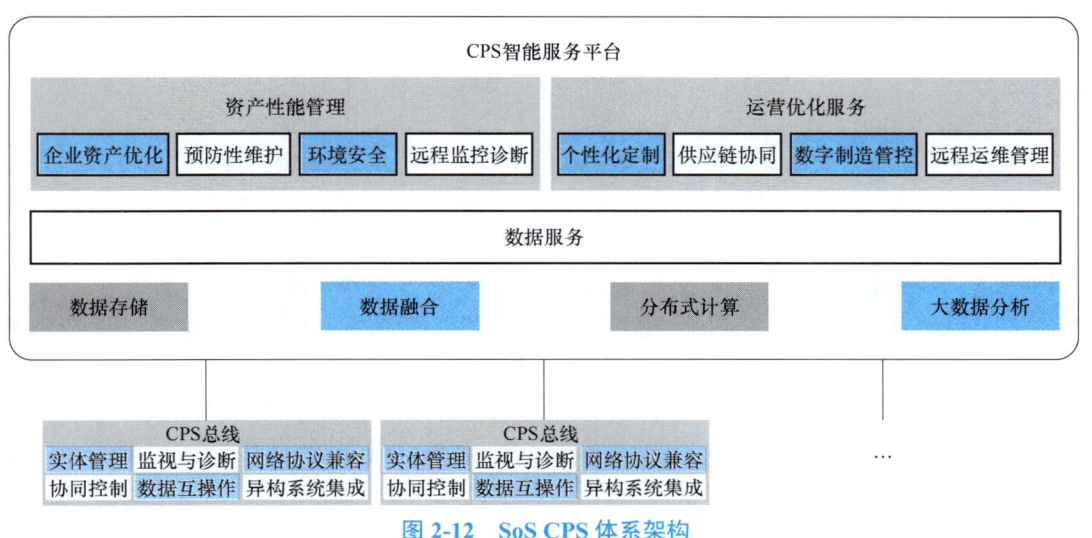

图 2-12　SoS CPS 体系架构

SoS CPS 的主要功能是实现数据整合，从而对内进行资产优化，对外形成运营优化服务。其围绕数据服务的主要功能有数据存储、数据融合、分布式计算、大数据分析，并在数据服务的基础上形成资产性能管理与运营优化服务。

SoS CPS 通过大数据平台实现跨系统、跨平台的互联、互通与互操作，促成多源异构数据的集成、交互与共享的闭环自动流动，实现信息的全面感知、深度分析、科学决策和精准执行。这些数据部分存储在 CPS 智能服务平台，部分分散在各组成的组件内。SoS CPS 对数据的统一管理和整合、分布式计算和大数据分析的能力是这些数据能够提供数据服务、有效支撑高级应用的基础。

资产性能管理主要包括企业资产优化、预防性维护、工厂资产管理、环境安全和远程监控诊断等方面。运营优化服务主要包括个性化定制、供应链协同、数字制造管控和远程运维管理。通过智能服务平台的数据服务，能够对 CPS 内的每一个组成部分进行操控，对各组成部分的状态数据进行获取，对多个组成部分进行协同优化，实现资产和资源的优化配置。

2.2.2 技术生态体系

CPS 技术体系主要分为 CPS 总体技术、CPS 支撑技术、CPS 核心技术。CPS 总体技术主要由系统架构、异构系统集成、安全技术、试验验证技术等构成；CPS 支撑技术是基于 CPS 应用的支撑，主要由智能感知、嵌入式软件、数据库、人机交互、中间件、软件定义网络、物联网、大数据等组成；CPS 核心技术是 CPS 的基础技术，主要由虚实融合控制、智能装备、基于模型的工程定义、数字孪生技术、现场总线、工业以太网、CAX（计算机辅助技术）\MES\ERP\PLM\CRM（客户关系管理）\SCM 等组成。

总结来说，CPS 技术体系可以分为四大核心技术要素，即"一硬"（感知和自动控制）、"一软"（工业软件）、"一网"（工业网络）、"一平台"（工业云和智能服务平台）。其中感知和自动控制是 CPS 实现的硬件支撑；工业软件固化了 CPS 计算和数据流程的规则，是 CPS 的核心；工业网络是互联互通和数据传输的网络载体；工业云和智能服务平台是 CPS 数据汇聚和支撑上层解决方案的基础，对外提供资源管控和能力服务。

1. 感知和自动控制

CPS 使用到的感知和自动控制技术主要包括智能感知技术和虚实融合控制技术。

（1）智能感知技术　传感器技术是智能感知技术的核心。传感器是一种物理装置或生物器官，能够探测、感受外界的信号、物理条件（如光、热、湿度）或化学组成（如烟雾），并将探知的信息传递给其他装置。传感器用于侦测环境中所发生的事件或变化，并将此消息发送至其他电子设备（如中央处理器），通常由敏感组件和转换组件组成。RFID 是一种最常用的传感器，主要包括感应式电子晶片或近接卡、感应卡、非接触卡、电子标签、电子条码等，现在已经广泛应用于日常生活当中。RFID 系统一般由电子标签（Tag）、读写器（Reader）和计算机网络及数据处理系统（也称"RFID 中间件"或"应用软件"）三大部分组成。图 2-13 所示是空调感知并自动控制室温的过程。

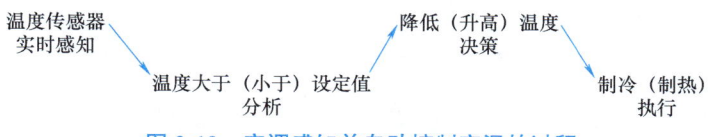

图 2-13 空调感知并自动控制室温的过程

（2）虚实融合控制技术　CPS 虚实融合控制是多层的"感知—分析—决策—执行循环"，建立在状态感知的基础上，感知往往是实时进行的，向更高层次同步或即时反馈。包括嵌入控制、虚体控制、集成控制和目标控制四个层次。图 2-14 所示为自动驾驶虚实融合控制技术。

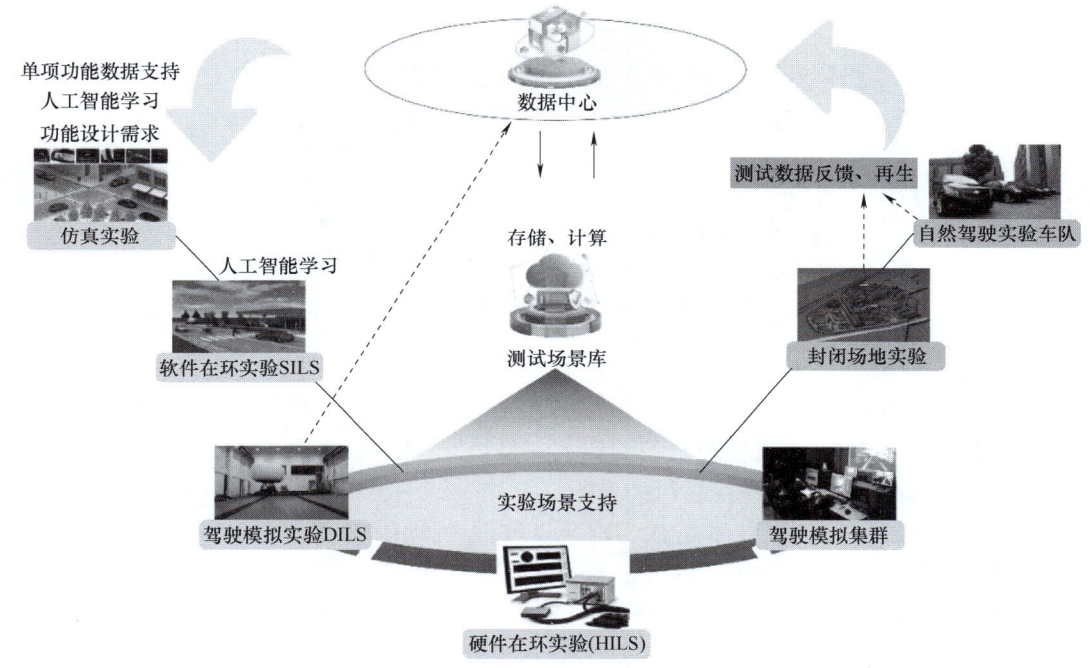

图 2-14 自动驾驶虚实融合控制技术

1）嵌入控制主要是利用嵌入式系统对物理实体进行操控。通过传感、测量设备感知环境，并分析数据然后通过控制目标、控制规则或模型计算做出决策，发出执行指令的过程，通过不停地进行"感知—分析—决策—执行"的循环，直到完成操作目标。

2）虚体控制是指在信息空间进行的控制计算，专注于对信息虚体进行控制。尽管不是必须的，但通常非常重要，因为在云计算等大型计算环境下实现复杂计算更加高效、成本更低，同时需要实时跟踪物理实体的状态以向嵌入控制层发送指令。

3）集成控制。在物理空间内，一个生产系统往往由多个物理实体构成，比如一条生产线会有多个物理实体，并通过物流或能流连接在一起。在信息空间内，主要通过 CPS 总线的方式进行信息虚体的集成和控制。

4）目标控制。对于生产而言，产品数字孪生的工程数据提供实体的控制参数、控制文件或控制指示，是目标级的控制，通过即时比对实际生产的测量结果或追溯信息收集到产品数据,判断生产是否达成目标。

2. 工业软件

工业软件是指专用于工业领域,为提高工业企业研发、制造、生产、服务与管理水平及工业产品使用价值的软件。工业软件是智能制造领域最为重要的一环,长期以来,许多核心工业软件都被国外巨头(如西门子等公司)垄断,是我国智能制造领域的"无人区",需要我们踏踏实实、坚定不移地去攻关。工业软件通过应用集成能够使机械化、电气化、自动化的生产系统具备数字化、网络化、智能化特征,从而为工业领域提供一个面向产品生命周期的网络化、协同化、开放式的产品设计、制造和服务环境。常见的 CPS 应用的工业软件技术主要包括嵌入式软件技术和基于模型的工程定义(Model Based Definition,MBD)技术等。相关工业软件公司如图 2-15 所示。

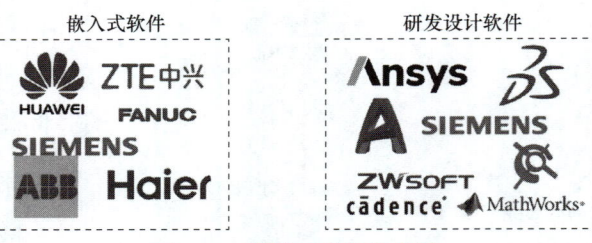

图 2-15 相关工业软件公司

(1)嵌入式软件技术 嵌入式软件技术是把软件嵌入在工业装备或工业产品之中的技术。嵌入式软件通常可以分为嵌入式应用软件、嵌入式系统软件和嵌入式支撑软件三大类,它们被植入硬件产品或生产设备的嵌入式系统之中,从而达到自动化、智能化地控制、监测、管理各种设备和系统运行的目的。

(2)MBD 技术 MBD 技术是在 3D CAD 软件中使用 3D 模型、3D 产品制造信息和相关元数据来定义单个部件和产品组件的方法。所包含的信息类型包括几何尺寸和公差、组件级材料、装配级材料清单、工程配置、设计意图等。通过 MBD 技术,CPS 的产品数据得以贯穿整个生产制造流程。

(3)CAX/MES/ERP 软件技术 计算机辅助技术(Computer Aided technologies,CAX)是利用计算机技术来辅助产品的设计、分析和制造。CAX 合并了产品生命周期管理的许多不同方面,包括设计、有限元分析、制造等,实际上包括了 CAD、CAM、CAE、CAPP、计算机辅助造型(Computer Aided Styling,CAS)、计算机辅助翻译(Computer Aided Translation,CAT)、计算机辅助教学(Computer Aided Instruction,CAI)等各项技术。

(4)MES 技术 MES 是用于制造、跟踪和记录原材料到成品的转换的信息化系统。MES 的主要操作对象是 CPS 信息虚体,通过对信息虚体的操控,以网络化和扁平化的形式对企业的生产计划进行"再计划",指令生产设备协同或同步动作,对产品生产过程进行及时的响应,使用当前的数据对生产过程及时调整、更改或干预等处理。同时信息虚体的相关数据通过 MES 收集整合,形成工厂的业务数据,通过工业大数据的分析整合,使其全产业链可视化,达到企业生产最优化、流程最简化、效率最大化、成本最低化和质量最优化的目的。

（5）ERP技术　ERP是核心业务流程的集成管理，通常是实时的。ERP利用由数据库管理系统维护的通用数据库实现核心业务流程的集成，且不断更新。ERP跟踪现金和原材料等业务资源、生产能力及采购订单和工资单等业务状态。组成系统的应用程序，在提供数据的各个部门（制造、采购、销售、财务等）之间共享数据，促进所有业务职能部门之间的信息流动，并管理与外部的利益相关者的联系。

3. 工业网络

信息从现场设备层向上经由多个层级流入企业层，这是经典的工业控制网络的金字塔层次模式。尽管这一模式得到了业界的广泛认同，但其中各层次之间的数据流动并不顺畅。金字塔每层的功能性要求不尽相同，所以各层往往采用不同的网络技术，使得不同层级之间的兼容性较差。此外，由于CPS对开放互联和灵活性的要求更高，金字塔模式已经成了制约CPS发展的障碍之一。CPS中的工业网络技术将颠覆传统的基于金字塔分层模型的自动化控制层级，转而寻求基于分布式的全新范式。由于各种智能设备的引入，设备可以相互连接从而形成一个服务网络。每一个层面都可以进行基于嵌入式智能和响应式控制的预测分析，每一个层面都可以使用具有虚拟化控制和工程功能的云计算技术。CPS不再像传统智能系统一样严格基于分层结构，高层次的CPS由低层次CPS互连集成、灵活组合而成。

从技术角度来看，CPS网络主要涉及工业异构异质网络的互联互通和即插即用，但是异构异质网络的融合具有高度的复杂性，不同的网络在传输速率、通信协议、数据格式等方面具有很大差异。因此需要一些设备作为边缘网关，发挥连接异构网络的作用，将数据融合在互联网协议（Internet Protocol，IP）网络中传输和控制。同时还需要一个统一的通信机制与数据互操作机制，使数据在不同网络间传输和交换，实现设备的互联互通。此外，为了适应柔性制造、小批量定制的需求，CPS必须是灵活组合的，相应地，工业网络也必须是柔性的，即插即用的，从而实现资源的合理配置及生产率的极大提高。在接入技术上，CPS网络的实现主要通过有线网络，例如现场总线技术和工业以太网技术，以及无线网络和基于有线无线网络形成的柔性灵活的工厂网络；从网络类型来分，既有各种智能设备组成的专用协议局域网，也有基于通用传输控制协议/互联网协议（Transmission Control Protocol/Internet Protocol，TCP/IP）的公共互联网。图2-16所示为5G工业互联方案架构图。

（1）现场总线技术　现场总线技术是自动化领域中的底层数据通信网络技术，是计算机、网络通信、超大规模集成电路、仪表和测试、过程控制和生产管理等现代科技迅猛发展的综合产物，主要解决工业现场的智能化仪器仪表、控制器、执行机构等现场设备间的数字通信及这些现场控制设备和高级控制系统之间的信息传递问题。现场总线作为工厂数字通信网络的基础，建立了生产过程现场与控制设备之间及其与更高的控制管理层之间的联系。总线在运动控制中的应用使得工业自动化控制技术在向智能化、网络化和集成化的方向发展，为自控设备与系统开拓了更为广阔的领域。

（2）工业以太网技术　工业以太网源于以太网而又不同于普通以太网，要在继承和部分继承以太网原有核心技术的基础上，应对工业环境适应性、通信实时性、各节点间的时间同步性、网络的功能安全与信息安全性等问题，给出相应的解决方案，并添加控制应用功能；还要应对某些特殊的工业应用场合的网络供电、安全防爆等要求，给出解决方案。

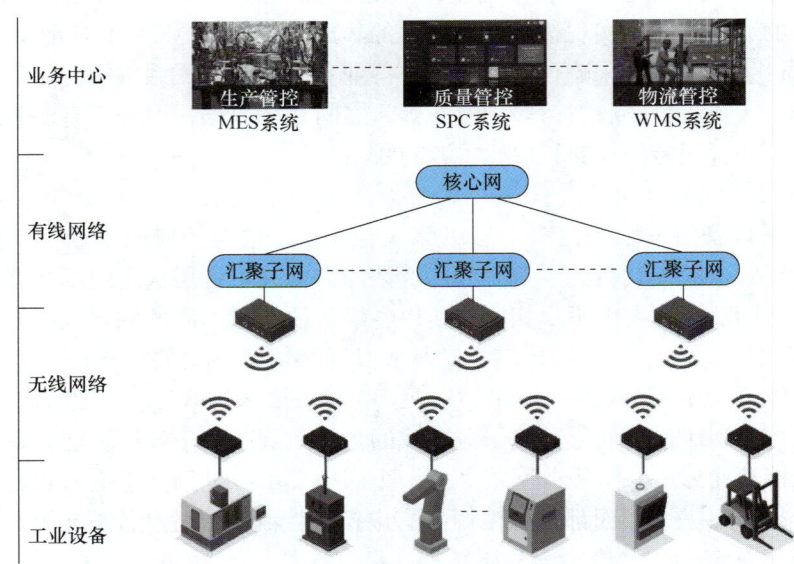

图 2-16 5G 工业互联方案架构图

（3）无线技术　无线局域网络（Wireless Local Area Network，WLAN），是一种利用无线技术进行数据传输的系统，该技术的出现能够弥补有线局域网络的不足，达到网络延伸的目的。由于其节省线路布放与维护成本，组网简单（常支持自组网且不需考虑线长、节点数等制约），已广泛应用于工业生产，如基于 IEEE 802.15.4 的 WirelessHART 与 ISA100.11a 技术已有一些在资产管理、过程测量与控制、人机接口等方面的应用。此外，在某些高温、腐蚀等不适宜有线布放的环境下，无线网络几乎是唯一选择。常见的无线局域网有移动热点（WiFi）和蜂舞协议（ZigBee），它们常用于工厂内非生产环境中，前者侧重于高速率，后者侧重于低功耗。此外，移动宽带技术，低功率广域无线技术等也在工业企业中有所应用。

4. 关键技术之工业云和智能服务平台

工业云和智能服务平台是高度集成、开放和共享的数据服务平台，是跨系统、跨平台、跨领域的数据集合中心、数据存储中心、数据分析中心和数据共享中心。工业云和智能服务平台能够推动专业软件库、应用模型库、产品知识库、测试评估库、案例专家库等基础数据和工具的开发集成和开放共享，实现生产全要素、全流程、全产业链、全生命周期管理的资源配置优化，以提升生产效率、创新模式业态，构建全新产业生态。这将带来产品、生产机器、人、业务从封闭走向开放，从独立走向系统，将重组消费者、供应商、销售商及企业内部组织的关系，重构生产体系中信息流、产品流、资金流的运行模式，重建产业价值链和竞争格局。国际巨头正加快构建工业云和智能服务平台，向下整合硬件资源、向上承载软件应用，加快全球战略资源的整合步伐，抢占规则制定权、标准话语权、生态主导权和竞争制高点。与人体类比，工业云和智能服务平台构成了决策器官，可以像大脑一样接收、存储、分析数据信息，并形成决策。

工业云和智能服务平台通过边缘计算技术、雾计算技术、大数据分析技术等技术进行数据的加工处理，形成对外提供数据服务的能力，并在数据服务基础上提供个性化和专业化智能服务。

（1）边缘计算 边缘计算指在靠近物或数据源头的网络边缘侧，融合网络、计算、存储、应用核心能力的开放平台，就近提供边缘智能服务，满足行业数字化工程在敏捷连接、实时业务、数据优化、应用智能、安全与隐私保护等方面的关键需求。对于 SoS CPS，其每一个 CPS 组成均具有计算和通信功能，通过每一个 CPS 的边缘计算，数据在边缘侧就能被解决，这更适应实时数据分析和智能化处理的需求。边缘计算聚焦实时、短周期数据的分析，具有安全、快捷、易于管理等优势，能更好地支撑 CPS 单元的实时智能化处理与执行，满足网络的实时需求，从而使计算资源更加有效地得到利用。此外，边缘计算虽然靠近执行单元，但同时也是云端所需高价值数据的采集单元，可以更好地支撑云端的智能服务。图 2-17 所示为边缘计算架构图。

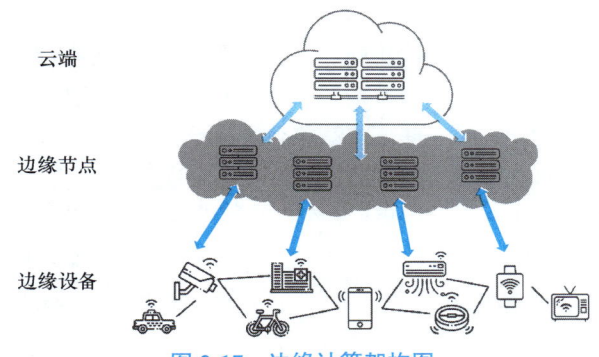

图 2-17 边缘计算架构图

（2）雾计算 雾计算（Fog Computing）是云计算（Cloud Computing）的延伸概念，是由思科（Cisco）提出的。这个因"云"而"雾"的命名源自"雾是更贴近地面的云"这一名句。在该模式中，数据、数据处理和应用程序集中在网络边缘的设备中，而不是几乎全部保存在云中。雾计算是新一代的分布式计算，CPS 应用分布式的雾计算，通过智能路由器等设备和技术手段，在不同设备之间组成数据传输带，可以有效减少网络流量，数据中心的计算负荷也相应减轻。雾计算可以作为产品 CPS 或系统 CPS 之间的计算处理手段，以应对网络产生的大量数据。雾计算不仅可以解决联网设备自动化的问题，更关键的是，它对数据传输量的要求更小。图 2-18 所示为雾计算架构。

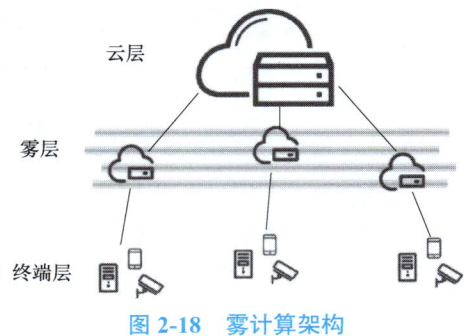

图 2-18 雾计算架构

（3）大数据分析 大数据分析是指对规模巨大的数据进行分析。大数据分析技术将给全球工业带来深刻的变革，创新企业的研发、生产、运营、营销和管理方式，给企业带来更快的速度、更高的效率和更深远的洞察力。工业大数据的典型应用包括产品创新、产品故障诊断与预测、工业企业供应链优化和产品精准营销等诸多方面。工业云和智能服务平台所支持的 CPS 技术可以通过大数据分析来实现上述创新。

2.2.3 CPS 关键技术

实现 CPS 的关键技术包括数字孪生技术和数字纽带技术。数字孪生技术是 CPS 的虚实映射特点的基础，为实现 CPS 提供了清晰的思路、方法和实施途径。数字纽带技术则构筑了信息空间与物理空间数据交互的闭环通道，以物理实体建模产生的静态模型为基础，通过实时数据采集、数据集成和监控，动态跟踪物理实体的工作状态和工作进展（如采集测量结果、追溯信息等），将物理空间中的物理实体在信息空间进行全要素重建，形成具有感知、分析、决策、执行能力的数字孪生，能够实现物理实体与信息虚体之间交互联动。借助信息空间对数据综合分析处理的能力，形成对外部复杂环境变化的有效决策，并通过以虚控实的方式作用到物理实体。

1. 数字孪生

数字孪生也称数字镜像、数字化映射、数字双胞胎，是指物理资产（物理双胞胎）的数字复制品，可用于各种目的的过程和系统。这一概念在制造领域上的使用最早可以追溯到美国国家航空航天局（NASA）的阿波罗项目，用于解决未来复杂服役环境下航空航天飞行器的维护问题及寿命预测问题，在数字空间建立虚拟的飞行器模型。由美国空军研究实验室（Air Force Research Laboratory，AFRL）2011 年正式提出。2015 年，美国通用电气（General Electric，GE）公司计划基于数字孪生体，并通过其自身搭建的云服务平台 Predix，采用大数据、物联网等先进技术，实现对发动机的实时监控、及时检查和预测性维护。图 2-19 所示为一简单的飞机数字孪生系统。

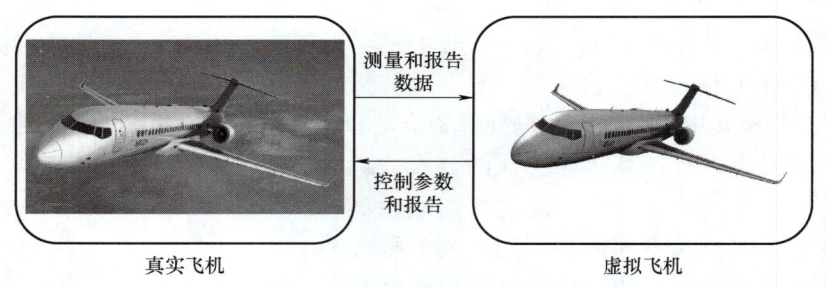

图 2-19　简单的飞机数字孪生系统

数字孪生将人工智能、机器学习和软件分析与数据相结合，创建了生动的数字仿真模型，随着对应物理实体的变化而更新和更改。数字孪生不断从多个来源学习和更新，以表示其实时状态、工作条件或位置，还可以将机器使用的历史数据整合到其数字模型中。数字孪生的概念模型包括三个主要部分：物理空间的实体产品、虚拟空间的虚拟产品、物理空间和虚拟空间之间的数据和信息交互接口。数字孪生以数字化方式为物理对象创建虚拟模型，来模拟其在现实环境中的行为。通过搭建整合制造流程的数字孪生生产系统，实现从产品设计、生产计划到制造执行的全过程数字化。数字孪生是一种超越现实的概念，可以被视为一个或多个重要的、彼此依赖的装备系统的数字映射系统。以飞行器为例，可以包含机身、推进系统、能量存储系统、生命支持系统、航电系统及热保护系统等，将物理世界的参数重新反馈到数字世界，从而可以完成仿真验证和动态调整。

数字孪生是智能制造系统的基础，其最为重要的启发意义在于实现了现实物理系统向信息空间数字化模型的反馈。这是一次工业领域中运用逆向思维的壮举。人们试图将物理世界发生的一切，塞回到数字空间中。只有带有反馈回路的全生命跟踪，才是真正的全生命周期概念，这样就可以在全生命周期范围内，真正保证数字世界与物理世界的协调一致。大数据、物联网、移动互联网、云计算等新一代信息与通信技术的快速普及与应用，大规模计算、高性能计算、分布式计算等计算机科学技术的快速发展，以及机器学习、深度学习等智能优化算法的不断涌现，使得动态数据的实时采集、可靠与快速传输、存储、分析、决策、预测等成为可能，为信息空间和物理空间的实时关联提供了重要的技术支撑，确保了数字孪生与现实物理系统的适用性。

2. 数字孪生体

一般来讲，数字孪生体是指与现实世界中的物理实体完全对应为一致的虚拟模型，其可实时模拟其在现实环境中的行为和性能，也称为数字孪生模型。也就是说，数字孪生体是对象、模型和数据，而数字孪生是技术、过程和方法。因此需要注意，数字孪生不是指在数字虚体空间中的两个一模一样的虚拟事物，更不是物理复制或山寨。数字孪生是指在数字虚体空间中所构建的虚拟事物，与物理实体空间中的实体事物所对应的、在形态和举止上都相像的虚实精确映射关系。

3. 数字主线

伴随着数字孪生定义的发展，美国空军研究实验室和NASA也同时提出了数字主线（Digital Thread，也译为数字纽带、数字线程、数字线、数字链等）的概念。数字主线是一种通信框架，它连接制造过程中传统的孤立元素，并在整个制造生命周期中提供资产的集成视图。我们将其更一般地定义为资产或资产的所有内容的集成视图。制造中数字主线策略的最终目标是在降低成本的同时提高生产率和产品质量。通过深入了解产品生命周期的各个方面，进而可以在整个产品开发过程中做出更明智的决策。在设计与生产的过程中，依靠数字纽带，可以将仿真分析模型的参数传递到产品来定义全三维几何模型，再传递到数字化生产线来加工成真实的物理产品，再通过在线的数字化检测/测试系统反映到产品定义的模型中，进而又反馈给仿真分析模型。数据模型依靠数字主线进行双向沟通，使CPS生命周期中各个环节的数字化模型保持一致。图2-20所示为数字主线与数字孪生体的关系。

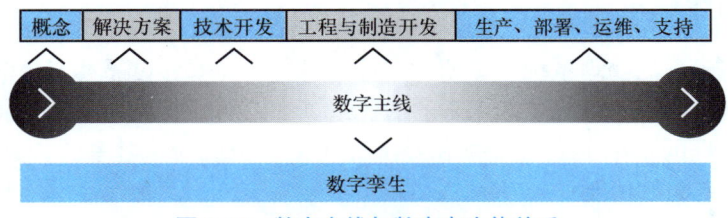

图2-20 数字主线与数字孪生体关系

数字主线与数字孪生相互关联，相辅相成。数字孪生体现的物理实体-虚拟信息的映射关系之间描述的是通过数字纽带连接的各具体环节的数字化模型。通过数字主线集成了生命周期全过程的模型，这些模型与实际的智能制造系统和数字化测量检测系统进一步与 CPS 进行无缝的集成和同步，从而使我们能够从数字化产品看到实际物理产品可能发生的情况，预测以解决未来可能会出现的问题。

2.3 信息物理系统的建设和应用

2.3.1 CPS工业领域的应用

CPS 的受关注程度在与之相关的应用领域就可以体现出来，在《信息物理系统白皮书（2017）》发布后，相关产业逐渐发展。根据《信息物理系统白皮书（2017）》，CPS 在工业领域的应用主要有设计、生产、服务、应用四个方面，如图 2-21 所示。CPS 技术正处于发展时期，其中的内容会随着产业链的发展而不断完善，相关的应用体系也会不断扩充。

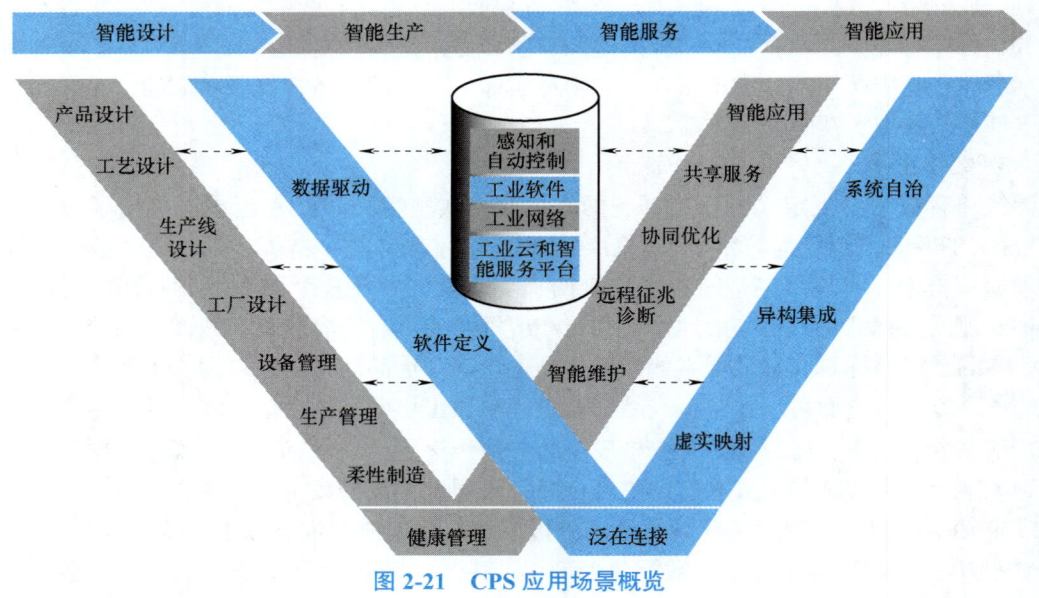

图 2-21　CPS 应用场景概览

2.3.2 CPS功能视角

CPS 是面向未来的物理系统，正朝着柔性、自主、高效、可靠和安全的方向发展，并将自身发展成为可移植的模块，在未来的工业系统中，CPS 将成为大型工业体系的基础模块。CPS 是在物理的基础上通过计算和经济优化使系统成为综合系统，具体来说 CPS 需要具有以下 4 个方面的功能：

（1）资源数据的采集、整合、共享与应用　CPS 将大量的底层信息通过不同渠道传递到控制中心，数据的来源将会多种多样，数据量也会十分巨大，CPS 需要将采集到的大量数据进行有效整合并划分为不同模块，为不同功能的实现提供数据基础。而数据的来源渠道往往不统一，它们之间又往往需要数据共享，因此 CPS 就要将采集到的数据进行处理，实现数据在不同场景中的应用。

（2）大量资源的控制与处理　CPS 需要实现对资源的协调使用，其工作效率对于整个系统具有至关重要的影响。从物理系统中获得的资源信息冗杂，若要在 CPS 控制中心实现对全部资源的处理会使得工作量过大，则工作效率会降低。这种情况下我们可以在分布式物理系统中加入嵌入式控制设备，使得数据可以在分布式物理系统中预处理一部分，并且各个分布式物理系统可以和 CPS 控制中心通信，实现局部或整体的优化。

（3）CPS 控制系统的管理　在物理系统中设置的嵌入式通信系统使 CPS 控制中心可以获得各分布式控制系统的信息，并且可以通过传输信号对各部分实现局部控制。这就使得设备在进行自我调节的同时也可以进行局部控制和总体控制，CPS 控制系统由此获得了对整个系统的管理优化。

（4）CPS 的综合仿真　CPS 通过通信对大量的传感器实时反映的数据进行不断收集，与传统的物理方式不同的是，CPS 不仅可以收集物理系统传感器中的信息而且可以收集相关的信息系统的信息，例如分布式系统中的嵌入式系统的信息和通信信息。传统的仿真系统各自独立，在仿真过程中，系统的综合应用环境不能得到完整描述，而 CPS 能够很好地解决这个问题。通过采集不同种类的数据，建立结构、动力、热力等异构仿真系统组成的集成综合仿真平台，将数据及仿真模型以软件的形式进行集成，从而实现更全面、更真实的生产或产品使用工况仿真，同时结合知识库、专家库等信息，形成以某一目标为约束的优化算法，通过数据驱动形成优化方案，实现生产制造各环节的高度协同。这种综合仿真可以表达出物理过程（收集信息）和信息过程（信息系统的处理过程）之间的相互关系，相较于传统的物理信息系统，这种方式可以更加准确地描述 CPS 系统的行为。

2.3.3　CPS 典型应用场景——航天器控制系统

航天器控制系统是航天器飞行的最关键一环，它控制着航天器的飞行轨道、动力单元、飞行形态、方向设定、速度调节、导航定位等，是至关重要的功能模块，保证航天器能够正确地完成复杂的飞行任务。

组成航天器控制系统的基础首先是测量部件，即利用物理源获取航天器信息的装置，如引力传感器、光传感器、惯性姿态传感器等；其次是航天器控制系统进行控制时需要的中心控制器，其一般是由中心控制器、模拟控制器和时钟组成；最后是执行机构，用于保持和改变航天器的姿态、轨道状态，这种执行机构包括推力器、动量轮及其他驱动装置等。航天器控制系统需要具有三个基础模块指导其正常工作，它们恰好对应 CPS 的三个关键环节，分别是通信模块（CPS 感知环节）、计算模块（CPS 分析与决策环节）和控制模块（CPS 执行环节），如图 2-22 所示。

在通信方面，航天器控制系统首先需要接受来自地面的信号，并且能够将自身的数据传输到地面控制中心，另外需要自身各部分的信息能够有效传输，比如在航天器控制系统布置的各个传感器的信息要经过传输传递到控制中心，并且为了航天器的稳定安全，这种传输对时效性的要求很高。系统的运行建立在通信、计算和控制的交互协作上，突出了 CPS 的状态感知环节特征。

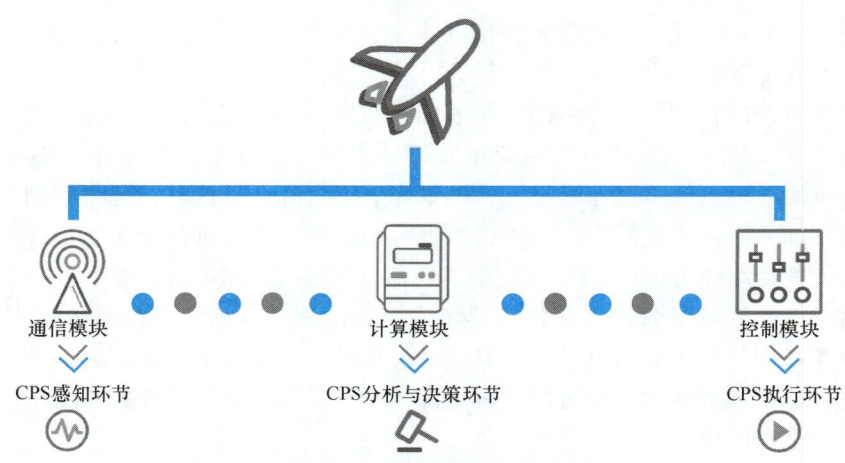

图 2-22　航天器控制系统三个基础模块

在计算方面，航天器控制系统既要执行各个局部单元的分布式计算，又要处理这些局部单元的协同计算。各类繁杂的计算工作，大到航线的规划，小到磁场的计算都对计算的精度、速度和一致性有着很高的要求，其中的基础就是各类传感器数据的处理和融合。在一些局部单元中，局部模块内嵌的计算处理器可以预先对数据进行计算，这些分布式计算与协同计算将共同处理。这种分布加协同的计算特点也契合了 CPS 的分析与决策环节特征。

在控制方面，航天器控制系统的本质就是航天器控制的执行和反馈，通俗易懂地说，控制就是让航天器在不同状态间切换、不同运行模式的调整、自适应调节等。这种自适应调节的能力也契合了 CPS 的执行环节特征。

总之，航天器控制系统中的三个模块相互配合，各种通信信号的交互为计算和控制打下了基础，计算为控制提供了来源，而控制可以是人为控制，也可以是计算机通过校准定义后的自主控制。

参 考 文 献

[1] 周济，李培根，周艳红，等. 走向新一代智能制造［J］. Engineering，2018，4（1）：28-47.
[2] 中国电子技术标准化研究院. 信息物理系统白皮书（2017）［EB/OL］.（2017-03-02）［2024-03-20］. http://www.cesi.cn/201703/2251.html.
[3] 李必信，周颖. 信息物理融合系统导论［M］. 北京：科学出版社，2016.
[4] 克勒德马赫. 嵌入式系统安全：安全与可信软件开发实战方法［M］. 周庆国，姚琪，译. 北京：机械工业出版社，2015.
[5] 汉加尼. 物联网设备安全［M］. 林林，陈煜，龚亚君，译. 北京：机械工业出版社，2017.
[6] 康金城. 把握德国制造业的未来：实施"工业 4.0"攻略的建议［EB/OL］.（2013-09-01）［2024-03-22］. https://doc.mhalib.com/view/3a447da3247684d8c66bc5e9b35567a9.html.
[7] 中国电子技术标准化研究院. 信息物理系统建设指南（2020）［EB/OL］.（2020-08-28）［2024-03-22］. https://www.cesi.cn/202008/6748.html.

科学家科学史
"两弹一星"功勋
科学家：王大珩

第 3 章

智能制造系统架构及参考模型

PPT 课件

产业资源虚拟化、制造过程信息化和制造产业服务化为当前面向智能制造的重点研究对象。在制造模式转型的过渡期,柔性制造系统、计算机集成制造系统、全能制造系统、虚拟制造系统、敏捷制造、网络化制造及智能制造系统相继被提出,制造模式主要集中于分布式、网络化、虚拟化的制造框架。为提高制造系统的自治性和协同性,多智能体技术和人工智能技术相继被引入制造系统的设计研究中。近年来,云制造作为面向服务的新型制造模式,进一步将智能制造系统及关键技术研究的焦点移至服务领域,将生产决策、管理、控制等功能的智能化研究,以及不同产业智能制造的应用模式研究与面向服务的产业模式相结合。

面对制造模式的逐步转型升级,智能制造的本质仍是关注智能机器与人在生产过程中的融合,旨在使机器具备分析、推理、判断、构思和决策等能力。工厂制造模式也逐渐转型升级,更关注智能机器与人在生产过程中的融合,旨在使机器具有自动识别、计算分析、构思推理、主动服务和决策判断能力。因此,需要进一步对智能制造系统架构的设计、管理及运行进行深入研究。

3.1 智能制造的基础

3.1.1 智能制造生产中的价值网络

价值网络是指由多个相互关联的组织或企业构成的一个网络,这些组织通过协作、合作和信息共享等方式,共同参与和创造产品或服务的过程,以实现共同的商业目标。在价值网络中,各个组织相互依存,彼此之间的合作关系对于整个网络的成功至关重要。

智能制造技术对价值网络的整合产生了深远影响。传统的价值网络通常由独立运营的企业构成,拥有信息孤岛、反应迟缓、资源浪费、合作困难等缺点。引入智能制造技术,可以有效解决传统价值网络的问题,促使企业更好地适应现代市场的需求,提高整个价值网络的效率和竞争力。

如图 3-1 所示,在传统汽车生产线中,尽管自动化和信息化水平已经相当高,但产品生产仍需遵循严格的工艺流程,按顺序完成底盘、外壳、轮胎、内饰的加工装配后出厂,生产组织高度集中。一旦某一工位发生故障,就可能导致整个生产过程的停顿,这使得智能制造的概念并未在此完全体现。未来的汽车生产线将呈现非固定的特点,每个工位都将拥有多种功能。产品能够根据实际的生产状况,例如生产成本、工作负荷和设备状态等,灵活地选择加工工位。即便某一工位发生故障,生产线也将保持运转,而且能够实现个性化生产。如汽车的底盘和外壳装配完成后,加工轮胎的工站仍处于工作状态,为了避免生产的停滞,汽车将被运输至空闲状态的加装内饰的工站,先加装内饰,再装配轮胎。这种新型生产线的灵活性和智能性,避免了加工的停滞,提高了效率,让整个汽车制造过程更为丰富多彩,为未来的汽车工业带来了更大的创新可能性。

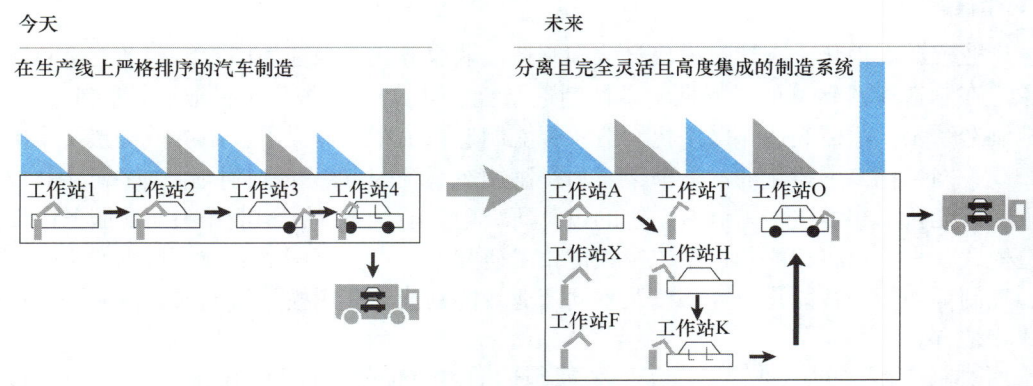

图 3-1 汽车生产线的价值网络变化

智能制造技术在实现价值网络的信息共享方面发挥着关键作用,通过物联网技术,企业能够将各个环节的设备和产品连接起来,实现实时地共享数据和信息,形成了一个高效的信息交流网络。这意味着不同企业之间可以实时共享关键信息,从而有效减少了信息传递的延迟和误差,大大提高了整个网络的响应速度和准确性。

其次,智能制造技术还能够促成价值网络的资源整合,实现资源的高效共享和交换。通过实时数据分析和预测,使企业能够更好地优化资源配置。通过了解市场需求和生产效率,企业可以调整生产计划,避免过剩和短缺,实现资源的高效利用和合理分配。

因此,依托智能制造价值网络为基础的三个集成如图 3-2 所示,即通过服务互联网对分布式的智能生产资源进行高度整合的横向集成,从产品生产制造角度的贯穿于企业底层的生产制造单元、MES 到上层 ERP 等的纵向集成,面向产品整个流程的从原料供应、研发设计、生产制造、销售服务等多个生产环节的端到端集成。端到端集成是客户价值的实现途径,横向集成和纵向集成则是这种价值最大化实现的保障。它们共同组成了智能制造体系。MES 是智能制造三个维度集成的交叉点和关键点。无处不在的传感器、嵌入式终端系统、智能控制系统、通信设施通过 CPS 形成智能的物联网络和务联网络,使人与人、人与机器、机器与机器以及服务与服务之间能够互联,从而实现横向、纵向和端对端的高度集成。集成是实现智能制造的重点也是难点。

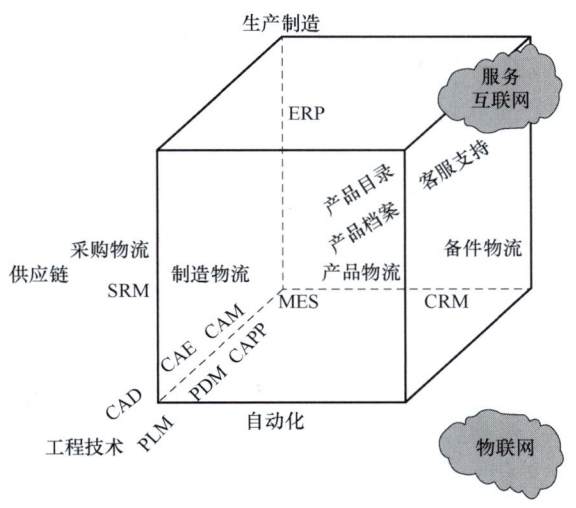

图 3-2　智能制造的三大集成

3.1.2　横向集成

横向集成是企业之间通过价值链以及信息网络所实现的一种资源整合，是为了实现各企业间的无缝合作，提供实时产品与服务。横向集成将企业内部的业务信息向企业外拓展，即拓展至供应商、销售商、用户等，进而实现企业与企业、企业与产品之间的协同，并形成相互协调的智能虚拟企业网络，推动企业间的研产供销、经营管理与生产控制、业务与财务全流程的无缝衔接和综合集成，实现产品开发、生产制造、经营管理等在不同的企业间的信息共享和业务协同。

在市场竞争牵引和信息技术创新驱动下，每一个企业都是在追求生产过程中的信息流、资金流、物流无缝链接与有机协同，在过去这一目标主要集中在企业内部，但现在远远不够了，企业要实现新的目标：从企业内部的信息集成向产业链信息集成，从企业内部协同研发体系到企业间的研发网络，从企业内部的供应链管理向企业间的协同供应链管理，从企业内部的价值链重构向企业间的价值链重构。

横向集成主要实现企业与企业之间、企业与售出产品之间（如车联网）的协同，将企业内部的业务信息向企业以外的供应商、经销商、用户进行延伸，实现人与人、人与系统、人与设备之间的集成，从而形成一个智能的虚拟企业网络。制造业普遍存在的工程变更协同流程就是这样一个典型的横向集成应用场景，如图 3-3 所示。

为了实现某一智能产品的生产，也许需要世界范围的资源配置，需要分布在全球的公用机器设备，连接产品所需的自动化系统。生产智能产品的价值网络横向地集成了各个智能工厂的相关信息，为智能制造服务。得益于互联网基础设施的完善，企业间的横向集成将在全球范围内进行。

3.1.3　纵向集成

纵向集成不是一个新话题，企业信息化发展经历了部门需求、单体应用到协同应用的一个历程,伴随着信息技术与工业融合发展常讲常新,换句话说,企业信息化在各个部门发展阶段的里程碑,就是企业内部信息流、资金流和物流的集成,是在哪一个层次、哪一个环节、哪一个水平上的集成,是生产环节上的集成(如研发设计内部信息集成),还是跨环节的集成(如研发设计与制造环节的集成),还是产品全生命周期的集成(如产品研发、设计、计划、工艺到生产、服务的全生命周期的信息集成)。简单点说,纵向集成就是解决企业内部信息孤岛的集成,智能制造所要追求的就是在企业内部实现所有环节信息无缝链接,这是所有智能化的基础。

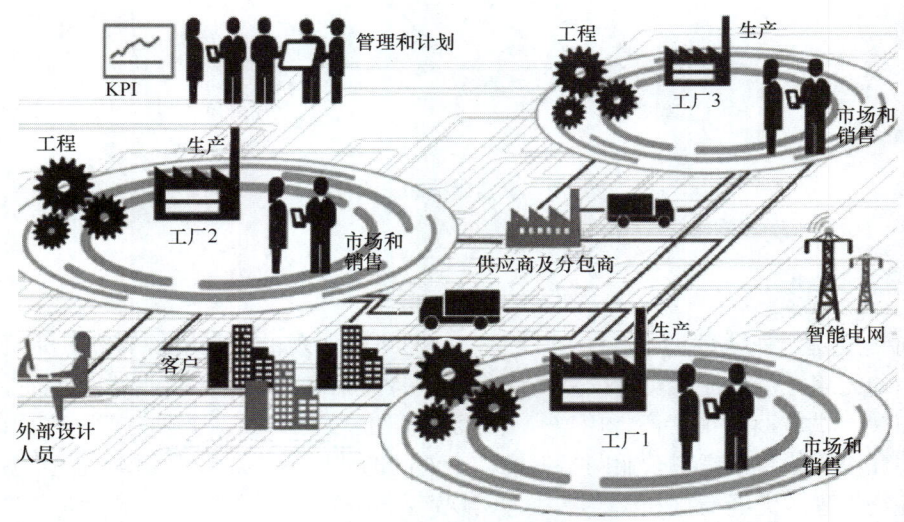

图3-3 智能制造的横向集成

纵向集成主要解决企业内部的集成,即解决信息孤岛的问题,解决信息网络与物理设备之间的联通问题。智能制造所追求的就是在企业内部实现所有环节信息的无缝链接,这是所有智能化的基础。纵向集成是基于未来智能工厂中网络化的制造体系,实现个性化定制生产,替代传统的固定式生产流程(如生产流水线)的关键实现,如图3-4所示。

纵向集成和网络化制造系统
图3-4 智能制造的纵向集成

从智能制造的三大集成涉及的边界来看，纵向集成一般可以通过工厂管理者统一要求，比较容易实现，因为工厂管理者拥有较大的资源调动权。目前，智能制造已逐步在某些行业中得以实践，但大都在车间层面，即所谓的智能工厂或数字化工厂改造，这主要因为目前制造业的主要价值创造过程仍然在工厂，所以企业以提升工厂的数字化水平来提升生产效益。另外，基于工厂边界的模式变革相对容易实现，产生的边界效应也容易获得领导者的认可。

如果一个企业能够高度纵向集成，则其可以完全控制从原材料到产品零售的整个生产过程。有些专家认为纵向集成可以提高企业网络化，可以使组织在交易市场中将交易成本降到最低，同时也可以更好地控制物流、有效地交流信息和降低成本，但也有不利的一面，比如拥有全部的所有权并不能保证企业能为消费者提供最好的服务，也无法有效地响应外界需求的变化。此外，纵向集成高的企业往往组织庞大，管理机构相对复杂，因此对市场的反应速度相对较慢。网络化的纵向集成是一个组织拥有一个供应链各个部分的方法。

在企业信息化中，PDM 与 ERP 分别被认为是涉及技术管理和信息化管理的两个不同领域。若能把 PDM 和 ERP 进行集成，即将产品开发与生产管理甚至仓储管理等打通，有效缩短产品形成周期。加速产品设计到制造领域的转化，从而从根本上促进企业的现代化进程，对企业生产活动具有十分重要的现实意义。ERP 与 MES 集成系统的信息传递具体如下：自上而下的信息流传递 ERP 系统的驱动数据（主要来源于客户订单和销售预测两个方面）至 MES 层，在 MES 层进行处理后将生成采购件的采购订单和自制件的工作订单；自下而上的信息流将底层控制系统的相关信息实时传送到 MES 层，再经 MES 处理后传送到 ERP 层。PLM 与 MES 集成将 PLM 与 MES 实现集成，则 PLM 系统的设计数据与 MES 系统的相应管理模块可以同步进行，即可直接将产品要求、设计和制造信息与车间执行系统连接。PLM 与 MES 的集成解决方案是一种无缝的途径，不仅可以提高生产灵活性，还可以提高生产速度，提供创新的产品和优化的方法。PLM 与 MES 系统之间可以实现紧密的系统集成，如 Teamcenter 软件与 SIMATIC IT 软件之间。两者的数据同步并非传统意义上的通过中间文件方式实现，而是通过底层函数互调实现的，全盘考虑数据传输的效率和完整性，保证企业是在一个统一数据源的基础上实现。PLM 系统将完整的产品数据包通过内部通道传递给 MES 系统。MES 系统内部的各个模块分别负责接收和存储不同类型的产品设计数据。

3.1.4 端到端集成

端到端集成是指贯穿整个价值链的工程化数字集成，是在所有终端数字化的前提下实现的基于价值链的不同公司之间的一种整合，这将最大限度地实现个性化定制，如图 3-5 所示。

端到端集成是把所有该连接的端点都集成起来，通过价值链上不同企业资源的整合，实现产品设计、生产制造、物流配送、使用维护的产品全生命周期的管理和服务。端到端的集成既可以是内部的纵向集成，也可以是外部的企业与企业之间的横向集成，重点在于流程的整合，比如用户订单的全程跟踪协同流程就是将用户、企业、第三方物流售后服务等产品全生命周期服务的端到端集成。如图 3-6 所示,用户订单的全程跟踪协同流程,包括了提供用户下订单的 APP 或平台,满足个性化需求,使用户全程体验产品生产过程,随时叫停,提供个性化服务以及远程监控与维护,整个流程从用户下订单开始,一直延续到用户使用产品后的维护,从用户中来,到用户中去,一切以人为本,因此,智能制造的端到端集成也可称为最终用户模式。这种服务模式注重高度个性化和定制化的生产,以及更加智能、灵活的制造过程。

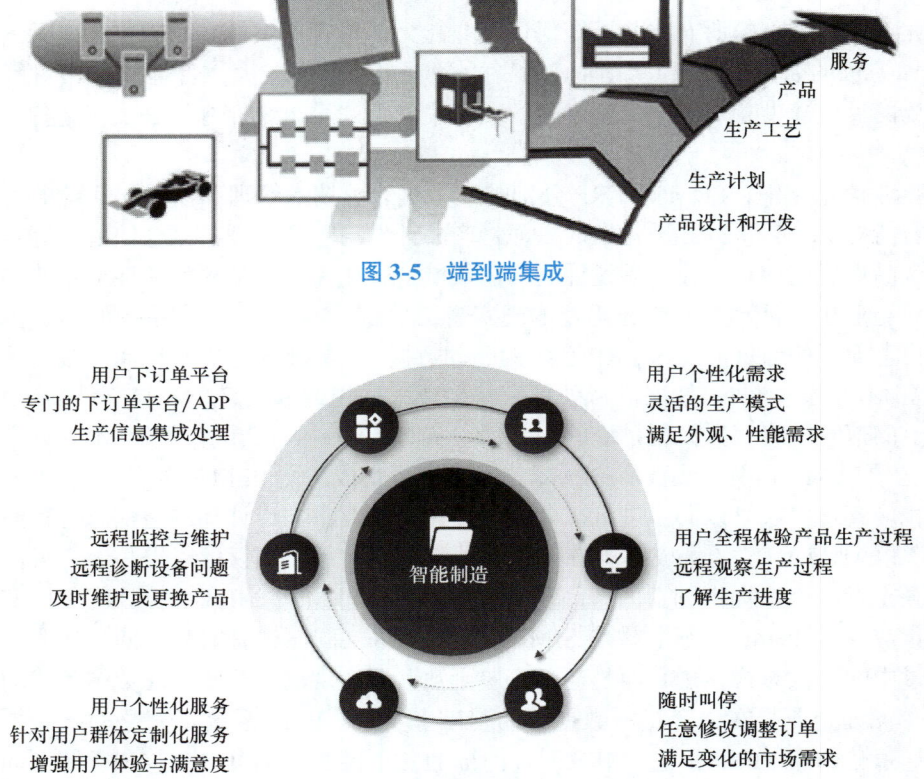

图 3-5 端到端集成

图 3-6 智能制造的端到端集成

目前我国大部分制造企业在信息化建设的过程中,信息孤岛是其在建设中普遍遇到的问题,信息孤岛之间的信息很难及时、准确、有效地传递,阻碍了各生产单元之间信息的有效传递,从而对整个生产系统带来了负面影响。

在整个工业生产过程中实现端到端的数字集成,需要现实世界和数字世界在产品的整个生命周期所包含的价值链的各个环节之间实现整合。所谓智能制造的端到端的数字化集成,就是用户可以通过互联网参与产品的研发与制造的各个环节。智能制造中的端到端的集成更强调的是各生产阶段的终端设备的集成。智能制造业的端到端制造业务场景模型为:

1）不可能有哪一个 IT 厂商能够提供所有的 IT 系统，以支撑整个制造业的业务。

2）制造业的 4 个大环节中随时有信息的交换，需要互相协同、互联互通、相互感知。

3）业务场景模型的中间是一个主系统模型，实现了与各个信息系统的关联。

在智能制造模式下，理想的状态是智慧工厂的下游都有公有的云，在云端集成了整个的供应链，实现物和物、服务和服务、人和人的对话。跨越全价值链的端到端的数字化集成是指通过部署 CPS 系统，实现从产品需求到最终的产品交付的全流程覆盖。通过数字化建模等方法，在一个端到端工程工具链中，使得用户的所有需求信息与各个程序之间的相互依存关系能够标准化、准确、清晰、数字化高效地描述、确认和传递，最终完成制造过程并输出结果，且输出结果与最初输入的需求完全一致，不产生任何偏差。把 CPS 技术应用于基于模型的开发的设计生产过程中，通过端到端、模拟、数值等方法，可以实现从客户需求定义到产品设计加工，再到成品完成出库等各个方面的配置。

以美国的 Stratasys 公司为例。该公司作为一家全球领先的 3D 打印和增材制造解决方案提供商，拥有以下几个方面的优势：

1）全面的产品线。Stratasys 提供全面的 3D 打印产品线，涵盖了不同的打印技术、材料和应用领域。他们的产品包括多种类型的 3D 打印机、材料，以及支持整个 3D 打印生态系统的软件。这种全面的产品线使得用户能够在一个供应商处满足多样化的需求，实现从设计到制造的端到端解决方案。

2）软件解决方案。Stratasys 提供与其硬件产品配套的先进软件解决方案，包括用于设计、仿真、预处理和打印控制的软件。这些软件提供了端到端的数字化工作流，支持用户从设计到实际打印的整个过程。用户可以使用这些软件实现更高效地设计、优化打印参数，并监控生产过程。

3）服务和支持。Stratasys 为用户提供全球范围的服务和支持，包括培训、维护和技术支持。这种服务体系确保了用户在使用 Stratasys 的产品时能够得到及时和全面地支持。

4）应用多样性。Stratasys 关注多个行业，包括制造、医疗、航空航天等，他们提供的 3D 打印解决方案适用于不同的应用场景。这种广泛的应用多样性使得 Stratasys 能够为各个行业提供定制解决方案，满足不同领域的需求。

3.2 智能制造系统参考模型

3.2.1 智能制造系统架构概述

智能制造是我国全面推进实施制造强国的重要途径，推进制造过程智能化在于智能制造系统架构的建设。智能制造涉及多企业、多领域、多地域信息集成、应用集成和价值集成，其核心技术之一就是参考模型，它对统一智能制造认识和理解、实施智能化车间的建设和推广具有重要指导意义。

智能制造参考模型是一个通用模型，适用于智能制造全价值链的所有合作伙伴公司的产品和服务，它将提供智能制造相关技术系统的构建、开发、集成和运行的一个框架，通过建立智能制造参考模型可以将现有标准（如工业通信、工程、建模、功能安全、信息安全、可靠性、设备集成、数字工厂等），拟制定的新标准（如语义化描述和数据字典、互联互通、系统能效、大数据、工业互联网等）一起纳入一个新的全球制造参考体系。

智能制造参考模型特点：

1) 行业特性。制造业生产复杂，覆盖不同行业以及相同行业的不同产品，不同行业的生产工艺、制造装备、生产管理流程完全不同。如：机械加工行业、电子制造行业、装备制造行业、铸造行业等。数字化车间参考模型要真正发挥其指导意义，应具有鲜明的行业特性。

2) 多维度模型。智能制造涉及的内容广泛，包括：车间运行管理、车间生产装备、人员管理、车间级通信集成等多个层面。智能制造参考模型偏宏观、可覆盖各个层面，但对智能化车间实施指导意义有限。体现业务的智能化车间模型，很难实现通过一个数字化车间参考模型覆盖所有内容。多维度智能化车间模型结合宏观智能制造参考模型可更好地指导企业有效实施智能制造。

建立智能制造参考模型的目的：

1) 对智能制造概念及范围进行界定。智能制造仍然是新生事物，从工程技术人员、专家学者到企业经营者等都对智能制造有不同理解。智能化车间是实施智能制造的主要载体，通过定义智能制造车间参考模型可形成对智能制造的统一理解，确定智能化车间的边界范围，指导后续的实施工作。

2) 智能制造参考模型将有助于行业推广工作。智能制造参考模型具有行业特点，结合体现行业特点和业务工作的智能制造模型，可有效指导智能化车间的具体实施工作，并有助于形成体现行业特色的智能制造新模式，可在行业企业中快速复制、推广。

3) 智能制造参考模型建立将指导智能制造相关标准梳理和布局。标准工作是智能制造实施的主要保障之一，需要建立标准体系，研制核心关键标准指导行业、企业实施智能制造。智能化车间是实施智能制造的主要载体，建立智能制造参考模型将统一对智能制造的认识和理解，并基于参考模型对现有标准进行梳理，确定应补充研制的核心标准，对于智能制造的总体布局具有重要意义。

3.2.2 智能制造相关参考架构模型

智能制造标准化相关的国际组织有国际标准化组织（ISO）、国际电工委员会（IEC），以及各国家标准化机构、各行业技术组织等，如国家标准化管理委员会（SAC）、国际自动化协会（ISA）、PLCopen（致力于推动可编程逻辑控制技术的开放标准和开源方案的发展）、开放设备网供货商协会（ODVA）、OPC基金会等。IEC TC65（工业过程测量控制和自动化）和ISO TC184（自动化系统和集成）是智能制造的两个核心技术委员会（TC）。ISO和IEC成立了多个特别工作组或战略咨询组，对智能制造参考架构进行分析和标准梳理，如IEC SEG7、ISO/SAG/I 4.0等。目前已有多个国家、技术组织、标准化机构提出了智能制造相关的参考模型，见表3-1。比较有代表性的是德国工业4.0参考架构模型RAMI 4.0、中国智能制造系统架构IMSA、美国NIST的智能制造生态系统模型SMS、美国工业互联网联盟的工业互联网参考架构IIRA等。

表 3-1　与智能制造相关的现有参考模型

序号	模型名称	制定组织
1	工业 4.0 参考架构模型（RAMI 4.0）	德国工业 4.0 平台
2	智能制造生态系统（SMS）	美国国家标准与技术研究院（NIST）
3	工业互联网参考架构（IIRA）	美国工业互联网联盟（IIC）
4	智能制造系统架构（IMSA）	中国国家智能制造标准化总体组
5	物联网概念模型	ISO/IEC JTC1/WG10 物联网工作组
6	IEEE 物联网参考模型	IEEE P2413 物联网工作组
7	ITU 物联网参考模型	ITU-T SG20 物联网及其应用
8	物联网架构参考模型	OneM2M 物联网协同联盟
9	全局三维模型	ISO/TC184 自动化系统与集成
10	智能制造标准路线图框架	法国国家制造创新网络（AIF）
11	工业价值链参考架构（IVRA）	日本工业价值链计划（IVI）

1. 德国工业 4.0 参考架构模型（RAMI 4.0）

为了解决工业 4.0 复杂系统的组成问题，就必须引入 RAMI 4.0，这是系统工程论中最典型的思维模式。

2013 年 9 月，德国发布的《实施"工业 4.0"战略建议》中提出了实现工业 4.0 的八个优先行动领域，第一个就是开展标准化工作。2013 年 12 月，德国电气电子和信息技术协会与德国电工委员会联合发布《德国"工业 4.0"标准化路线图》，明确了参考架构模型、用例、基础等，并提出了具体标准化建议。2015 年 4 月，德国在汉诺威工业博览会上第一次介绍了 RAMI 4.0 模型，对模型各层级关系和细节进行了规范，是工业 4.0 概念落地实施的指导性文件，架构的提出对标准化和应用等工作提供了参考。

在对工业 4.0 的讨论中需要考虑不同的对象和主体，其对象既包括工业领域不同标准下的工艺、流程和自动化，也包括信息领域方面的信息、通信和互联网技术等。为了达到对标准、实例、规范等工业 4.0 内容的共同理解，需要制定统一的框架模型作为参考，对其中的关系和细节进行具体分析。RAMI 4.0 模型是从产品生命周期、价值链、层级和架构等级三个维度，分别对工业 4.0 进行多角度描述的一个框架模型。它代表了德国对工业 4.0 所进行的全局式的思考。有了这个模型，各个企业尤其是中小企业，就可以在整个体系中，寻找到自己的位置。

2015 年 4 月德国工业 4.0 平台发布了 RAMI 4.0 模型，如图 3-7 所示。三个维度可以充分体现智能制造的核心要素，但三维的表现形式会使得每个要素都会彼此耦合，实际情况是部分要素彼此之间弱相关或无关。

工业 4.0 参考架构模型具有如下特征：

1）基于 CEN 和 CENELEC 制定的智能电网架构模型（SGAM）。
2）三个维度：层次结构、生命周期和价值链、类别。
3）强调三个集成：企业内网络化制造体系纵向集成、企业间横向集成、全生命周期端到端工程数字化集成。

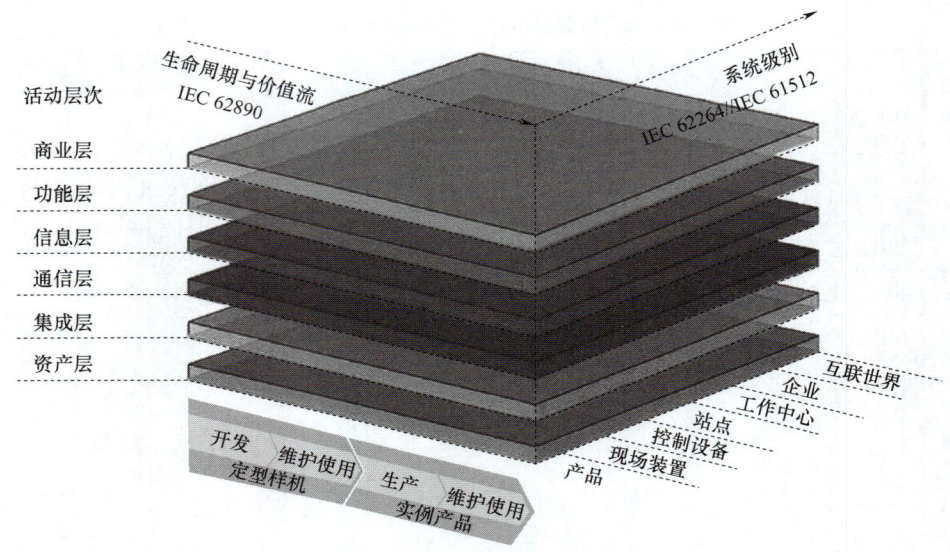

图 3-7 德国工业 4.0 参考架构模型示意图

4）智能工厂是实现 RAMI 4.0 的最小单元。

5）嵌入式智能：所有制造单元都是带有本地软件的嵌入式设备或系统、所有制造单元都具有自组织的计算和通信功能、大量部署各类传感元件实现信息的大量采集、自动化技术实现智能制造单元间的集成。

6)"智能"产品：被制造的产品具有制造过程中各阶段所必需的全部信息（标识、位置、状态、路线）。

7)"自治"制造系统：互联制造单元的自组织（自组织生产）、制造步骤根据订单情况灵活定制（自组织工艺）。

2. 我国智能制造系统架构（IMSA）

智能制造系统指应用智能制造技术，达成全面或部分智能化的制造过程或组织，按照其技术成熟度与智能化发展水平的不同可分为若干个阶段（数字化、数字化网络化、数字化网络化智能化），任意阶段的智能制造系统均表现出强烈的系统工程属性（全生命周期的智能化）和良好的可拓展特性。在智能制造系统中，机器智能和人的智能将紧密地集成在一起协同工作。首先，智能制造系统中的所有要素均处于同一 CPS 世界，完备的虚拟世界与全自动化的物理系统深度交融；同时，人作为智能制造系统的重要因素，与系统中其他因素间的交互方法与交互信息量也获得了极大的丰富。这些大量、深度而有序的信息交互使得制造系统中的各因素相互依托，共同构成具有自循环、自优化特性的制造环节。其次，基于开放平台架构的智能制造系统提供了良好的系统集成与拓展功能。若干低层级的智能制造系统、辅助制造装备以及附着于其上的应用系统共同构成高层级的智能制造系统，并最终构成统一的智能制造生态环境。

基于上述介绍，可以构建如图 3-8 所示的智能制造系统架构。智能制造的产品生命周期与传统制造业是类似的，但是在设计等环节与传统制造业相比增加了企业间的协同合作，实现了水平集成。系统层级从设备到企业的 4 个环节与传统制造业企业也是类似的，只是每个环节的内涵和外延都有了相应的扩展。另外，协同是智能制造相对传统制造的一个新的特点。智能功能维度则是让产品和工厂更加数字化、网络化、智能化的一系列信息技术的集中体现。整个智能制造系统架构体现了工业化与信息化的深度融合。

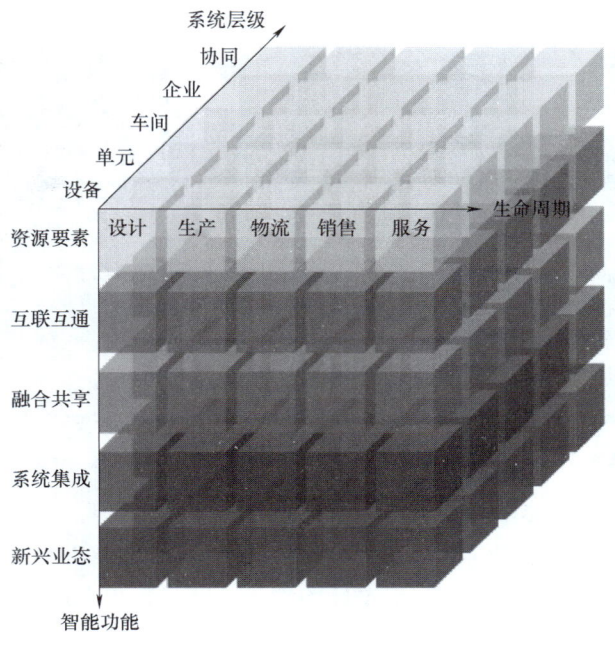

图 3-8 智能制造系统架构

总体来讲，产品生命周期维度从一张设计图样开始，经过生产、物流和销售，最后被消费者使用；系统层级维度包含了制造企业是如何实施智能制造的，而智能功能维度则给产品和制造企业插上了智能的翅膀。下面对 3 个维度的具体环节进行详细介绍。

（1）生命周期维度 生命周期是指从产品原型研发开始到产品回收再制造的各个阶段，包括设计、生产、物流、销售、服务等一系列相互联系的价值创造活动。生命周期的各项活动可进行迭代优化，具有可持续性发展等特点，不同行业的生命周期构成大致相同，如图 3-9 所示。

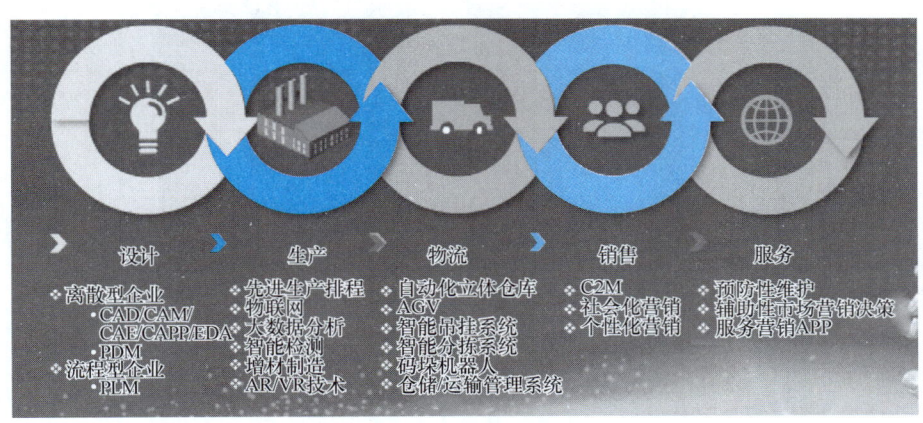

图 3-9 生命周期维度

(2)系统层级维度 系统层级维度自下而上共 5 层,分别为设备层、控制层、车间层、企业层和协同层,如图 3-10 所示。智能制造的系统层级体现了装备的智能化和 IP(网络协议)化,以及网络的扁平化趋势。

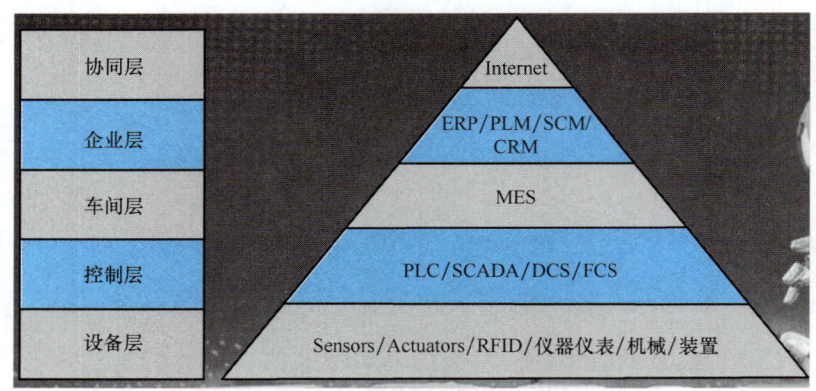

图 3-10 系统层级维度

同国际上其他相关的系统层级维度(例如 IEC 62264 国际标准中提出的传统制造业过程的五层架构,以及德国工业 4.0 标准化路线图中提出的 RAMI 4.0 模型)相比,我国提出的系统层级架构体现了当今智能制造发展的趋势,即装备智能化、IP 化、网络扁平化和系统的云端化。

(3)智能功能维度 在智能功能维度,自上而下包括资源要素、系统集成、互联互通、信息融合、新兴业态。特别的,以互联互通为目标的工业互联网作为一个重要的基础支撑,实现了物理世界和信息世界融合,与业界广泛讨论的 CPS 不谋而合,如图 3-11 所示。

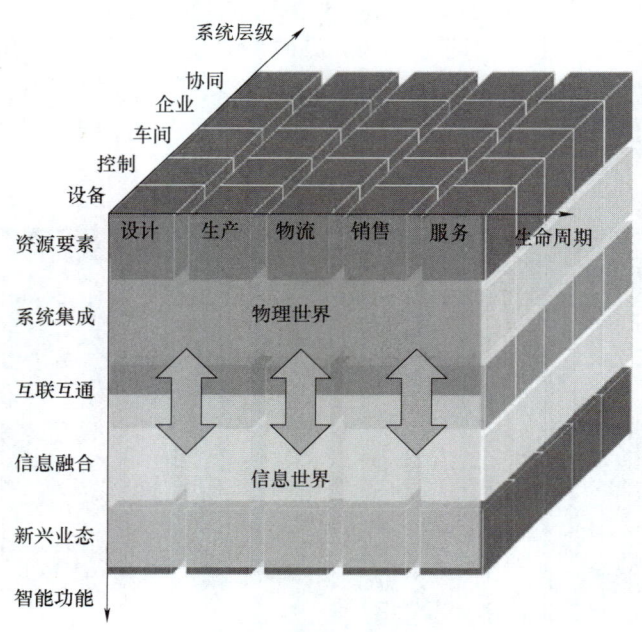

图 3-11 智能功能维度

3. 美国工业互联网参考架构（IIRA）

与德国类似，美国在其工业互联网技术路线图中也提出了系统架构和应用案例，并计划建立工业应用案例库和测试平台，为影响全球工业系统和互联网的全球标准制定奠定基础。工业互联网是机器、物品、控制系统、信息系统、人之间互联的网络，为智能制造提供信息感知、传输、分析、反馈、控制支撑。

2015年6月，IIC发布工业互联网参考架构（Industrial Internet Reference Architeture，IIRA），其结构和应用如图3-12所示。在工业领域建立新物联网能力的过程中，IIRA是重要的第一步，将帮助开发者更快反应。借助IIRA可以创造新方法来组织工业应用，从设计主导向实用主导转变。IIRA为工业互联网系统的各要素及相互关系提供了通用语言，在通用语言的帮助下，开发者可为系统选取所需要素，从而更快地交付系统实现。它首先确定并强调了不同产业领域工业物联网（Industrial Internet of Things，IIoT）系统中最重要的架构关注点，并且将其和各自的利益相关者分类为不同的视图。IIRA描述、分析并指导解决了这些问题，得出了一个抽象的架构表现，工业互联网参考架构和实施的重要视图。

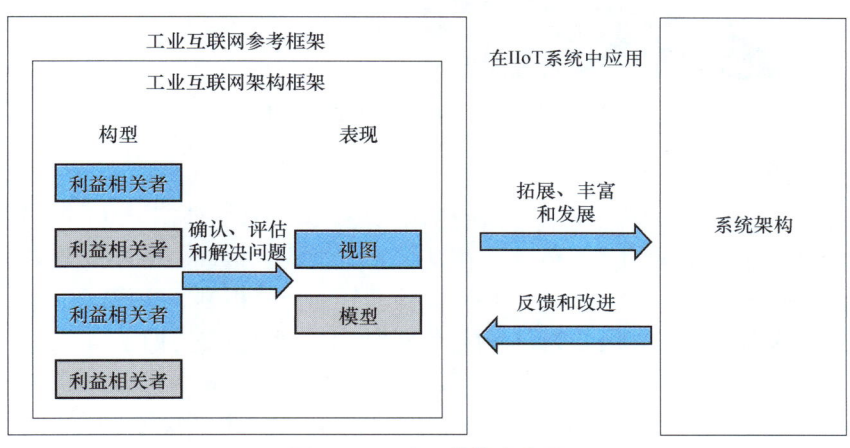

图3-12　IIRA结构和应用

9个实现功能的各层级共性能力，包括：①生产安全；②信息安全、隐私保护；③适应性（可恢复性）；④集成性、互操作性、可组合性；⑤可连接性；⑥数据管理；⑦先进数据处理和分析；⑧智能弹性控制；⑨动态组合灵活调整。

工业互联网参考架构（IIRA）中视图应用范围和系统生命周期的关系，如图3-13所示，业务、使用、功能和实施视图有助于系统地确定IIoT系统关注点和利益相关者，汇聚相似或者相关的关注点，进而有效地分析和解决关注点，通常在关注点所属的视图内对其进行研究。但是，这并不表明系统关注点一直在视图内解决，与其他视图无关。几个视图的排序反映了各视图之间的一般互动模式，一般来说，高层次视图的决策能够指导下级视图并对其提出要求。另一方面，下层视图中对关注点的思考能够验证甚至修改上层视图的分析和决策。IIRA以通用框架为开端，寻找普通架构模型来确保通用的应用范围，且架构关注点不仅局限于系统设计阶段，还需要在整个生命周期予以考虑和关注，参考架构通过不同的视图为IIoT系统生命周期流程的概念设计提供指导。

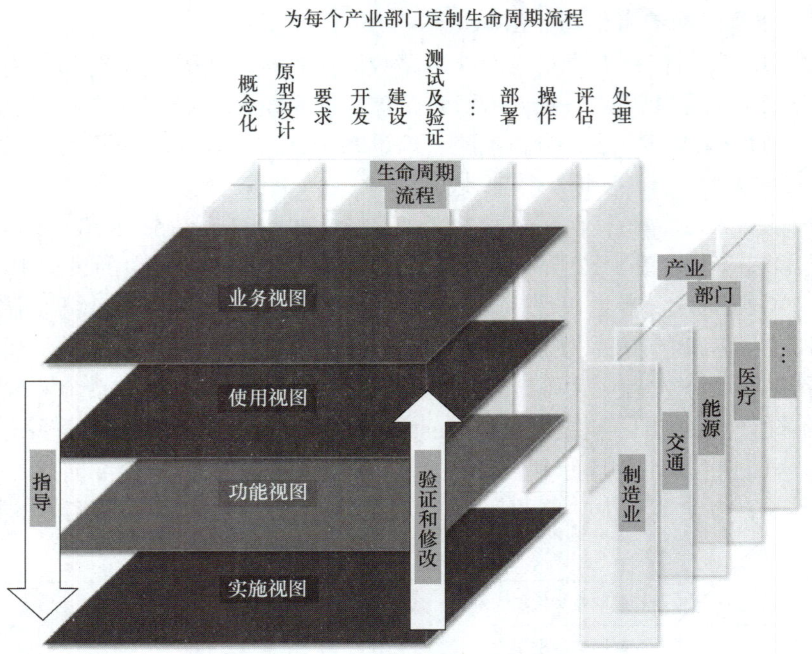

图 3-13 工业互联网参考架构 IIRA

美国工业互联网参考架构具有如下特征：

1）按照工业互联网系统的关注点可分为四个视角：商业、使用、功能、实现。

2）功能视角表示系统功能元件间的相互关系、结构、接口、交互以及与外部的相互作用，该视角确定了五个功能域组成：商业、运营、信息、控制、应用。

3）建立垂直领域应用案例分类表，在参考架构下体系化推进应用。

4）以工业互联网为基础，通过软件控制应用和软件定义机器的紧密联动，促进机器间、机器与控制平台间、企业上下游间的实时连接和智能交互，最终形成以信息数据链为驱动，以模型和高级分析为核心，以开放和智能为特征的工业系统。

5）九大系统特性，包括：系统安全、信息安全、弹性（容错、自修复、自组织等）、互操作性、连接性、数据管理、高级数据分析、智能控制、动态组合。

4. 美国 NIST 智能制造生态系统模型（SMS）

2016 年 2 月，美国国家标准与技术研究院（National Institute of Standards and Technology，NIST）工程实验室系统集成部门，发表了《智能制造系统现行标准全景图》，其规定的智能制造生态系统，如图 3-14 所示。NIST 智能制造生态系统模型涵盖制造系统的广泛范围，包括业务、产品、管理、设计和工程功能。给出了智能制造系统中显示的三个维度，每个维度代表独立的全生命周期。制造业金字塔（Manufacturing Pyramid）是其核心，三个维度都与制造业金字塔密切相连。这里潜在包含了一种非常传统的思想，那就是产品的价值，是在一个标准工厂模型下得以实现，并开始延展。

（1）第一维度：产品维度 涉及信息流和控制，从产品设计的早期阶段开始，一直到产品的退市。智能制造生态系统 SMS 下的产品生命周期管理包括 6 个阶段，分别是设计、工艺设计、生产工程、制造、使用和服务、废弃和回收。

第3章 智能制造系统架构及参考模型　61

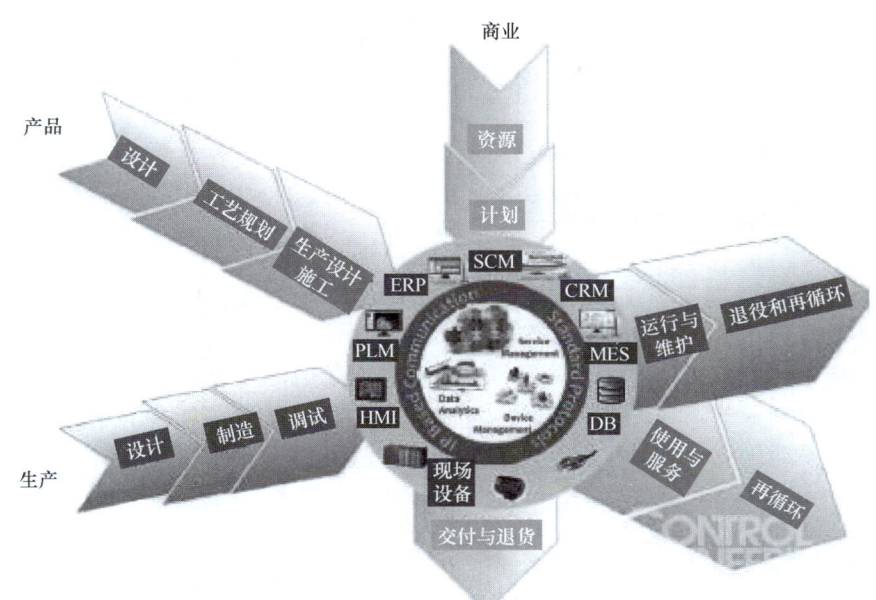

图3-14　NIST智能制造生态系统

（2）第二维度：生产系统生命周期维度　关注整个生产设施及其系统的设计、部署、运行和退役。"生产系统"在这里指的是从各种集合的机器、设备和辅助系统组织和资源创建商品和服务。

（3）第三维度：供应链管理的商业周期维度　商业系统关注供应商和客户的交互功能。电子商务在今天至关重要，任何类型的业务或商业交易都会涉及利益相关者之间的信息交换。建立制造商、供应商、客户、合作伙伴，甚至是竞争对手之间的交互标准，包括通用的业务建模标准、特定的制造建模标准和相应的消息协议，是提高供应链效率和制造敏捷性的关键。

（4）制造业金字塔：智能制造生态系统的核心　产品生命周期、生产周期和商业周期都在这里聚集和交互。每个维度的信息必须能够在金字塔内部上下流动，为制造业金字塔从机器到工厂，从工厂到企业的垂直整合发挥作用。沿着每一个维度，制造业应用软件的集成都有助于在车间层面提升控制能力，并且优化工厂和企业决策。这些维度和支持维度的软件系统最终构成了制造业的生态体系。

NIST模型表达的三个维度与RAMI模型相似，而且更易于理解。但制造业金字塔仍是按现有情况表述，后续可能会发生变化。而且商务轴的部分要素已纳入企业管理软件，如ERP。

美国NIST智能制造生态系统参考模型具有如下特征：

1）三个维度。产品、制造系统、商业，每个维度表示独立的生命周期。

2）制造业金字塔是其核心，三个生命周期在这里汇聚和交互。

3）强调在每个维度上制造软件的集成，这将有助于车间层的先进控制，以及工厂和企业层的优化决策。

4）三项优先考虑的变革制造技术。高级传感、控制和制造平台，虚拟化、信息化和数字化制造技术，先进材料制造。

5）八种制造范式：精益制造、柔性制造、绿色制造、数字化制造、云制造、分布式制造、智能制造、敏捷制造。

3.3 智能制造系统架构解析

智能制造以智能加工与装配为核心，同时覆盖面向智能加工与装配设计、服务及管理等多个环节。为了进一步说明我国智能制造系统架构运用方式，以位于制造业的尖端的航空工业智能工厂系统架构建设为例进行说明。全新的航空工业采用先进生产模式、先进制造系统、先进制造技术和先进组织管理方式，其主要特征和主要途径是加工过程的精密化、快速化，自动化技术的柔性化，以及整个制造过程的网络化、智能化。

图 3-15 所示的智能工厂，是航空工业智能制造生态系统的核心，也是未来智能制造基础设施中的关键组成部分。

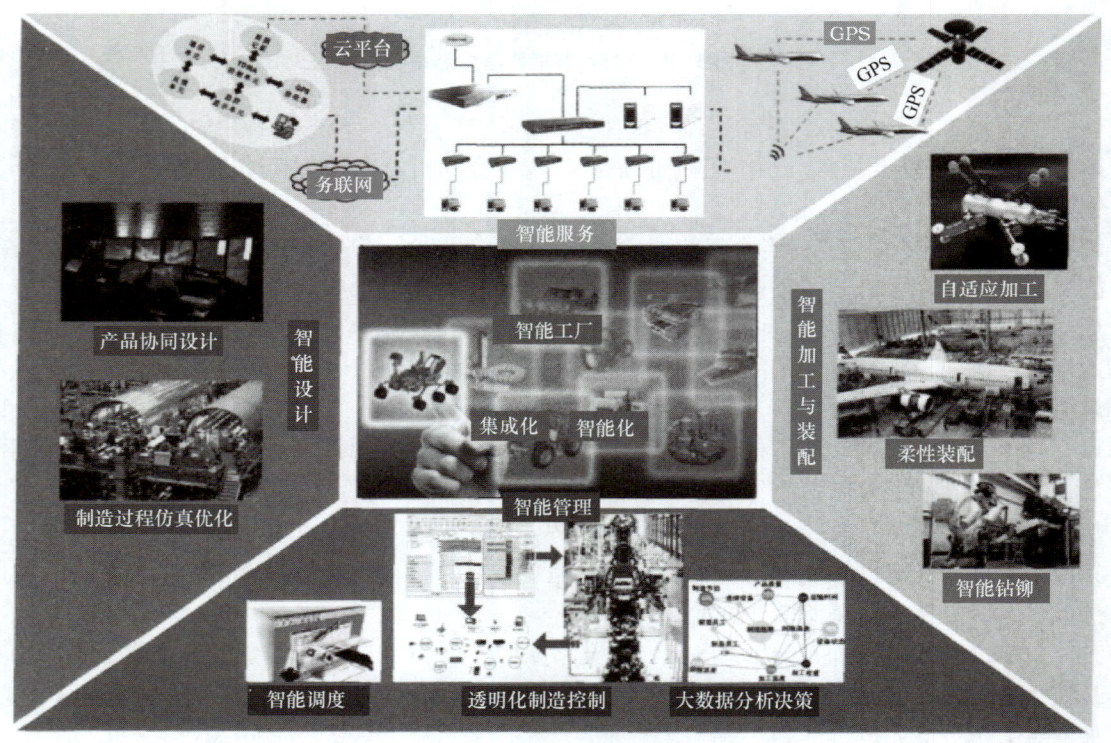

图 3-15 航空工业智能工厂

世界先进航空制造企业在实施新的战略规划时，也高度重视智能工厂的建设，反观我国的航空制造企业，尽管在数字化、信息化等方面已取得了长足的进步，但仍存在大量的问题亟待解决。首先是企业的数字化、自动化水平仍然较低，其次是各航空企业缺乏高效的生产流程管理手段，最后是对制造过程无法形成闭环的管控。上述问题在传统制造工厂中借助传统制造水平的提升难以突破，必须在智能制造思路的引领下，通过智能工厂架构的研究与建设加以解决。如图 3-16 所示，智能工厂的基本框架体系包括智能决策与管理系统、企业虚拟制造平台、智能制造车间等关键组成部分。

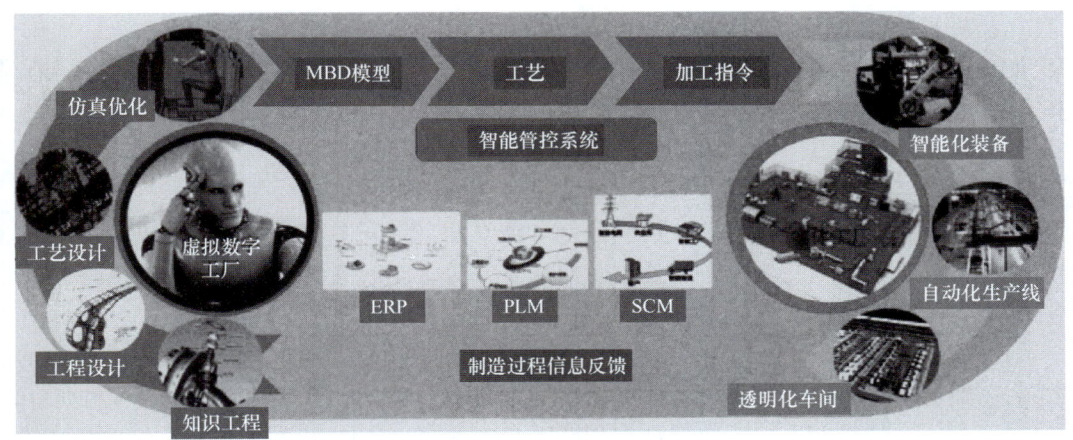

图 3-16　智能工厂基本架构

1. 智能决策与管理系统

智能决策与管理系统如图 3-17 所示，它包含 ERP、PLM、SCM 等一系列生产管理工具，是智能工厂的管控核心，负责市场分析、经营计划、物料采购、产品制造以及订单交付等各环节的管理与决策。通过该系统，企业决策者能够掌握企业自身的生产能力、生产资源以及所生产的产品，能够调整产品的生产流程与工艺方法，并能够根据市场、客户需求等动态信息做出快速、智能的经营决策。

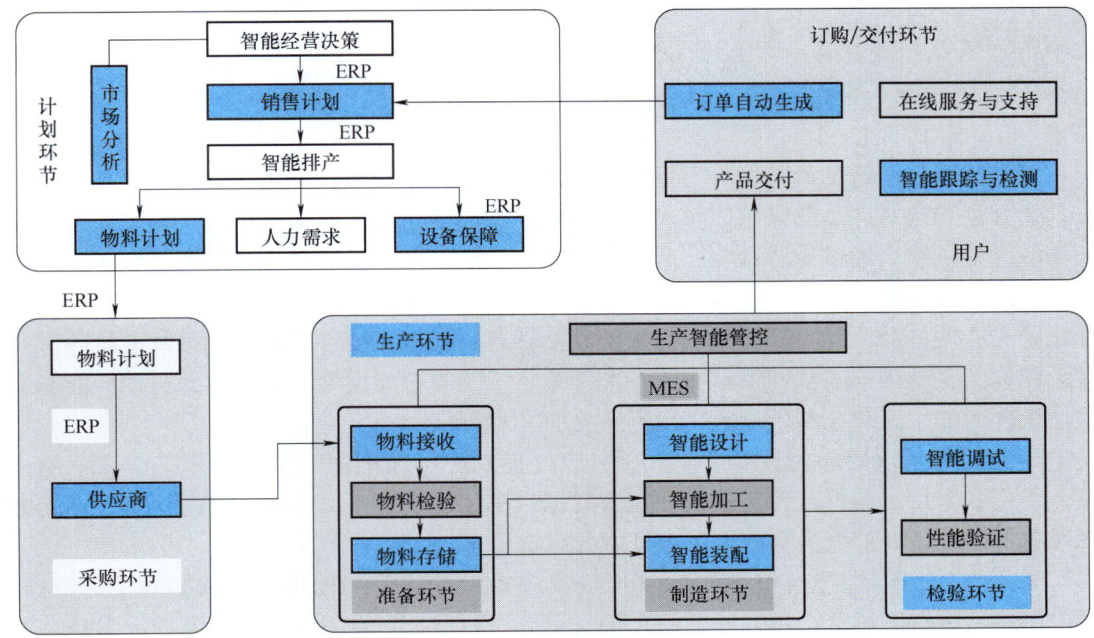

图 3-17　智能决策与管理系统

一般而言，智能决策与管理系统包含了企业资源计划（ERP）、产品全生命周期管理（PLM）、供应链管理（SCM）等一系列生产管理工具。在智能工厂中，这些系统工具的最突出特点在于：一方面能够向工厂管理者提供更加全面的生产数据以及更加有效的决策工具，相较于传统工厂，在解决企业产能、提升产品质量、降低生产成本等方面，能够发挥更加显著的作用；另一方面，这些系统工具自身已达到了不同程度的智能化水平，在辅助工厂管理者进行决策的过程中，能够切实提升企业生产的灵活性，进而满足不同用户的差异化需求。

2. 企业数字化制造平台

企业数字化制造平台需要解决的问题是如何在信息空间中对企业的经营决策、生产计划、制造过程等全部运行流程进行建模与仿真，并对企业的决策与制造活动的执行进行监控与优化。其中的关键因素包括以下两点：

（1）制造资源与流程的建模与仿真　在建模过程中，需要着重考虑智能制造资源的3个要素，即实体、属性和活动。实体可通俗地理解为智能工厂中的具体对象。属性是在仿真过程中实体所具备的各项有效特性。智能工厂中各实体之间相互作用而引起实体的属性发生变化，这种变化通常可用状态的概念来描述。智能制造资源通常会由于外界变化而受到影响。这种对系统的活动结果产生影响的外界因素可理解为制造资源所处的环境。在对智能制造资源进行建模与仿真时，需要考虑其所处的环境，并明确制造资源及其所处环境之间的边界。

（2）建立虚拟平台与制造资源之间的关联　通过对制造现场实时数据的采集与传输，制造现场可向虚拟平台实时反馈生产状况。其中主要包括生产线、设备的运行状态，在制品的生产状态，过程中的质量状态，物料的供应状态等。在智能制造模式下，数据形式、种类、维度、精细程度等将是多元化的，因此，数据的采集、存储与反馈也需要与之相适应。

在智能制造模式下，产品的设计、加工与装配等各环节与传统的制造模式均存在明显不同。因此，企业数字化制造平台必须适应这些变化，从而满足智能制造的应用需求。

在面向智能制造的产品设计方面，企业数字化制造平台应提供以下两方面的功能：首先，能够将用户对产品的需求以及研发人员对产品的构想建成虚拟的产品模型，完成产品的功能性能优化，通过仿真分析在产品正式生产之前保证产品的功能性能满足要求，减少研制后期的技术风险；其次，能够支持建立满足智能加工与装配标准规范的产品全三维数字化定义，使产品信息不仅能被制造工程师所理解，还能够被各种智能化系统所接收，并被无任何歧义地理解，从而能够完成各类工艺、工装的智能设计和调整，并驱动智能制造生产系统精确、高效、高质量地完成产品的加工与装配。

随着制造系统智能化程度的不断提升，智能加工与装配中的数据将是基于统一的模型，不再针对特定系统或特定设备，这些数据可被制造系统中的所有主体所识别，并能够通过自身的数据处理能力从中解析出具体的制造信息。

如图3-18所示，数字化制造系统可以实现对人员定位和视频监控数据的实时管控，同时可用于进行钢材资产出入库监控、钢材资产库存监控、设备运行状态监控、设备运行状态监控、设备检修作业监控等，有效地提高生产率。

图 3-18　数字化制造系统

3. 智能制造车间

智能制造车间及生产线是产品制造的物理空间,其中的智能制造单元及制造装备提供实际的加工能力。各智能制造单元间的协作和管控由智能管控和驱动系统来实现。智能制造车间基本构成如图 3-19 所示。

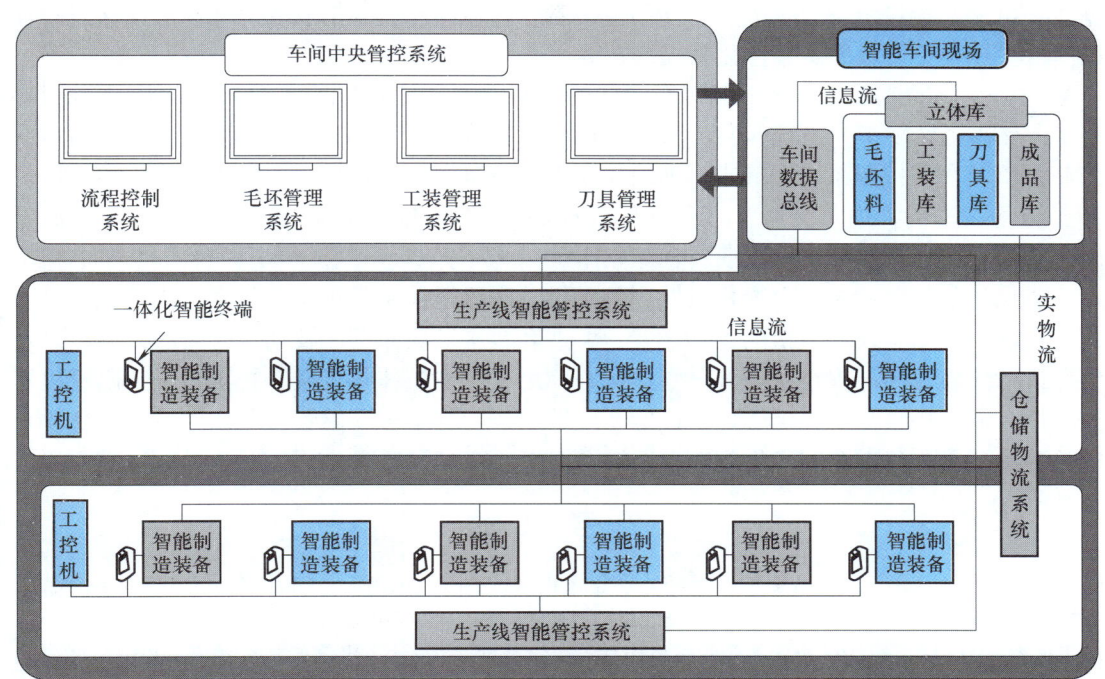

图 3-19　智能制造车间基本构成

（1）车间中央管控系统　车间中央管控系统是智能加工与装配的核心环节,主要负责制造过程的智能调度、制造指令的智能生成与按需配送等任务。在制造过程的智能调度方面,需根据车间生产任务,综合分析车间内设备、工装、毛料等制造资源,按照工艺类型及生产计划等将生产任务实时分派到不同的生产线或制造单元，使制造过程中设备的利用率达到最高。在制造指令的智能生成与按需分配方面，面向车间内的生产线及生产设备，根据生产任务自动生成并优化相应的加工指令、检测指令、物料传送指令等，并根据具体需求将其推送至加工设备、检测装备、物流系统等。

（2）生产线智能管控系统　生产线智能管控系统可实时存储、提取、分析与处理工艺、工装等各类制造数据，以及设备运行参数、运行状态等过程数据。并能够通过对数据的分析实时调整设备运行参数、监测设备健康状态等，并据此进行故障诊断、维护报警等行为。对于生产线内难以自处理的情况，还可将其向上传递至车间中央管控系统。此外，生产线内不同的制造单元具有协同关系，可根据不同的生产需求对工装、毛料、刀具、加工方案等进行实时优化与重组，优化配置生产线内各生产资源。

（3）智能制造装备　从逻辑构成的角度，智能制造装备由智能决策单元、总线接口、制造执行单元、数据存储单元、数据接口、人机交互接口以及其他辅助单元构成。其中，智能决策单元是智能制造装备的核心，负责设备运行过程中的流程控制、运行参数计算以及设备检测维护等；总线接口负责接收车间总线中传输来的作业指令与数据，同时负责设备运行数据向车间总线的传送。制造执行单元由制造信息感知系统、制造指令执行系统以及制造质量测量系统等构成；数据存储单元用于存储制造过程数据以及制造过程决策知识；数据接口分布于智能制造装备的各个组成模块之间，用于封装、传送制造指令与数据；人机交互接口负责提供人与智能制造装备之间传递、交换信息的媒介和对话接口；辅助单元主要是指刀具库、一体化管控终端等。

（4）仓储物流系统　智能制造车间中的仓储物流系统主要涉及 AGV/RGV（无人引导小车/有轨制导小车）系统、码垛机器人以及立体仓库等。AGV/RGV 系统主要包括地面控制系统及车载控制系统。其中，地面控制系统与车间中央管控系统实现集成，主要负责任务分配、车辆管理、交通管理及通信管理等，车载控制系统负责 AGV/RGV 单机的导航、导引、路径选择、车辆驱动及装卸操作等。

码垛机的控制系统是码垛机研制中的关键。码垛机控制系统主要是通过模块化、层次化的控制软件来实现码垛机的运动位置、姿态和轨迹、操作顺序及动作时间的控制，以及码垛机的故障诊断与安全维护等。立体化仓库由仓库建筑体、货架、托盘系统、码垛机器人、托盘输送机系统、仓储管理与调度系统等组成。其中，仓储管理与调度系统是立体仓库的关键，主要负责仓储优化调度、物料出入库、库存管理等。

参 考 文 献

［1］工业和信息化部.国家智能制造标准体系建设指南（2018）［EB/OL］.（2018-01-18）［2024-03-22］. https：//wenku.baidu.com/view/4130782ecd1755270722192e453610661ed95aab.html.
［2］张益，冯毅萍，荣冈.智慧工厂的参考模型与关键技术［J］.计算机集成制造系统，2016，22（1）：1-12.
［3］李伯虎，张霖，王时龙，等.云制造：面向服务的网络化制造新模式［J］.计算机集成制造系统，2010，16（1）：1-7.
［4］张曙.工业 4.0 和智能制造［J］.机械设计与制造工程，2014，43（8）：1-5.
［5］工业和信息化部.国家智能制造标准体系建设指南（2015）［EB/OL］.（2018-04-04）［2024-03-22］. https：//wenku.baidu.com/view/2e0e45caf605cc1755270722192e453611665b45.html.

［6］中国电子技术标准化研究院.信息物理系统白皮（2017）［EB/OL］.(2017-03-02)[2024-03-22]. http：//www.cesi.cn/201703/2251.html.

［7］工业和信息化部装备工业司.国家智能制造系统架构及标准体系［EB/OL］.(2015-12-30)[2024-03-24]. http：//www.360doc.com/content/16/1023/17/29460191_600761552.shtml.

［8］陈翠.智能制造系统架构-智能制造系统的特征-智能制造系统的基础要求［EB/OL］.(2017-12-25)[2024-03-22]. http：//www.elecfans.com/rengongzhineng/607204.html.

［9］工业和信息化部，财政部.智能制造发展规划（2016-2020年）［EB/OL］.(2016-12-14)[2024-03-22]. https://wenku.baidu.com/view/c0f4ef777ed5360cba1aa8114431b90d6c85890d.html.

［10］周济.新一代智能制造：新一轮工业革命的核心驱动力［EB/OL］.(2018-01-13)[2024-03-22]. http：//www.sohu.com/a/216345786_290901.

［11］王麟琨，王春喜.智能工厂/数字化车间参考模型概述与分析［J］.中国仪器仪表，2017（10）：63-72.

［12］荣烈润.面向21世纪的智能制造［EB/OL］.(2006-10-05)[2024-03-22]. http：//articles.e-works.net.cn/amtoverview/Article40831.html.

［13］杨晓平.智能制造技术现状及其发展趋势刍议［J］.内燃机与配件，2016（9）：132-133.

［14］李末军.智能制造领域研究现状及未来发展探讨［J］.冶金丛刊，2017（3）：26-30.

［15］陈加定.智能制造技术的发展［D］.南京：南京航空航天大学，2011.

［16］谭建荣，刘达新，刘振宇，等.从数字制造到智能制造的关键技术途径研究［J］.中国工程科学，2017，19（3）：39-44.

［17］黄培.一文彻底读懂智能制造［EB/OL］.(2016-04-18)[2024-03-22]. https://wenku.baidu.com/view/0799f02ae009581b6ad9eb9a.html.

［18］田洪川，林雪萍，韦莎.工业4.0术语：RAMI 4.0工业4.0参考体系［EB/OL］.(2016-09-06)[2024-03-22]. https://www.sohu.com/a/113596332_403191.

［19］欧阳劲松，刘丹，汪烁，等.德国工业4.0参考架构模型与我国智能制造技术体系的思考［J］.自动化博览，2016（3）：62-65.

［20］彭俊松.工业4.0驱动下的制造业数字化转型［M］.北京：机械工业出版社，2016.

［21］杜宝瑞，王勃，赵璐，等.航空智能工厂的基本特征与框架体系［J］.航空制造技术，2015，477（8）：26-31.

［22］唐堂，滕琳，吴杰，等.全面实现数字化是通向智能制造的必由之路：解读《智能制造之路：数字化工厂》［J］.中国机械工程，2018，29（3）：366-377.

科学家科学史
"两弹一星"功勋
科学家：王希季

第 4 章

智能制造新技术

PPT 课件

　　智能制造是先进制造技术与新一代信息技术的深度融合，贯穿于产品设计、制造、服务全生命周期各个环节，其目的是实现制造的数字化、网络化和智能化，不断提升企业产品质量、效益和服务水平，推动制造业创新、绿色、协调、开放、共享发展。近年来，工业领域和信息技术领域都发生了深刻的变革。这些变革带来了制造业的新一轮革命，特别是作为信息化和工业化高度融合的智能制造得到长足发展，也为智能制造带来了很多全新的技术支撑，包括多传感器信息融合技术、自动识别技术、新一代人工智能、物联网技术、大数据技术、云计算技术、新型网络技术及虚拟/增强现实技术。

4.1 多传感器信息融合技术

4.1.1 多传感器信息融合技术概述

　　所谓多传感器信息融合（Multi-Sensor Information Fusion，MSIF），就是利用计算机技术将来自多传感器或多源的信息和数据依据一定的准则实现自动分析和综合，以完成所需要的决策和估计而进行的信息处理过程。

　　为了使目标信息更加精确、身份识别更加准确，将来自多个相同或不同类型传感器的信息进行综合处理的过程称为信息融合。信息融合的本质是对多源信息进行处理和综合的过程，通过相应的融合模型和算法对多传感器获得的数据进行预处理、关联、估计和决策，以获取更加精确的信息并提高信息的质量，为不同领域的应用奠定基础。信息融合应用于原始数据层的处理、特征抽象层的处理、决策层的处理等各个阶段。相应地，在不同层次融合处理的过程中应用不同的算法来解决融合过程中遇到的问题。由于传感器自身性能、外部环境干扰等的影响，因此传感器接收的数据具有不确定性，利用多传感器进行信息融合能够将获得的不确定性信息进行互补，合理地对信息进行推理和决策。

　　多传感器信息融合的过程与人体感知外界环境并做出决策的过程相类似，如图 4-1 所示。人体通过视觉、听觉、嗅觉、味觉和触觉等感知周围环境信息，再通过神经系统将信息传递给大脑，多源信息会在大脑中完成融合，最后大脑根据一定的条件和经验给出合适的应对措施。

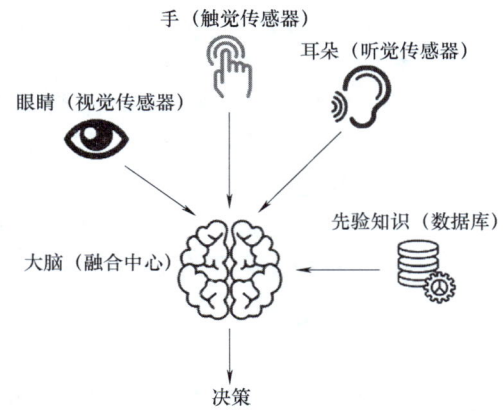

图 4-1　人的信息处理过程与多传感器信息融合类比

在此过程中，复杂的决定由大脑完成，而这些决定是以神经系统带来的能力——感知信息和发送信息为基础的。大脑通常利用多个感官的输入彼此补充且互为验证以确定正在发生的事件并做出决定。在这种情况下，由大脑整合后的信息多于不同的感官输入信息的总和。传感器融合也起到类似的作用，通过整合来自多个传感器的输入，实现更加准确和可靠地感应，以及更高水平的识别。

多传感器信息融合是人类和许多其他生物普遍具有的一种天生能力。人类本能地具有将身体上的各种感觉器官（眼、耳、鼻、皮肤）所探测获得的信息（景物、声音、气味和触觉）与先验知识进行综合分析的能力，以便对周围的环境和正在发生的事件做出事态估计。由于人类的感官具有不同的度量特性，因而可测出不同空间范围内发生的各种物理现象，这一信息处理过程是复杂的，同时也是自适应的，它能将各种信息转化为对判断环境信息具有一定价值的解释。多传感器信息融合实际上是对人脑的复杂信息处理功能的一种仿真模拟，通过把多个传感器获得的信息按照一定的规则进行组合、归纳、推断、决策以得到对观测对象的一致性解释和描述。

未来，多传感器信息融合技术的发展趋势主要有以下几个方向：

1）人工智能技术在信息融合中的应用和改进。人工智能技术非常适合应用于信息融合中。目前，神经网络、专家系统、粗糙集理论、支持向量机等方法在数据处理、数据关联、目标判别等信息融合过程中的应用已取得了一定的理论成果，但与实际应用问题结合时会面临一些难题，如研究面向功能的拓扑模型或基于知识的系统测试和评定的方法、标准等问题时。另外，如何利用集成的计算智能方法，如模糊逻辑+神经网络、模糊逻辑+进化计算、神经网络+进化计算、小波变换+神经网络等，提高多传感器融合的性能是值得深入研究的课题。

2）信息融合中的数据库和知识库技术研究。数据库的建立与研究是发展信息融合技术的关键，是提高融合速度和判别速度的另一种有效手段，充分发挥数据库的作用将是解决信息融合实际应用中计算量大、数据结构复杂等问题的关键。

3）动态、复杂和未知环境下的信息融合技术。随着多传感器信息融合研究与应用的深入，未来的多传感器信息融合将会是一个更加复杂的信息处理过程，不仅包括许多具体的算法，而且结构也比较复杂。如何根据实际情况将算法与结构有机地结合在一起，为整个融合系统提供更加有效的融合策略，是发展动态、复杂、未知环境下的信息融合技术的关键问题。

4）多传感器信息融合系统的工程实现。近年来，多传感器数据融合技术无论在军事还是在民用领域的应用都极为广泛，比如在指挥自动化系统、复杂工业过程控制、机器人、自动目标识别、交通管制、惯性导航、海洋监视和管理、农业、遥感、医疗诊断、图像处理、模式识别等领域。实践证明，与单传感器系统相比，运用多传感器信息融合技术解决探测、跟踪和目标识别等问题的系统生存能力更强，可靠性和鲁棒性更高，数据的可信度更高。

4.1.2 多传感器融合技术的体系结构

根据数据处理方法的不同，多传感器信息融合系统的体系结构有三种：分布式、集中式和混合式。

1）分布式多传感器信息融合过程是先对各个独立传感器所获得的原始数据进行局部处理，再将结果送入信息融合中心进行智能优化组合来获得最终的结果。分布式系统对通信带宽的要求低、计算速度快、可靠性和延续性好，但跟踪精度没有集中式高。

2）集中式多传感器信息融合过程是将各传感器获得的原始数据直接送至中央处理器进行融合处理。集中式系统可以实现实时融合，数据处理的精度高、算法灵活，缺点是对处理器的要求高、可靠性较低、数据量大，故难以实现。

3）混合式多传感器信息融合中，部分传感器采用集中式融合方式，剩余的传感器采用分布式融合方式。混合式系统具有较强的适应能力，兼顾了集中式融合和分布式融合的优点，稳定性强。混合式系统的结构比前两种融合方式的结构复杂，这样就加大了通信和计算上的消耗。

三种传感器融合体系结构对比见表 4-1。

表 4-1 三种传感器融合体系结构对比

项目	分布式	集中式	混合式
信息损失	大	小	中
精度	低	高	中
通信带宽	小	大	中
融合处理	容易	复杂	中等
融合控制	复杂	容易	中等
可扩充性	好	差	一般
计算速度	快	慢	中等
可靠性	高	低	高

4.1.3 多传感器信息融合技术的应用

自动驾驶离不开环境感知层、控制层和执行层的相互配合，如图 4-2 所示。摄像头、雷达等传感器获取图像、距离、速度等信息，扮演眼睛、耳朵的角色。控制模块分析处理信息，并进行判断、下达指令，扮演大脑的角色。车身各部件负责执行指令，扮演手脚的角色。而环境感知是这一切的基础，因此传感器对于自动驾驶不可或缺。

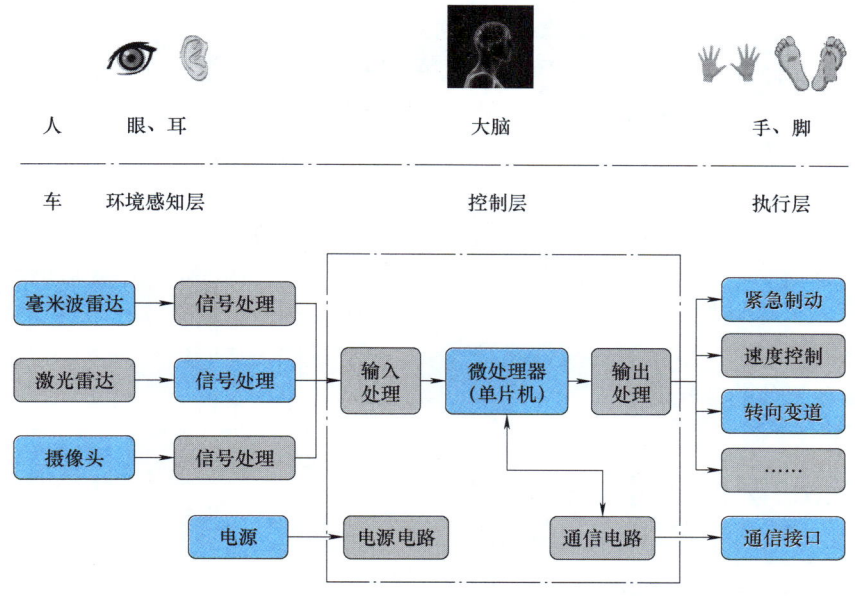

图 4-2　自动驾驶传感器与人类感知器官对比

多传感器信息融合技术在自动驾驶领域有着深入的应用，传感器是汽车感知周围环境的硬件基础。如图 4-3 所示，目前，多数汽车的自动化系统或高级驾驶辅助系统（Advanced Driver Assistance System，ADAS）都依赖三类传感器的融合来进行环境感知，它们是毫米波雷达、激光雷达和摄像头。

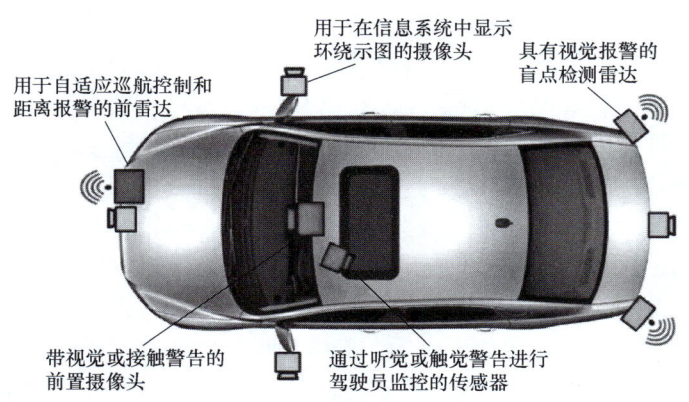

图 4-3　ADAS 中用到的多种传感器

在环境感知能力上，每一种传感器都有独特的优点和缺点。例如，毫米波雷达可在低能见度情况下完成测距，受天气影响小，且探测距离较远；而摄像头有更高的分辨率，能够感知颜色，但受强光影响较大；激光雷达能够提供三维尺度感知信息，对环境的重构能力更强，但高性能激光雷达的量产和成本问题仍是实现多传感器融合技术方案和完全自动驾驶的障碍之一。在这种前提下，只有几种传感器的融合才能提供车辆周围环境更精准的图像信息，并达到自动驾驶的安全标准。

不同传感器的原理、功能各不相同，在不同的使用场景下可以发挥各自优势，难以互相替代。要实现自动驾驶，一定需要多种传感器相互配合共同构成汽车的感知系统。多个同类或不同类传感器分别获得不同局部和类别的信息，这些信息之间可能相互补充，也可能存在冗余和矛盾，而控制中心最终只能下达唯一正确的指令，这就要求控制中心必须对多个传感器所得到的信息进行融合，综合判断。可以想象的是，如果一个传感器根据所得到的信息要求汽车立即制动，而另一个传感器显示可以继续安全行驶，或者一个传感器根据得到的信息要求汽车左转，而另一个传感器得到的信息要求汽车右转，在这种情况下，如果不对传感器信息进行融合，汽车就会"感到迷茫而不知所措"，最终可能导致意外的发生。因此，在使用多种传感器的情况下，要想保证安全性，就必须对传感器进行信息融合。多传感器信息融合可显著提高系统的冗余度和容错性，从而保证决策的快速性和正确性，这是自动驾驶的必然趋势。

4.2 自动识别技术

4.2.1 自动识别技术概述

自动识别技术就是应用一定的识别装置，通过被识别物品和识别装置之间的接近活动，自动地获取被识别物品的相关信息，并将其提供给后台的计算机处理系统来完成相关后续处理的一种技术。自动识别技术综合应用计算机、光、电、互联网、移动通信等技术，可以实现全球范围内物品的跟踪与信息的共享。

物联网中非常重要的一种技术就是自动识别技术，自动识别技术连接了物理世界和信息世界，是物联网区别于其他网络（如电信网、互联网）最独特的部分。自动识别技术可以对每个物品进行标记和识别，并可以将数据实时更新，是构造全球物品信息实时共享系统的重要组成部分，是物联网的基石。应用自动识别技术可以实现数据的自动采集、信息的自动识别和向计算机的自动输入，使得人类能够对大量数据信息进行及时、准确处理。

自动识别技术作为网络信息技术的一个重要分支，已成为推动国民经济信息化发展的重要基础和手段之一，其发展趋势如下：

1）多种自动识别技术的高度集成化及应用。将条码识别技术、射频识别技术、指纹识别技术、人脸识别技术、DNA 识别技术、其他生物特征识别技术、语音识别技术、图像识别技术和光学字符识别技术集成应用，产生一种新的具有广泛生命力的交叉技术，以满足事物多样性的要求。例如在身份识别的场合，集成应用多种识别技术，将人的生物特征如指纹、虹膜、照片等信息存储在二维条码或电子标签中，现场可以进行脱机认证，能够在提高效率的同时保证安全性。

2）自动识别与无线通信相结合是未来自动识别产业发展的一个重要趋势。自动识别技术与无线通信技术的紧密结合，将引领未来发展的新潮流。利用计算机互联网、无线数据通信等技术，实现物品中信息的自动识别、交换和共享，从而实现对物品的透明化管理,给人们的日常生活和工作带来巨大而深远的影响。

3)自动识别技术的智能化水平将不断提高。自动识别技术需要与人工智能技术紧密结合,从而使机器不仅具备处理语法信息的能力,还具备处理语义信息和自学习、记忆的能力,以模拟人类大脑神经网络的结构和行为。因此,提高自动识别系统的信息理解能力是自动识别技术发展的一个重要趋势。

4)自动识别技术的应用领域将继续拓宽并向更多的领域发展。条码识别技术最早应用于零售业,而后不断向其他领域延伸和拓展,如物流运输、零售业、工业等领域。射频识别技术也得到了广泛应用,如居民身份证、校园一卡通、电子车票及机动车辆的自动识别等。

5)自动识别技术标准不断涌现,标准体系日趋完善。随着信息社会的高速发展,我国的自动识别技术产业将朝着集群化、规模化和国际化的方向快速发展,同时新的科学技术将不断完善自动识别技术。全球已形成标准化组织与企业共同制定的国际自动识别技术标准。

6)自动识别与虚拟仪器相结合,将会加强产品识别能力,保障安全性。

7)自动识别技术与嵌入式系统、互联网相结合,将是未来的重要发展方向。

4.2.2 自动识别技术的特点及常用类型

自动识别技术具有准确性、高效性以及兼容性的特点。准确性是指能够自动数据采集,彻底消除人为错误;高效性是指自动识别技术中信息的交换能够实时进行;兼容性是指自动识别技术以计算机技术为基础,可与信息管理系统无缝衔接。

常见的自动识别技术包括:条码识别技术、RFID 技术、生物识别技术(语音识别、指纹识别、人脸识别等)、图像识别技术、磁卡识别技术、集成电路卡(Integrated Circuit Card,IC 卡)识别技术、光学字符识别(Optical Character Recognition,OCR)技术等。下面介绍在智能制造中最常用的几类技术。

(1)条码识别技术 一维条码是由平行排列的宽窄不同的线条和间隔组成的二进制编码,这些线条和间隔根据预定的模式进行排列并且表达相应记号系统的数据项,宽窄不同的线条和间隔的排列次序可以解释成数字或字母,可以通过光学扫描仪器对一维条码进行阅读,即根据黑色线条和白色间隔对激光的不同反射来识别。

二维条码技术是在一维条码无法满足实际应用需求的前提下产生的。由于受信息容量的限制,一维条码通常只是对物品进行标示,而不是对物品进行描述。二维条码能够在横向和纵向两个方向同时表达信息,因此能在很小的面积内表达大量的信息。

(2)射频识别(RFID)技术 RFID 技术是一项利用射频信号通过空间耦合交变磁场或电磁场实现无接触信息传递,并通过所传递的信息达到识别目的的技术。如图 4-4 所示,简单的 RFID 系统由以下三部分组成:

1)电子标签(Tag):电子标签由耦合元件及芯片组成,每个电子标签具有全球唯一的识别号,无法修改和仿造,保障了安全性。电子标签中一般保存了约定格式的电子数据,保存了待识别物体的属性。

2)天线(Antenna):在标签和阅读器间传递射频信号,即标签的数据信息和阅读器发出的命令信息。

3）阅读器（Reader）：读取或写入电子标签信息的设备，有手持式和固定式。阅读器可不接触地读取并识别电子标签中所保存的电子数据，从而达到自动识别物体的目的，并与计算机相连，对所读取的标签信息进行处理。

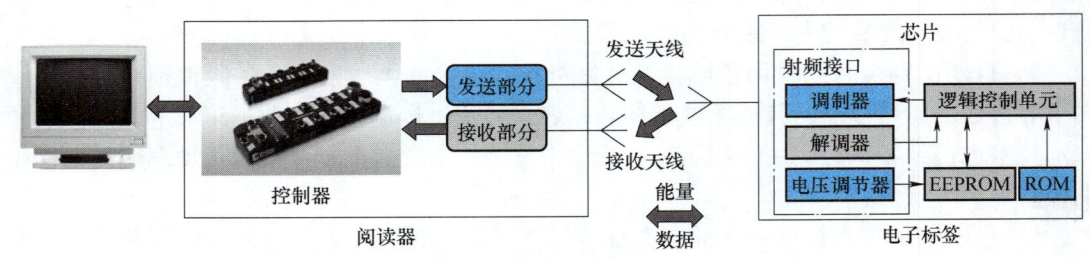

图 4-4　RFID 系统构成

阅读器通过天线在一定区域内发射能量形成电磁场，区域大小取决于发射功率、工作频率和天线尺寸。电子标签进入这个区域内时，接收到阅读器的射频脉冲，电压调节器对其整流和稳压后输出为工作电压。同时，解调器从接收到的射频脉冲中解调出命令和数据并送到逻辑控制单元，逻辑控制单元接收指令后发送存储在标签中的产品信息（无源标签或被动标签），或者标签主动发送某一频率的信号（有源标签或主动标签）。阅读器接收到从标签返回的数据后，解码并进行错误校验来判断数据的有效性，然后发送数据至中央信息系统进行有关的数据处理。

（3）图像识别技术　图像识别是人工智能的一个重要领域。图像识别技术是指对图像进行特征识别，以识别出各种不同模式的目标和对象的技术。图像识别技术的原理是基于图像的明显特征，捕捉和识别突出特征后，对图像的内容和性质进行判断，分析其代表的含义，达到充分利用图像中的有效信息识别图像的目的。图像特征是图像识别的重点，例如大写英文字母 A 存在一个突出的尖角，O 存在一个圈，而 Y 可视为由钝角、锐角和线条共同形成。

图像识别技术是基于人工智能技术发展出现的。因此，计算机图像识别的过程也与人脑识别图像的过程类似，只不过是以技术形式展现出来。基于人工智能的图像识别的步骤通常为：信息和数据的获取、图像预处理、特征提取与选择以及图像识别。

4.2.3　RFID技术在自动化仓储管理系统中的应用

在物流行业中，随着制造环境的改变，产品生产周期越来越短，小批量、多品种的生产方式对库存管理的要求越来越高。如果不能保证及时准确而有效地进货、发货和库存控制，将会给企业带来较大损失。因此将 RFID 技术应用于新型仓储管理系统中，利用该技术的非可视性阅读和多标签同时识读等特性，可以快速而有效地完成收货、上架、拣货、补货、发货、盘点等流程。将其作为一项企业的基础设施，可以提供资产、库存、材料的实时位置和状态的稳定数据流，进一步提高企业竞争力。

基于 RFID 的管理系统可以大大简化物品的库存管理，满足信息流量不断增大和信息处理速度不断提高的需求。基于 RFID 的管理系统可实现仓库的收料管理、出入库管理、移库管理和盘点管理等功能，可以方便企业对货物进行监管，以及对仓库里物料的基本情况进行更新、删除和查询。

电子标签是企业 RFID 物流仓库系统中的主要部件，常见的 RFID 标签如图 4-5 所示。

通常，货物刚从供应商处送过来时，往往是未贴标签的。所以在入库之前，首先要制作需要的电子标签。电子标签分为两种：一种为库位标签，包括库位编号及所放货物信息，便于货物存放位置的管理；另一种为货物标签，主要记录货物的各种信息，包括名称、数量、种类、价格等。具体的制作过程就是使用 RFID 读写器将库位信息写入到电子标签中。然后将电子标签固定在库位上，这样管理员就可以使用手持式阅读器读取库位信息了。

由于物流企业出入库时的货物数量往往较多，因此，还需制作托盘标签，便于大批量货物的管理。如果货物数量较少，则在每个货物上粘贴货物标签。此外，这些标签都可重复使用，待货物出库时取下并送到入库处重复使用即可。

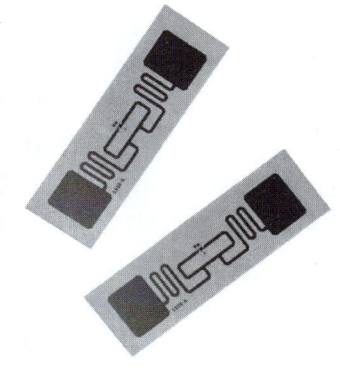

图 4-5　常见的 RFID 标签

其他流程有入库作业、出库作业、移库作业及库存盘点等，这些都是在已贴上相应电子标签的前提下进行的，具体流程如图 4-6 所示。

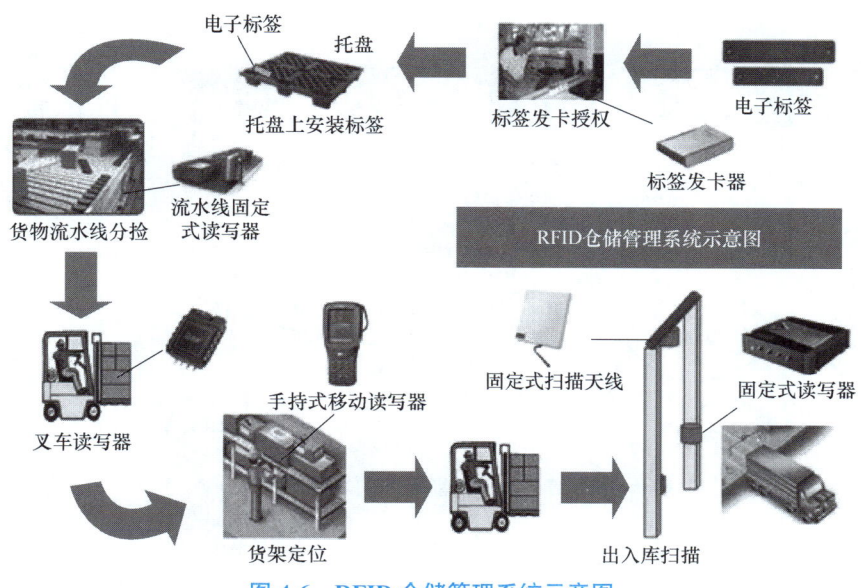

图 4-6　RFID 仓储管理系统示意图

4.3　新一代人工智能

4.3.1　新一代人工智能概述

人工智能（Artificial Intelligence，AI）是研究、开发用于模拟、延伸和扩展人的智能的理论、方法、技术及应用系统的一门新的技术科学，是新一轮科技革命和产业变革的重要驱动力量。人工智能通过了解人类智能的实质并对人的意识、思维过程进行模拟，生产出一种新的能以人类智能相似的方式做出反应的智能机器。人工智能从诞生以来，理论和技术日益成熟，应用领域也不断扩大，该领域的研究包括机器人、语言识别、图像识别、自然语言处理和专家系统等。

总的来说，人工智能研究的一个主要目标是使机器通过模仿人类的学习、思考及其他方面的智能，从而能够胜任一些通常需要人类智能才能完成的复杂工作。随着人工智能的发展，将来也有可能超过人类智能。

人工智能技术的发展并不是一帆风顺的，如图4-7所示。早在1956年，在美国汉诺斯小镇宁静的达特茅斯学院中，麦卡锡、明斯基、香农等大名鼎鼎的计算机、信息等领域的科学家们就聚在一起，讨论如何用机器来模仿人类学习及其他方面的智能，并提出了人工智能的概念。所以，1956年也被称为人工智能元年。但此后人工智能的发展就一直在探索未知的道路上曲折起伏，直到近十几年来，随着大数据、云计算、互联网、物联网等信息技术的突破性发展，在泛在感知数据和图形处理器等计算平台推动下，以深度神经网络为代表的人工智能技术飞速发展，大幅跨越了科学与应用之间的"技术鸿沟"，如图像分类、语音识别、知识问答、人机对弈、无人驾驶等人工智能技术实现了从"不能用、不好用"到"可以用"的技术突破，迎来爆发式增长的新高潮。

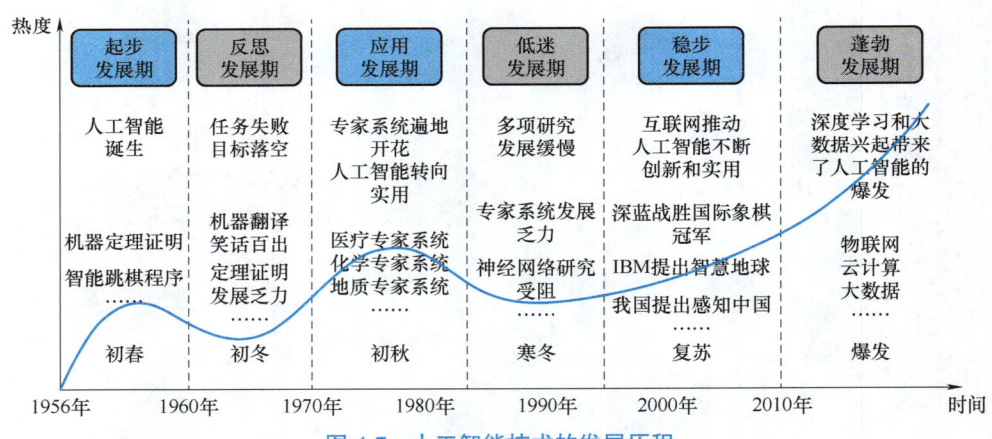

图 4-7 人工智能技术的发展历程

21世纪以来，移动互联、超级计算、大数据、云计算、物联网等新一代信息技术日新月异、飞速发展，并极其迅速地普及应用，形成了群体性跨越。这些历史性的技术进步，集中汇聚在新一代人工智能技术的战略性突破上，实现了质的飞跃。新一代人工智能呈现出深度学习、跨界协同、人机融合、群体智能等新特征，为人类提供认识复杂系统的新思维、改造自然和社会的新技术。信息化进入了以新一代人工智能技术为主要特征的智能化阶段，新一代人工智能正在逐渐改变各个领域的生产方式，推进结构转型。

区别于早期的人工智能，新一代人工智能具有如下特征：

1）大数据成为人工智能持续快速发展的基石。随着新一代信息技术的快速发展，计算能力、数据处理能力和处理速度实现了大幅提升，机器学习算法快速演进，大数据的价值得以展现。与早期基于推理的人工智能不同，新一代人工智能是由大数据驱动的，通过给定的学习框架，不断根据当前设置及环境信息修改、更新参数，具有高度的自主性。例如，在输入 3000 万张人类对弈棋谱并经过 3000 万次自我对弈后，人工智能机器人 AlphaGo 具备了匹敌顶尖棋手的棋力。随着智能终端和传感器的快速普及，海量数据快速累积，基于大数据的人工智能也因此获得了持续快速发展的动力来源。

2）文本、图像和语音等信息实现跨媒体交互。当前，计算机图像识别、语音识别和自然语言处理等技术在准确率及效率方面取得了明显进步，并成功应用于无人驾驶、智能搜索等垂直行业。与此同时，随着互联网、智能终端的不断发展，多媒体数据呈现爆炸式增长，并以网络为载体在用户之间实时、动态传播，文本、图像、语音、视频等信息突破了各自属性的局限，实现跨媒体交互，智能化搜索、个性化推荐的需求进一步释放。未来人工智能将逐步向人类智能靠近，模仿人类综合利用视觉、语言、听觉等感知信息，实现识别、推理、设计、创作、预测等功能。

3）基于网络的群体智能技术开始萌芽。随着互联网、云计算等新一代信息技术的快速应用及普及，大数据不断累积，深度学习及强化学习等算法不断优化，人工智能研究的焦点已从单纯用计算机模拟人类智能，打造具有感知智能及认知智能的单个智能体，向打造多智能体协同的群体智能转变。群体智能充分体现了"通盘考虑、统筹优化"的思想，具有去中心化、自愈性强和信息共享高效等优点，相关的群体智能技术已经开始萌芽并成为研究热点。例如，我国研究开发了固定翼无人机智能集群系统，并于 2017 年 6 月实现了 119 架无人机的集群飞行。

4）自主智能系统成为新兴发展方向。在长期以来的人工智能发展历程中，对仿生学的结合和关注始终是研究的重要方向，如美国军方曾经研制的机器骡及各国科研机构研制的一系列人形机器人等。但均受技术水平的制约和应用场景的局限，在大规模应用推广方面没有获得显著突破。当前，随着生产制造智能化改造升级的需求日益凸显，通过嵌入智能系统对现有的机械设备进行改造升级成为更加务实的选择，也是中国制造 2025、德国工业 4.0、美国工业互联网等国家战略的核心举措。在此引导下，自主智能系统正成为人工智能的重要发展及应用方向。例如，沈阳机床以 i5 智能机床为核心，打造了若干智能工厂，实现了"设备互联、数据互换、过程互动、产业互融"的智能制造模式。

5）人机协同正在催生新型混合智能形态。人类智能在感知、推理、归纳和学习等方面具有机器智能无法比拟的优势，机器智能则在搜索、计算、存储、优化等方面领先于人类智能，两种智能具有很强的互补性。人与计算机协同，互相取长补短将形成一种新的"1+1>2"的增强型智能，也就是混合智能，这种智能是一种双向闭环系统，既包含人，又包含机器组件。其中人可以接收机器的信息，机器也可以读取人的信号，两者互相作用，互相促进。在此背景下，人工智能的根本目标已经演变为提高人类智力活动的能力，更智能地陪伴人类完成复杂多变的任务。

6）生成式人工智能。生成式人工智能（GAI）是利用复杂的算法、模型和规则，从大规模数据集中学习，以创造新的原创内容的人工智能技术。这项技术能够创造文本、图片、声音、视频和代码等多种类型的内容，全面超越了传统软件的数据处理和分析能力。

2022 年末，美国人工智能研究公司 OpenAI 推出的 ChatGPT 标志着人工智能技术在文本生成领域取得了显著进展，2023 年被称为生成式人工智能的突破之年。在图像生成方面，生成系统在解释提示和生成逼真输出方面取得了显著的进步。同时，视频和音频的生成技术也在迅速发展，这为虚拟现实和元宇宙的实现提供了新的途径。生成式人工智能技术在各行业、各领域都具有广泛的应用前景。

2024年初，OpenAI发布了一款人工智能文生视频大模型Sora，如图4-8所示，它可以根据用户的文本提示创建最长60s的逼真视频。该模型了解这些物体在物理世界中的存在方式，可以深度模拟真实物理世界，能生成具有多个角色、包含特定运动的复杂场景，并且能够理解用户提出的要求。虽然Sora对于需要制作视频的艺术家、电影制片人或学生带来了极大的便利和无限的可能，但OpenAI并未单纯将其视为视频模型，而是作为"世界模拟器"。Sora是OpenAI"教AI理解和模拟运动中的物理世界"计划的其中一步，也标志着人工智能在理解真实世界场景并与之互动的能力方面实现飞跃。

图4-8 在Sora中生成的小狗视频

新一代人工智能正在从以往的学术研究探索为导向，转变为快速迭代的实践应用导向。学术导向难以满足复杂数据信息背景下的创新需求。随着人工智能的不断发展，不同学派按照各自对人工智能领域基本理论、研究方法和技术路线的理解，以学术研究为目的进行探索实践，一定程度上推动了人工智能理论与技术的发展。在如今数据环境改变和信息环境变化的背景下，现实世界结构趋向复杂，单纯依靠课题立项和学术研究无法持续推动人工智能满足当前现实世界的模拟与互动需求，快速变化的应用环境也容易导致理论研究与实际应用相脱节，影响人工智能技术对经济发展和社会进步的积极拉动作用。快速迭代的实践应用导向加速形成技术发展正循环。在技术快速迭代发展的过程中，数据累积和大规模应用会起到至关重要的作用，将持续推动人工智能技术实现自我超越。

4.3.2 新一代人工智能技术的三大要素

算法、数据和运算力组成了人工智能高速发展的三要素。实现人工智能所需要具备的基础：第一个是优秀的人工智能算法，比如近年来流行的深度学习算法，就是人工智能领域中最大的突破之一，为人工智能的商业化带来了希望；第二个是被收集的大量数据，数据是驱动人工智能取得更好的识别率和精准度的核心因素；第三个是大量高性能硬件提供的计算能力，以前的硬件运算力并不能满足人工智能的需求，当GPU和人工智能结合后，人工智能才迎来了真正的高速发展。

1）数据：进入互联网时代后，大数据才开始高速发展与积累，这为人工智能的训练学习过程奠定了良好的基础。比如，在AlphaGo的学习过程中，核心数据是来自互联网的

3000万例棋谱，而这些数据的积累是历经了十多年互联网行业的发展，直到2016年，基于深度学习算法的AlphaGo才取得突破性进展，离开了这些棋谱数据的积累，人工智能机器人战胜人是无法实现的。

2）算法：以人脸识别为例，在2013年深度学习应用到人脸识别之前，各种方法的识别成功率只有不到93%，低于人眼的识别率（95%），因此不具备商业价值。而随着算法的更新，深度学习使得人脸识别的成功率提升到了97%，这才为基于人工智能人脸识别的应用奠定了商业化基础。

3）运算力：在20年前，一个机器人用32个CPU能达到120MHz的速度。现在的人工智能系统使用成百上千个GPU来提升计算能力，这使得处理学习或智能的能力得到比较大的增强。20年前有的计算机使用CPU一个月才能出结果，然后再去调整参数，一年也只能调整12次，也就是只有12次迭代。GPU大幅提升了运算力，同样的计算现在用GPU一天就可以出结果，这样可以迭代得更快，这是人工智能技术高速发展的条件。

4.3.3 人工智能技术的应用

人工智能技术在制造业中具有非常大的应用潜力。下面以无缝钢管为例说明人工智能技术中的机器视觉怎么帮助企业生产无缝钢管。

在无缝钢管的生产中，需要先将钢坯输送到炉中加热。接着，将坯料穿孔以形成厚壁的中空壳体，之后将芯棒插入壳体。然后，在芯棒式无缝管轧机中对环料进行伸长轧制。在伸长工艺之后，坯料被输送到推进台，在那里它被推动穿过一系列轧辊机座，最终形成具有连续更小壁厚的中空长钢管。但在轧机台架中的轧辊机座偶尔会使钢管表面产生各种缺陷，如图4-9所示，这些缺陷在热条件下很难被检测到。

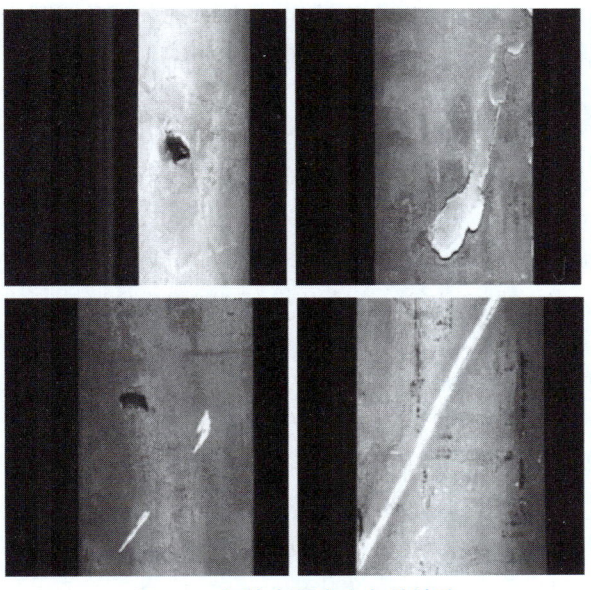

图4-9 钢管表面产生各种缺陷

为了解决这些问题，西班牙的工程师开发出了一套名称为"Surfin"的机器视觉系统。

该系统通过学习纹理、对比度和尺寸识别来自不同样品的各种缺陷，并利用算法自动检测和分类生产环境中最重要的生产缺陷，其检测的原理图如图4-10所示。通过在数据库中存储来自相机的图像、缺陷数据、缺陷位置，以及生产过程中的压力、温度、速度等生产数据，该系统还可以用于控制产品的质量，并且保证了产品出现问题时能够追溯到问题的源头，如在哪个位置产生了哪些异常的数据情况等。

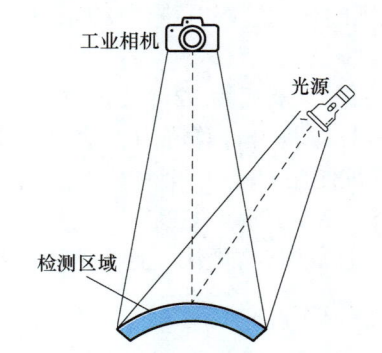

图4-10 利用视觉检测表面缺陷的原理

4.4 新型网络技术

4.4.1 网络技术概述

网络通常指的是Internet，意思是互联网，根据音译也叫作因特网，是网络与网络之间所串联成的庞大网络。这些网络以一组通用的协议相连，形成逻辑上的单一且巨大的全球化网络，在这个网络中有交换机、路由器等网络设备、各种不同的连接链路、种类繁多的服务器和数不尽的计算机、终端。

网络最初是为军事和科研服务的，随着个人计算机的普及，接入网络的主机数量迅速增加，越来越多的人把互联网作为通信和交流的工具。一些公司还陆续在网络上开展了商业活动。随着互联网的商业化，其在通信、信息检索、客户服务等方面的巨大潜力被挖掘出来，使互联网有了质的飞跃，并最终走向全球，成为信息社会的基础。

互联网实现了信息的即时传递，可以将信息瞬间发送到千里之外的人手中，甚至在全世界范围内分享；此外，互联网汇聚了来自全球的信息资源，使"秀才不出门，能知天下事"成为现实；基于互联网的电子邮件、视频会议等交流工具也让人们可以轻松地沟通协助。互联网时代，信息传播更加高效，信息资源更加丰富，人与人的交流合作更加便捷。互联网推动了电子商务的发展，购物、银行业务、股票交易等活动都可以在网络上进行，提高了经济效率；教育、医疗、政府服务等社会服务也通过互联网实现了网络化，使人们生活更加便捷；互联网也使得不同文化的交流变得更加容易，促进了文化的多样性和全球文化的传播。信息社会的发展已离不开互联网的支持。

按照网络连接方式中是否使用物理连接线进行区分，互联网的网络通信方式分为两大类：有线网络和无线网络。有线网络需要通过网线或光纤等物理连接方式来进行设备与互联网的连接。无线网络则通过无线技术连接设备与互联网，无需使用任何物理连接线。它们各自依赖于不同的通信协议来实现数据的传输。无线网和有线网的区别见表4-2。

表 4-2　无线网和有线网的区别

特征	无线网络	有线网络
安装过程	简便，只需要配置好路由器和设备即可轻松上网	复杂，需要复杂的布线工作
成本	低，无线网络不需要铺设大量的网络线缆。同时，只需无线路由器和设备即可实现多设备的互联	高，需要铺设网线或光纤。同时，网络线缆可能会受到损坏，需要额外的维护和修复费用
稳定性	低，通过无线技术传递信息，没有可靠的物理连接	高，采用物理连接，其连接稳定性和可靠性较高，在传输数据时不易受到干扰。用户可以获得更加稳定和流畅的网络体验
速度	慢，相比有线网络速度较慢	快，有线网络的信号传输速度快，因此在文件下载、视频播放等大流量应用方面具有较大优势
安全性	低，由于无线网络的信号传播无法物理隔离，存在一定的安全风险	高，有线网络的传输信号需要通过具体的网线或光纤连接，更难被窃听或攻击
灵活性	高，可以通过无线路由器进行访问，不受空间限制。用户可以在覆盖范围内自由移动，并享受网络服务	低，受到物理线路的限制
便携性	好，无线网络可以通过手机、平板等移动设备进行随时随地访问	差，有线网络连接的设备通常不便随身携带

常见的有线和无线网络协议及其应用层面见表4-3。

表 4-3　常见的有线与无线网络协议

类型	协议名称	应用层面
有线	Ethernet	局域网、广域网连接
有线	PPP（Point-to-Point Protocol）	点对点连接
有线	Modbus	工业控制系统
有线	TCP/IP	互联网通信
无线	Wi-Fi	无线局域网连接
无线	Bluetooth（蓝牙）	短距离无线通信
无线	ZigBee	物联网设备通信
无线	LTE/5G	移动通信
无线	NFC（Near Field Communication）	近场通信
无线	RFID（Radio-Frequency Identification）	无线识别和跟踪

4.4.2 未来网络的特点及代表

近年来,随着计算机技术和互联网的迅猛发展,网络已经成为我们生活中不可或缺的一部分,而未来网络的技术和发展前沿也正越来越引人关注。2009年,中国工程院与中国国家自然科学基金委员会,联合启动了"面向2030年中国工程科技中长期发展战略研究"项目,在刘韵洁院士提议下,设立了有关未来网络的研究咨询课题。

目前来说,业内对于未来网络的定义还未形成共识。中国工程院院士刘韵洁说:"未来网络就是更快捷、更简单、更便宜、更安全的新一代互联网,以用户为中心,让上网的人感觉更好。"从当前角度来看,对未来网络技术发展具有影响力的技术如下。

1)6G技术:6G技术意味着超高速的网络连接,能够为人们提供更快的网速和更好的网络体验。在未来网络中,6G技术将会成为主流网络连接方式,它不仅拥有更快的网速,而且能够提供更加流畅的视频播放和实时的多人在线游戏等体验。

2)人工智能技术:随着人工智能技术的不断发展,未来网络也会借助人工智能技术来实现更加智能化的网络服务。例如,无人驾驶技术和自动驾驶车辆将会在未来得到普及,这使得人们可以更加放心安全地上路。

3)区块链技术:区块链技术已经得到了广泛关注,它具有去中心化、信息安全等优势。未来网络在应用区块链技术方面也会越来越广泛,例如,可以利用区块链技术保障网络交易安全,实现在线支付的可靠性和安全性。

4)科技融合:科技融合也是未来网络的趋势,例如,物联网技术、智能家居技术、可穿戴技术等的融合,将会使得未来的网络更加智能化,实现人机互动、智能交互等功能。

但是随着技术的不断发展,未来网络还面临着很多挑战。例如,网络安全问题、网络犯罪问题、网络数据泄露问题等。另外,未来网络也会面临网络带宽和网络扩容等问题,这些问题需要通过更加创新的技术方案来解决。

总体来说,未来网络的发展将会在技术、应用和安全等方面面临很多挑战,同时也将会迎接更多的机遇和变革。其趋势为更快速、更可靠、更智能、更安全、去中心化以及更好的交互性等。

5G-Advanced,也被人们称为5.5G,是从5G向6G过渡的重要阶段。当前,商业领域的未来网络技术应用中最具代表性的就是华为的5.5G。

如图4-11所示,在2023年10月21日的晚上,华为宣布了5G-A(也就是5.5G)的重大进展,他们在9月11日首次完成了所有5G-A功能的测试和技术性能的测试。测试结果显示,华为在多个5G-A上下行超宽带技术方面取得了重大的性能突破,并且首次在5G-A宽带实时交互中应用了端到端跨层协同技术,实现了在容量和时延方面的关键进展。

5.5G是在5G业务规模不断增长、数字化、智能化不断提速的趋势下,面向2025年到2030年规划的通信技术,是对5G应用场景的增强和扩展。具体来说,5.5G在下行和上行传输速率上对比5G有望提升10倍,网络接入速率达到10Gbit/s,同时保障毫秒级时延。

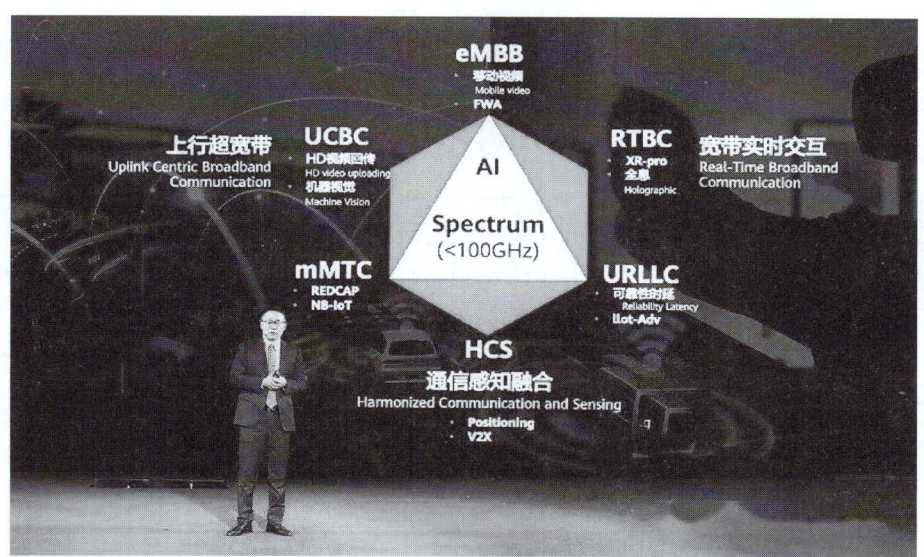

图 4-11　华为公布 5.5G

5.5G 有着多项重大性能突破。根据华为的公开信息，涉及 Sub-6GHz 和毫米波频段载波聚合、下行多载波调度、上行 2Tx Switching 增强、多 UE 聚合功能、双工增强以及 L1/L2 移动性增强等环节。此外，华为首次将业务差异性调度和端到端跨层协同等技术应用于 XR 业务，实现 XR 单扇区容量首次超过 70 个用户，相对业界传统方案实现大幅提升；首次在移动场景下实现 20ms、95% 确定性体验时延要求。

华为称，5G-A 作为 5G 的演进和增强，除了在连接速率和时延等传统网络能力实现了 10 倍提升，还同时引入了通感一体、无源物联、内生智能等全新的革命性技术。

4.4.3　未来网络技术的应用

在未来网络的应用场景方面，主要有智能家居、无人驾驶、远程医疗等方面。

1）智能家居：未来网络将会通过智能家居技术，使得家庭中的智能设备之间可以相互联通，实现智能控制。智能锁、智能电视、智能音响、智能家电等设备，都可以通过互联网实现远程控制和数据监测。

2）无人驾驶：未来网络还将应用在无人驾驶领域，实现智能交通管理系统。智能网联汽车可以通过互联网和传感器来获取并实时分析路况，并根据实际情况做出最优决策。

3）远程医疗：未来网络将会为医疗行业带来更多的革命性变化，例如，远程诊断、远程监护等。这样不仅可以使得医生和患者之间的沟通更加便捷，同时还可以大大降低患者的医疗成本。

在工业应用方面，最能体现未来网络技术优势的就是 5G 智慧工厂。三六一度公司与中国联通就"5G+ 工业互联网"领域签订了战略合作协议，并在三六一度晋江五里服装基地完成了首个"5G+ 智慧工厂"项目，在服装制衣业率先运用 5G 专网实现数字化生产。

三六一度公司计划通过项目的建设将开发打样中心、工艺中心、仓储中心、裁剪中心、缝制中心、质量中心以及后道中心整合到一个服装数字化生产管理平台，优化生产作业流程，有效监控整个车间的制造过程，实时掌握所有产品生产、加工的进度信息、设备信息、质量信息，实现向 5G 数字化智能制造的转型升级。

项目采用联通 5G 虚拟专网技术，在三六一度五里服装基地通过"基站+室分"的方式构建 5G 网络覆盖。借助 5G 专网，实现移动终端与平台的有效协同。该项目引入了 MES（制造执行系统）、APS（计划与排程系统）、GST（一般车缝时间）、PLM（产品生命周期管理）、WMS（仓库管理系统）、SCM（供应链管理）等多个模块。这些模块与企业现有的 ERP（企业资源计划）、EHR（人力资源管理信息化）、OA（办公自动化）、IPOS（终端零售客户）等系统实现融通，构建了如图 4-12 所示的以 5G 虚拟专网为核心的 AI 视觉检测、工业数采、仓储管理、硬件和工序协同等多个应用场景，实现企业产供销一体化的有效协同。

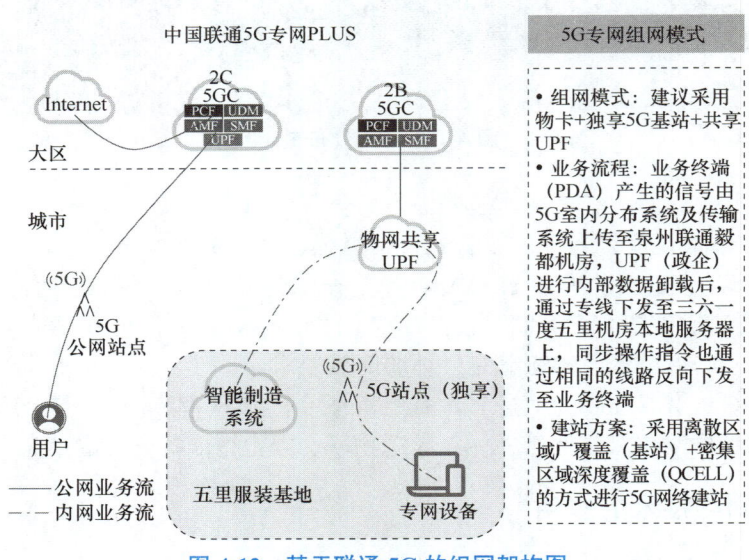

图 4-12 基于联通 5G 的组网架构图

在 5G 智慧工厂中，通过构建以 5G 虚拟专网为核心的应用场景，实现了以下多种功能：

1）智慧工厂：利用 5G、边缘计算（MEC）和云技术，整合了多种终端（如 AGV 物流车、自动裁床、吊挂等）和多个生产系统（如服装制造 MES 管理软件、服装高级排产软件、服装标准系统软件、WMS 系统、SCM 系统等）。这些技术可以实现生产过程中物料的信息化和产线的信息流化，为精益生产提供有效的数据和系统支持，帮助企业进行精准的决策管理。

2）可视化远程控制：通过改造企业的老旧产线，配合 5G 专网和软件平台实现智能化生产。一方面，通过联通的"雁飞格物平台"实现设备运行情况的实时展示，并解决设备的数据采集和远程运维需求。另一方面，通过 5G PDA、工业平板等设备实现拉布、裁床、吊挂、缝纫产线的投料、质检的无纸化操作，以及工序的指引和操作的登记，并与 MES 系统进行协同，实现可视化、可控制的远程服务方案。

3）信息系统的数字化融通：在企业现有的 ERP 系统的基础上，引入 MES、APS、

GST、PLM、SCM、WMS 等系统，实现系统间的有效融通，提高效率，并解决由于大量人工记录而产生的错误问题。

4）衍生应用：利用 5G 的大带宽、低时延和移动性等特点，借助 5G 的网络能力，在 AI 视觉、仓储和标识方面进行演进。同时，引入国家标识解析体系，通过企业内部全链的标识体系贯穿，将实现产线的数字化、网络化和智能化的全面升级。

通过应用 5G 专网实现数字化生产，三六一度公司取得了以下显著成效：

1）优化质检环节，降低产品不良率：5G+ 智慧工厂项目投用后，优化质检环节，通过平板上操作质检结果，解决人工方式存在的统计难、错误率高等问题，产品不良率下降 5%。

2）推动科学精准排程，提升订单交付及时率：以 ERP 订单为驱动，改变通过"人工经验"的排单模式，结合 APS、GST 推动科学精准排程，订单交付及时率提升 5%。

3）优化仓储管理流程，提高效率：优化仓储管理流程，通过二维码扫码领用，提高了仓储管理效率。

4）降低了人工运营成本：产线科学派单，有效实现人员任务分配，人工运营成本降低 8%。

5）实现无纸化办公：通过信息化的手段，将原有拉布、裁床、质检等人工填单和录入的工序，转化为 5G 终端点选操作，纸质文档节约 35%。

4.5 物联网技术

4.5.1 物联网技术概述

物联网（Internet of Things，IoT）的概念最早于 1999 年由美国麻省理工学院提出，早期的物联网是指依托 RFID 技术和设备，按约定的通信协议与互联网相结合，为实现物品信息智能化识别和管理，将物品信息互联而形成的网络。随着技术和应用的发展，物联网内涵不断扩展。现代意义的物联网可以实现对物的感知、识别和控制，以及网络化互联和智能处理的有机统一，从而形成高智能决策。物联网是新一代信息技术的重要组成部分，也是"信息化"时代的重要发展阶段。

物联网，顾名思义，就是物物相连的互联网。物联网并不是与互联网截然不同的，其核心和基础仍然是互联网，是在互联网基础上延伸和扩展的网络。互联网将人与人通过网络连接在了一起，而物联网的用户端延伸和扩展到了任何物品，在物品与物品之间，进行信息交换和通信，也就是物物相连，如图 4-13 所示。物联网通过智能感知、识别技术与普适计算等通信感知技术，广泛应用于网络的融合中。

图 4-13　物联网

我国工业和信息化部电信研究院发布的《物联网白皮书》定义物联网是通信网和互联网的拓展应用和网络延伸，它利用感知技术与智能装置对物理世界进行感知识别，通过网络传输互联，进行计算、处理和知识挖掘，实现人与物、物与物信息交互和无缝链接，达到对物理世界实时控制、精确管理和科学决策的目的。

在物联网发展经历了概念驱动、示范应用引领之后，技术的显著进步和产业的逐步成熟推动物联网发展进入新的阶段。产业成熟度提升带来物联网部署成本不断下降，相比10年前，全球物联网处理器价格下降98%，传感器价格下降54%，带宽价格下降97%，成本的降低为物联网大规模部署提供了基础。联网技术不断突破是物联网产业兴起的重要条件，在全球范围内低功率广域网（Low Power Wide Area Network，LPWAN）技术快速兴起并逐步商用，面向物联网广覆盖、低时延场景的5G技术标准化进程加速，同时工业以太网、短距离通信技术等相关通信技术也取得显著进展。数据处理技术水平与能力有明显提升，大数据整体技术体系的基本形成，信息提取、知识表现、机器学习等人工智能研究方法和应用技术发展迅速，大数据技术在物联网中的应用能够有效地释放物联网数据的潜在价值。产业生态构建所需的云计算、开源软件等关键能力加速成熟，有效降低了企业构建生态的门槛，推动全球范围内水平化物联网平台的兴起和物联网操作系统的进步。

4.5.2 物联网技术的应用

从当前的技术发展和应用前景来看，物联网在工业领域的应用主要集中在以下几个方面：

1）制造业供应链管理：物联网应用于企业的原材料采购、库存管理、产品销售等环节，通过完善和优化供应链管理体系，提高了供应链效率，降低了成本。空中客车（Airbus）通过在供应链体系中应用传感网络技术，构建了全球制造业中规模最大、效率最高的供应链体系。

2）生产过程工艺优化：物联网技术的应用提高了生产线过程检测、实时参数采集、生产设备监控、材料消耗监测的能力和水平。生产过程的智能监测、智能控制、智能诊断、智能决策、智能维护水平不断提高。钢铁企业应用各种传感器和通信网络，在生产过程中实现对加工产品的宽度、厚度、温度的实时监控，从而提高了产品质量，优化了生产流程。

3）产品设备监控管理：对于设备来说，各种传感技术与制造技术融合，实现了对设备操作使用记录的远程监控和设备故障的远程诊断。GE集团在全球建立了13个面向不同产品的综合服务中心，通过传感器和网络对设备进行在线监测和实时监控，并提供设备维护和故障诊断的解决方案。对于产品来说，在工业4.0的背景下，产品的品类和型号越来越多并且所需生产的件数不断变化，使得大规模定制化生产成为未来趋势，而原先的流水线模式已经不能满足需求。打破流水线生产体系，通过物联网技术将整个工艺链进行联网的矩阵式生产理念，可以使生产过程迅速调整以满足用户定制的订单，等待和停产时间大大降低，适应能力大幅提升。

4）环保监测及能源管理：物联网与环保设备的融合实现了对工业生产过程中产生的各种污染源及污染治理各环节关键指标的实时监控。在重点排污企业排污口安装无线传感设备，不仅可以实时监测企业的排污数据，而且可以远程关闭排污口，防止突发性环境污染事故的发生。电信运营商已开始推广基于物联网的污染治理实时监测解决方案。

5）工业安全生产管理：把感应器嵌入式装备到矿山设备、油气管道、矿工设备中，可以感知危险环境中工作人员、设备机器、周边环境等方面的安全状态信息，将现有分散、独立、单一的网络监管平台升级为系统、开放、多元的综合网络监管平台，实现实时感知、准确辨识、快捷响应、有效控制。

以制造业供应链管理为例，如图4-14所示，通过物联网技术，可以监测物流车辆、货物和库存的实时位置和状态，提供及时准确的物流信息，方便管理者追踪和掌控供应链。可以实时收集运输工具的数据，包括油量、速度、行驶路径等，帮助企业精确计算运输成本，优化运输方案。在货物追踪与管理中，利用物联网技术中的标签识别，对货物进行全程跟踪，确保货物的安全和准时到达目的地。针对物流环境有特殊需求的货物，比如冷链物流，利用物联网技术还可以实时监测货物的温度、湿度等环境指标，保证货物质量不受损。

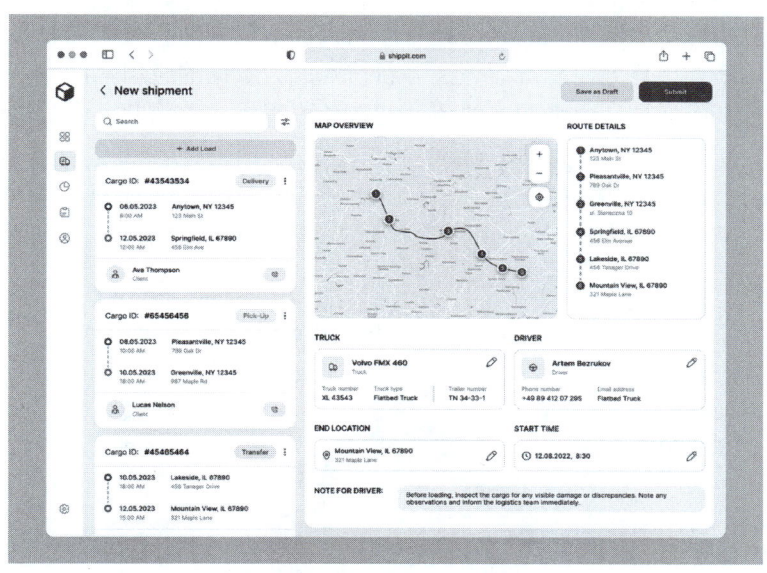

图4-14　制造业供应链管理系统

总之，具有环境感知能力的各类终端、基于泛在技术的计算模式、移动通信等不断融入工业生产的各个环节，可大幅提高制造效率和产品质量，降低产品成本和资源消耗，将传统工业提升到智能工业的新阶段。同时，物联网技术使生产与物流高度融合，并融合AGV智能物流和大数据智能系统自动监视和响应生产的全过程，降低成本，优化物流，提高安全性、可靠性和可持续性。

4.6　大数据技术

4.6.1　大数据技术概述

大数据（Big Data）是指无法在一定时间范围内用常规软件工具进行捕捉、管理和处理的数据集合,是需要具有更强的决策力、洞察发现力和流程优化能力的新模式才能处理的海量、高增长率和多样化的信息资产。

大数据技术的诞生背景是互联网的快速发展。在 2000 年前后,为应对互联网网页爆发式增长,谷歌等公司为提供较为精确的搜索服务,提出了一套以分布式为特征的全新技术体系来进行数据的计算、存储等,能够以较低的成本实现之前技术无法达到的数据处理规模。

伴随着互联网产业的崛起,这种创新的海量数据的处理技术在电子商务、定向广告、智能推荐、社交网络等方面得到应用,取得了巨大的商业成功。这引发全社会开始重新审视数据的巨大价值,于是金融、电信等拥有大量数据的行业开始尝试这种新的理念和技术,取得初步成效。与此同时,业界也在不断对谷歌提出的技术体系进行扩展,使之能在更多的场景下使用。

我国工业和信息化部电信研究院发布的《大数据白皮书》提到:认识大数据,要把握资源、技术、应用三个层次。大数据是具有体量大、结构多样、时效强等特征的数据;处理大数据需采用新型计算架构和智能算法等新技术;大数据的应用强调以新的理念应用于辅助决策、发现新的知识,更强调在线闭环的业务流程优化。因此,大数据不仅大,而且新,是新资源、新工具和新应用的综合体。

IBM 公司提出了大数据的 5V 特征,分别是:Volume(数量)、Velocity(速度)、Variety(种类)、Value(价值)、Veracity(真实性),如图 4-15 所示。

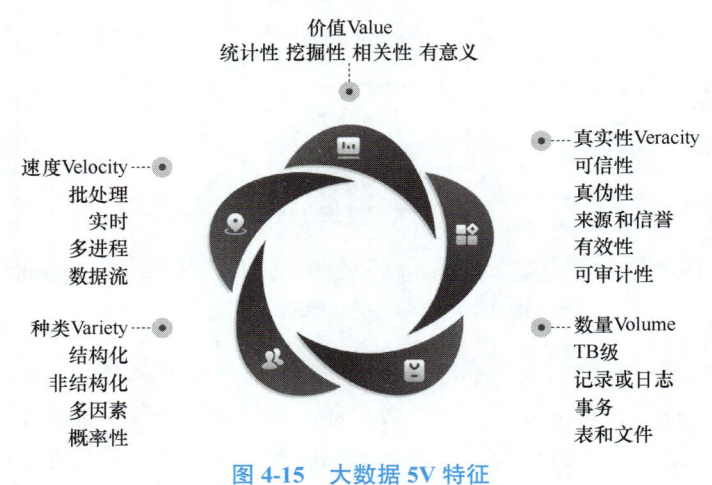

图 4-15 大数据 5V 特征

4.6.2 大数据关键技术

1)大数据存储管理技术。数据的海量化和快增长特征是大数据对存储技术提出的首要挑战。传统的储存管理技术的可扩展性、容错能力和并发读写能力难以满足大数据需求。这要求大数据存储管理技术的底层硬件架构和文件系统在性价比上要远远高于传统技术,并能够弹性扩展存储容量。

大数据对存储技术提出的另一个挑战是多种数据格式的适应能力。格式多样是大数据的主要特征之一,这就要求大数据存储管理系统能够适应对各种非结构化数据进行高效管理的需求。数据库的一致性(Consistency)、可用性(Availability)和分区容错性(Parition Tolerance)不可能都达到最佳,在设计存储系统时,需要在三者之间做出权衡。传统的关系数据库管理系统(Relational Database Management System,RDBMS)以支持事务处理为主,采用了结构化数据表的管理方式,为满足强一致性要求而牺牲了可用性。

2)大数据并行计算技术。大数据的分析挖掘是数据密集型计算,需要强大的计算能力,与传统"数据简单、算法复杂"的高性能计算不同,对计算单元的数据吞吐率要求极高,对性价比和扩展性的要求也非常高。传统的依赖大型机和小型机的并行计算系统不仅成本高,数据吞吐量也难以满足大数据要求,同时靠提升单机 CPU 性能、增加内存、扩展磁盘等实现计算性能提升的纵向扩展的方式也难以支撑平滑扩容。

3)大数据分析技术。在全部数字化数据中,仅有非常小的一部分(约占总数据量的1%)数值型数据得到了深入分析和挖掘(如回归、分类、聚类),大型互联网企业对网页索引、社交数据等半结构化数据进行了浅层分析(如排序)。占总量近60%的语音、图片、视频等非结构化数据还难以得到有效分析。

大数据分析技术的发展需要在两个方面取得突破,一是对体量庞大的结构化和半结构化数据进行高效率的深度分析,挖掘隐性知识,如从自然语言构成的文本网页中理解和识别语义、情感、意图等;二是对非结构化数据进行分析,将海量复杂多源的语音、图像和视频数据转化为机器可识别的、具有明确语义的信息,进而从中提取有用的知识。

目前的大数据分析主要有两条技术路线,一是凭借先验知识人工建立数学模型来分析数据,二是建立人工智能系统,并使用大量样本数据进行训练,让机器获得从数据中提取知识的能力从而代替人工。大数据中主要部分为非结构化数据,往往模式不明且多变,因此难以靠人工建立数学模型去挖掘深藏其中的知识。

通过人工智能和机器学习技术分析大数据,被业界认为具有很好的前景。2006年谷歌等公司的科学家根据人脑认知过程的分层特性,提出增加人工神经网络层数和神经元节点数量、加大机器学习的规模、构建深度神经网络可提高训练效果,并在后续试验中得到证实。这一事件引起工业界和学术界高度关注,使得神经网络技术重新成为数据分析技术的热点。目前,基于深度神经网络的机器学习技术已经在语音识别和图像识别方面取得了很好的效果。但未来深度学习要在大数据分析上广泛应用,还有大量理论和工程问题需要解决,主要包括模型的迁移适应能力,以及超大规模神经网络的工程实现等。

4.6.3 大数据技术的应用

目前,在工业领域,产品故障诊断与预测已经成为大数据的典型应用。在智能工厂中,随着大量传感器和物联网技术的引入,使得工业大数据的获取十分方便,通过建模与仿真技术,使得对设备的动态性预测以及产品故障实时诊断成为可能。波音公司的飞机系统是工业领域中利用大数据进行产品故障实时诊断的优秀案例。在波音公司的飞机系统中,实时监测和更新的发动机、燃油系统、液压和电力系统等数以百计的数据组成了飞机的在航状态,如图 4-16 所示。通过对这些飞行大数据的采集分析,可以实现对飞机的实时自适应控制,并且监测燃油使用,预测零件故障,有效地实现了产品故障诊断与预测。

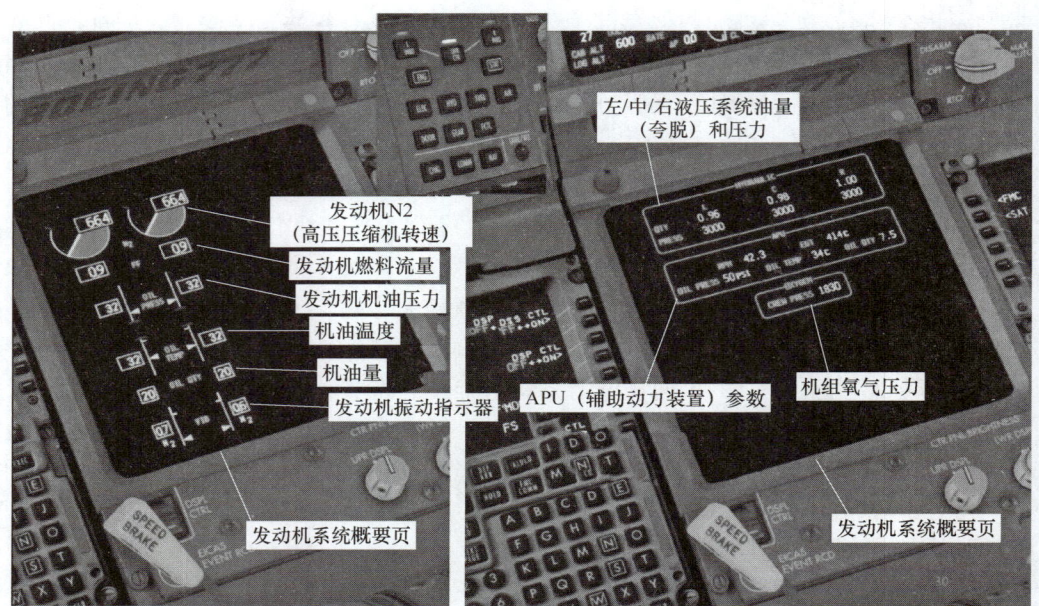

图 4-16　实时显示的飞机在航状态各项数据

4.7　云计算技术

4.7.1　云计算技术概述

云计算（Cloud Computing）是一种通过网络统一组织和灵活调用各种 ICT 信息资源（ICT 是信息技术与通信技术相融合而形成的一个新的概念）实现大规模计算的信息处理方式。其中，"云"是对云计算服务模式和技术实现的形象比喻。简单来说，云计算就是通过网络将分散的各种信息和通信资源集中起来形成可以共享的资源池，并以动态按需和可度量的方式向用户提供服务，如图 4-17 所示。用户可以使用各种形式的终端，如个人计算机、平板计算机、智能手机甚至智能电视等，通过网络获取这些资源服务。

云计算具备四个方面的核心特征：一是宽带网络连接，"云"不在用户本地，用户要通过宽带网络接入"云"中并使用服务，"云"内节点之间也通过内部的高速网络相连，用户可以通过有互联网的任意地点进行便捷的访问；二是对各种信息和通信资源的共享，"云"内的各种信息和通信资源并不为某一用户所专有，多用户可同时使用服务，提高了硬件资源利用率；三是快速、按需、弹性的服务，云计

图 4-17　云计算

算承载海量数据的存储、处理和管理,并可以根据实际需求随时扩充和缩减云计算资源,用户可以按照实际需求迅速获取或释放资源,并可以根据需求对资源进行动态扩展;四是服务可测量,服务提供者按照用户对资源的使用量进行计费。

4.7.2 云计算的技术架构

如图 4-18 所示,在云计算技术架构中,由数据中心基础设施层与 ICT 资源层组成的云计算"基础设施"和由资源控制层功能构成的云计算"操作系统",是目前云计算相关技术的核心和发展重点。

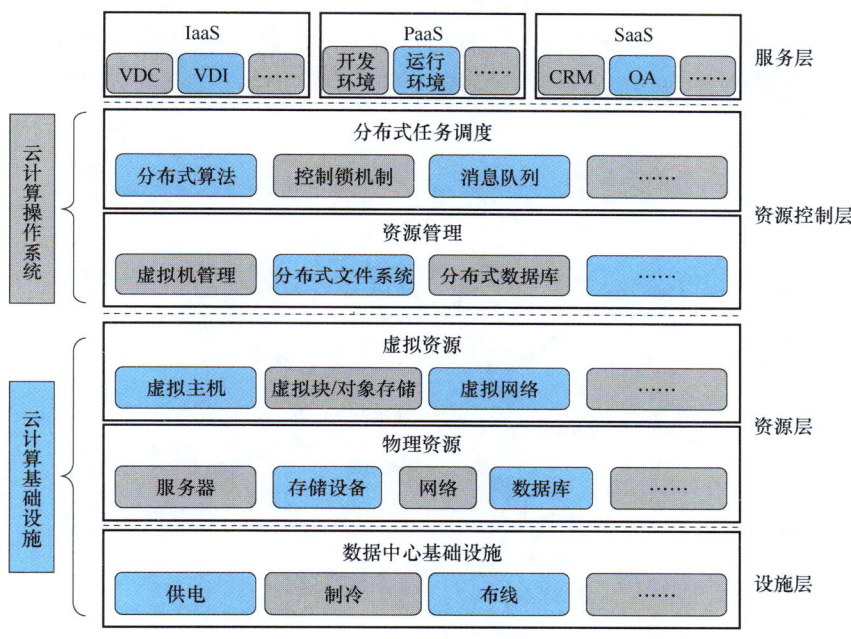

图 4-18 云计算技术架构

云计算"基础设施"是承载在数据中心之上的,以高速网络(目前主要是以太网)连接各种物理资源(服务器、存储设备、网络设备等)和虚拟资源(虚拟机、虚拟存储空间等)。

云计算"操作系统"是对 ICT 资源池中的资源进行调度和分配的软件系统。云计算"操作系统"的主要目标是对云计算"基础设施"中的资源(计算、存储和网络等)进行统一管理,构建具备高度可扩展性、能够自由分割的 ICT 资源池,同时向云计算服务层提供各种粒度的计算、存储等能力。

云计算在技术及实现方面有以下三个特点:

1)用系统可靠性代替云计算单元的可靠性,降低对高性能硬件的依赖,如使用分布式的廉价 ×86 服务器代替高性能的计算单元和昂贵的磁盘阵列,同时利用管理软件实现虚拟机、数据的热迁移来解决 ×86 服务器可靠性差的问题。

2)用系统规模的扩展降低对单机能力升级的需求,当业务需求增长时通过向资源池中加入新计算、存储节点的方式来提高系统性能,而不是升级系统硬件,降低了硬件性能升级的需求。

3）通过资源的虚拟化提高系统的资源利用率，如使用主机虚拟化、存储虚拟化等技术，实现系统资源的高效复用。

4.7.3 云计算技术的应用

云计算给我国工业与信息业带来了新一轮的创新动力和前所未有的发展机遇，目前，在许多领域都取得了成效，展望未来，云计算将在更广泛的领域得以应用。

1）制造业。通过云计算平台，可以随时了解零件供应商的库存和市场行情，调整组装和备料方案（图 4-19）。现代先进制造业的标志是以计算机为基础的"虚拟设计、制造和维护"。机械、电子、汽车及飞机等工业都是由多家厂商合作的现代产业链，因此，离不开网上信息的共享与协作。"制造云"能够缩短生产周期，提高产品性能，降低各种成本。

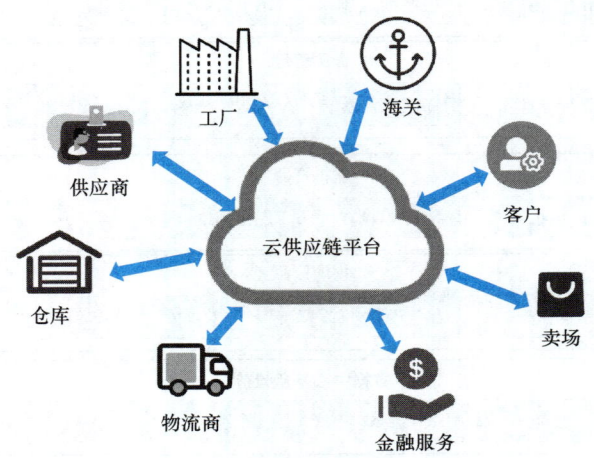

图 4-19　云计算在供应链管理方面的应用

通过云平台上的信息共享，可以更好地掌握市场动向和客户需求，提高企业的运营效率。云计算还可用于制造业的生产计划管理，借助云计算的高速运算能力，快速分析、处理各种数据，包括供应链的数据、生产线的数据等，从而准确预测产品市场的需求，实现生产计划的精准控制。

2）物流业。云计算的特性在于通过共享的 IT 资源和网络，用最少的管理成本实现最快的资源配置和最大的效能。物流云的公有平台可以让物流公司省去自建集散公司的高额费用，节约大量的配送与库存成本；对于中小型物流企业，无需投资自建 IT 系统，只需通过网络进入全国性物流公司的公有云平台来处理和拓展业务。通过物流云，可以提高运输效率，解决仓储和运输的衔接问题，整合孤立系统，提供多元化服务。将物流系统与银行现金流对接，则可以根据物流云上的库存和运输情况，评估提供给厂商周转的贷款利率。将物流云与天气预报和交通信息网络对接可以有效规划路径等。

3）银行业。银行业的核心业务是存款和贷款，核心利润来源是赚取利率差和中间业务费（手续费、佣金等非息差业务费），云计算可以帮助银行进行业务创新。当新兴的云计算与传统的资本管理技术结合到一起时,创新空间非常大。在云计算的支持下,银行业可以创造新的利润,控制风险,节约成本。

4)电信业。对于电信运营商,云计算在业务支撑系统、企业内部IT管理系统、增值业务系统、测试和离线运行环境及互联网数据中心都有创造利润和节约成本的机会。云计算还能促成新的业务模式,如移动支付等。

5)商业和金融服务业。基于互联网的在线商业和服务业所占比重将会迅速超过实体销售服务业。目前,中国已是世界最大的手机市场,并将很快超过美国成为世界最大的互联网市场,因此,相关的在线服务业将快速增长。云计算将成为在线服务的信息系统基础设施。金融服务业发展迅速,日益丰富的金融服务内容多以在线的形式实现,对计算应用能力的要求越来越高。同时,国际竞争和金融市场的风险管理对计算的需求加速上升。"商业云""金融云"和"服务云"将迅速发展。

6)医疗行业。目前,医疗系统中的服务器、网络和存储等IT基础设施大多是分散且隔离的,由不同的医疗机构或不同的部门单独维护和使用,而云计算平台可以将这些分散的系统整合在一起,形成统一的医疗信息基础设施,提供类型多样的健康管理应用,包括专家、设备、验方等,为每个患者定制个性化医疗保健方案。在生物医学和药物研究中会涉及大量的数据处理和计算,云计算节约资源、便捷管理的特点将会提高这些领域的研究效率。

7)教育科研。"教育云"将各地、各时期、各种教学内容整合、选优、传播、普及,以提供高效、普遍的信息化基础设施,提高教育投入效率,促进资源合理分布,提高边远落后地区教育水平;可以实现"每个师生都拥有一个虚拟实验室"的设想;能提高学校的行政管理能力,整合学校的各种信息化系统,如办公自动化、学生信息系统、教学管理和教师评估系统等。科研是个性化活动,又需要广泛的合作,云计算平台可以实现资源和能力的广泛共享,成为科研合作不可替代的平台。

8)国防工业。未来战争将是信息战,将信息转化成智能和决策需要大量的实时计算,卫星、雷达、武器及人员等各类信息都需要实时集成和处理。强大的"国防云""安保云"可以满足上述需求,有助于实现预防或减弱战争,进而保卫和平。

4.8 虚拟/增强现实技术

4.8.1 虚拟/增强现实技术概述

虚拟现实(Virtual Reality,VR),是一种通过计算机模拟的技术,创造出一个虚拟的环境,让用户感觉自己置身于其中。VR技术通常需要使用头戴式显示器、手柄等设备,以及专门的虚拟现实软件来呈现虚拟环境。

增强现实(Augmented Reality,AR),是一种将计算机生成的虚拟信息与真实世界场景相结合的技术。通过使用AR技术,用户可以在现实场景中看到虚拟元素。AR技术通常需要使用摄像头和显示器等设备来呈现虚拟信息。

AR和VR是两种与虚拟现实相关的技术,提供了新的沉浸式体验和交互方式。AR技术可以增强我们对真实世界的感知，为我们提供更多的信息和互动方式。而 VR 技术则可以创造一个完全虚拟的环境，并让我们感觉自己置身其中。

中国信息通信研究院发布的《虚拟（增强）现实白皮书（2017 年）》对 VR/AR 目标的理解是：借助近眼显示、感知交互、渲染处理、网络传输和内容制作等新一代信息通信技术，构建跨越端管云的新业态，满足用户在身临其境等方面的体验需求，进而促进信息消费扩大升级与传统行业的融合创新。沉浸体验的提升有赖于相关技术的突破和进步，是分阶段演进的过程，VR 沉浸感分级体验如图 4-20 所示，VR 沉浸体验及网络需求见表 4-4。

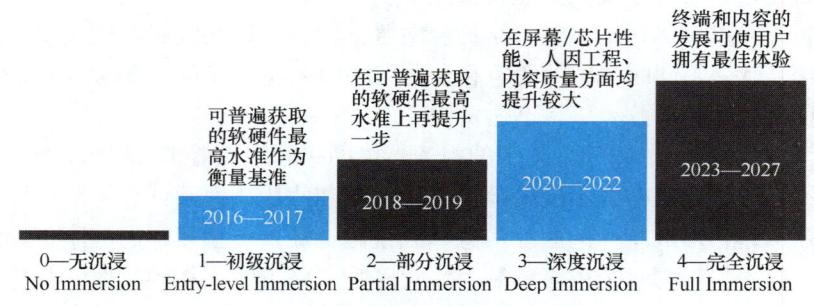

图 4-20　虚拟现实沉浸感分级体验

表 4-4　虚拟现实沉浸体验及网络需求

等级	指标			
	视频分辨率门槛	单眼分辨率门槛	典型网络带宽需求	典型网络 RTT 需求
初级沉浸（EI）	全视角 4K 2D 视频（全画面分辨率 3840×1920）	960×960 FOV 100°（约 20PPD）	20~50Mbit/s	<40ms
部分沉浸（PI）	全视角 8K 2D 视频（全画面分辨率 7680×3840）	1920×1920 FOV 100°（约 20PPD）	50~200Mbit/s	<30ms
深度沉浸（DI）	全视角 12K 2D 视频（全画面分辨率 1152×5760）	3840×3840 FOV 100°（约 30PPD）	200Mbit/s~1Gbit/s	<20ms
完全沉浸（FI）	全视角 24K 3D 视频（全画面分辨率 23040×11520）	7680×7680 FOV 120°（约 60PPD）	2~5Gbit/s	<10ms

VR 与 AR 彼此独立，两者在关键器件、终端形态上相似性较多，而在关键技术和应用领域上有所差异。VR 通过隔绝式的音视频内容带来沉浸感体验，对显示画质要求较高。AR 强调虚拟信息与现实环境的"无缝"融合，对感知交互要求较高。此外，VR 侧重游戏、视频、直播与社交等大众市场，AR 侧重工业、军事等垂直应用。随着技术与产业的不断发展，预计未来 VR 与 AR 终端将由分立走向融合，两者"在山脚分手，在山顶汇合"。

图 4-21 所示为苹果公司发布的虚拟现实设备 Apple Vision Pro，于 2024 年年初首先在美国上市。Apple Vision Pro 运行全球首款空间操作系统 visionOS，让用户通过最自然直观的输入方式——眼、手和声音，与实体空间中的数字内容交互，并且支持全球 Apple 开发者利用 Apple Vision Pro 与 visionOS 打造涵盖效率、设计、游戏等多种类别的全新的空间计算 APP，无缝融合虚拟内容与实体世界，呈现沉浸式的新体验。

图 4-21　虚拟现实设备 Apple Vision Pro

4.8.2　VR/AR关键技术

VR 涉及多技术领域，技术架构可划分为"五横两纵"，如图 4-22 所示。由于 VR 所固有的多领域交叉复合的发展特性，多种技术交织混杂，且产品定义处于发展初期，相关的技术轨道尚未完全定型，目前对关键技术的界定及技术体系的划分尚不明确，中国信息通信研究院发布的《虚拟（增强）现实白皮书（2017）》尝试针对 VR 技术的发展特性，提出"五横两纵"的技术体系及其划分依据。"五横"是指近眼显示、感知交互、网络传输、渲染处理与内容制作的五大技术领域。"两纵"是指支撑 VR 技术发展的关键器件及设备与内容开发的工具及平台。

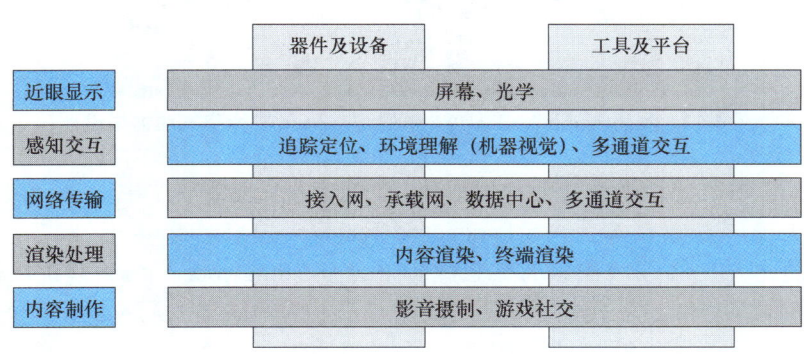

图 4-22　虚拟现实技术"五横两纵"技术架构

4.8.3　VR/AR发展趋势及应用

VR 业务形态丰富，产业潜力大，社会效益强，以 VR 为代表的新一轮科技和产业革命蓄势待发，虚拟经济与实体经济的结合，将给人们的生产方式和生活方式带来革命性变化。

目前，VR应用可分为行业应用和大众应用，行业应用主要包括工业、医疗、教育、军事、电子商务等，大众应用包括游戏、社交、影视和直播。VR应用正在加速向生产与生活领域渗透，"VR/AR+"（VR/AR与其他领域相结合）的时代已开启，高盛公司预测2025年全球VR软件应用规模将达到450亿美元，其中游戏、社交、影视、直播类由大众推动，其余应用领域主要由企业及公共部门推动。

当前，VR被列为智能制造核心信息设备领域的关键技术之一，其基础是智能制造各个环节的信息获取、实时通信，以实现动态交互、决策分析和控制。以汽车产业为例，VR技术在需求分析、总体设计、工艺设计、生产制造、测试实验、使用维护等环节的应用，实现了汽车设计制造测试的一体化。汽车厂商凭借VR可视化、可交互的技术特点，在与真实汽车同比例的虚拟空间中，动态调整设计细节与总体原型，同时进行各类路试、碰撞测试、风洞测试，通过虚拟设计、生产模拟、工艺分析与虚拟试验，大幅缩短了新车研发周期，降低了研发成本。

JigSpace的CEO兼联合创始人Zac Duff表示，JigSpace与Apple Vision Pro支持用户和企业以全新方式轻松交流创意、推广产品。它使用公司已有的高分辨率CAD文件，因此这些企业的市场营销、销售、产品或支持团队都能安全地与同事或世界各地的顾客合作，往往只需要极短的时间就能帮助人们理解产品。这种快速高效的传播效果，此前是不可能实现的。图4-23所示为利用Apple Vision Pro中的JigSpace进行空气动力学设计。

图4-23 利用Apple Vision Pro中的JigSpace进行空气动力学设计

以工业互联网平台和物联网平台为基础，VR成为实现数字孪生的核心技术之一。以工业软件巨头美国参数技术公司（Parametric Technology Corporation，PTC）为例，PTC将其在产品设计、PLM领域积累的核心优势整合至Thingworx平台，并推出以数字化映射为基础的整体框架和一揽子解决方案。依托Creo、Windchill、Axeda等本公司研发的平台软件，在虚拟空间中构建出与物理世界完全对等的数字镜像，形成将产品研发、生产制造、商业推广三个维度的数据全部汇集的基础，其VR解决方案Vuforia实现了数据信息与真实物理环境间的互动，成为进行阶段性数据验证、业务流程参考的重要依托。

PTC AR/VR部门首席技术官Stephen Prideaux-Ghee表示，生产商可以利用PTC的AR解决方案将交互式3D内容带入现实世界以协同处理关键的业务问题，无论是单一产品还是整条产品线。并且，依托Apple Vision Pro，来自不同部门、位于不同地点的相关方可同时查看内容，做出设计和运营决策。图 4-24 所示为在 Apple Vision Pro 中显示的交互式 3D 生产线。

图 4-24　在 Apple Vision Pro 中显示的交互式 3D 生产线

参 考 文 献

[1] 陈明，梁乃超. 智能制造之路：数字化工厂 [M]. 北京：机械工业出版社，2016.
[2] 宋炯，柏松平，王燕华. 基于人工智能的图像识别技术探讨 [J]. 科技传播，2018，10（1）：106-107.
[3] 安筱鹏. 物联网在工业领域中的应用 [N]. 中国计算机报，2010-04-26（16）.
[4] 龚强. 云计算应用展望与思考 [J]. 信息技术，2013，37（1）：1-4.

科学家科学史
"两弹一星"功勋
科学家：孙家栋

第 5 章

离散型智能制造

PPT 课件

在工业 4.0 信息物理融合系统 CPS 的支持下,离散制造业需要实现生产设备网络化、生产数据可视化、生产文档无纸化、生产过程透明化、生产现场无人化等先进技术应用,做到纵向、横向和端到端的集成,以实现优质、高效、低耗、清洁、灵活的生产,从而建立基于工业大数据和互联网的智能工厂,即为离散型制造智能工厂。

离散型智能制造推动了传统制造业向高技术、高附加值方向发展,有助于提升产业链水平,增强国际竞争力;离散型智能制造有助于实现资源的高效利用和环境保护,通过精准的生产管理减少资源浪费,降低生产过程中的环境污染,促进经济社会的可持续发展;通过智能化的生产线和自动化设备,可以大幅提高生产率,减少人力成本,同时增加生产过程的灵活性,快速响应市场变化和客户需求。随着技术的不断进步和应用的深入,离散型智能制造在国民经济中的作用将越来越显著。

本章将以离散型智能制造为对象,从其内涵、架构与典型案例三个方面对离散型制造企业未来的制造系统——离散型制造智能工厂展开叙述。

5.1 离散型智能制造的内涵

5.1.1 离散型制造概述

离散型制造的生产过程是指先将原材料加工成零件,再经部件组装和总体组装成为成品,完全按照装配方式生产加工的过程。离散型制造过程中,物料离散地、间断地按一定工艺顺序运动,在运动中不断改变形态和性能,最后形成产品。离散型制造生产的产品是可数的,零件、半成品和成品之间存在一定的定量关系。离散型产品在日常生活中随处可见,如图 5-1 所示。例如钟表、汽车、发动机、电子设备等,都是由一系列数量确定的零部件经过加工装配而成。离散型制造企业差异较大,既有按订单生产的订货式制造,也有按库存生产的备货式制造;既有大批量生产,也有单件小批量生产。

从完整的制造环节来看,离散型制造在市场需求、产品开发、物料供应、产品生产四个方面具有显著的特点。在订单侧,客户对离散型制造产品的个性化需求较多,根据不同需求定制的产品变化较大。为灵活地满足不同的需求,离散型制造产品往往设计为由可拆分的零部件组装而成,零部件的替换与配合可满足不同的功能需求。根据设计要求,这类产品的生产往往需要种类繁多、数量较大的原材料、外购件、外协件与标准件；同时，总体设计也决定了产品的加工效率、质量与性能。在生产侧，离散型制造产品的生产往往由多个毛坯或零件，经过一系列不连续的工序进行加工、装配而成；因此，整个生产过程通常被分解成很多加工或装配任务，每项任务仅要求企业的小部分能力和资源。一般而言，功能类似的设备可按照空间和行政管理建成一些生产组织，如部门、工段或小组等；在每个部门，工件从一个工作中心到另外一个工作中心进行不同类型的工序。

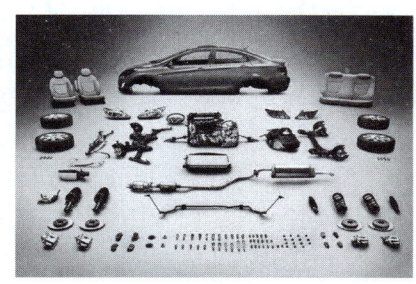 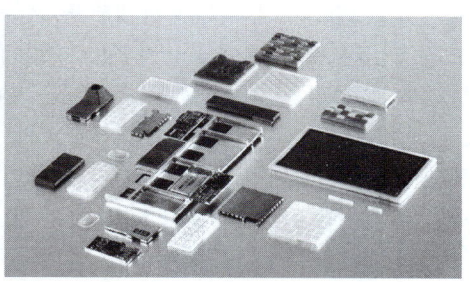

a）汽车　　　　　　　　　　　　b）手机

图 5-1　常见的离散型制造产品

总体而言，离散型制造业主要有以下特点：
1）产品个性化需求多、定制变化大、产品种类多、规格繁杂、功能多样化。
2）产品设计为多个零部件组装而成，设计结构复杂，技术难度较大。
3）生产过程中大批大量、单件生产混合，生产管理难度大。
4）产品原料需求量大、种类繁多，生产工艺链长，协作关系复杂，物流管理复杂。

5.1.2　离散型制造业开展智能制造的必要性与可行性

20 世纪 60~70 年代，面对用户需求量大、竞争比较缓和的市场环境，在全球范围内，无论是装备制造商还是消费品生产企业，都以扩大生产规模、降低生产成本、抢占市场份额为主要目标，实现其产业化发展。到 20 世纪 80~90 年代，精益生产、敏捷制造等当时先进的生产方式对离散制造业的发展有着重大的影响，伴随着市场空间的不断缩小，制造企业提升竞争力的主要潮流向追求产品质量、加快市场响应能力方向转变。

进入 21 世纪，在资源配置日益便捷、生产成本不断降低和用户个性需求变化快等因素的影响下，制造业需要适应变化更快、要求更高的市场需求。在高新技术和先进制造理念的推动下，全球化、数字化、网络化、智能化和绿色化是离散型制造业发展的主要趋势。

在全球化的潮流中，为应对竞争强度不断提升的市场、客户趋向多元化的需求，传统离散型制造模式已不能满足企业跟进发展的步伐，制造企业急需向数字化、网络化、智能化方向进行改造。在实现离散型智能制造的过程中，离散型制造企业或多或少面临如下问题：

1）生产层级自动化程度差别大。产品的生产可能通过流水产线、数控机床组成的柔性制造系统（Flexible Manufacture System，FMS）、柔性制造单元（Flexible Manufacture Component，FMC）、分布式数控（Distributed Numerical Control，DNC）系统等，甚至手

工作业完成。

2) 数据采集方式随底层自动化的不同而不同。联网的数控机床系统可以方便获取生产信息和设备运行状态信息；对于手工作业的车间只能靠条形码、RFID等技术获取信息。

3) 物流管理复杂。离散型制造产品根据其设计要求，所需的原材料品种多、需求量较大，外购件、外协件和标准件多，生产工艺链长，协作关系复杂，导致物流管理复杂。

4) 生产计划调度困难。离散型制造产品品种多、批量变化大、产品结构复杂、生产过程不连续、生产工艺随零件与加工设备的不同而不同，导致产品生产计划调度较为困难。

5) 系统集成困难。由于配套设备繁多、数据结构差异，MES与底层控制系统的集成往往难以实现。

6) 车间形态不同，管理需求不同。根据生产对象不同，离散型制造车间可分为铸造车间、锻造车间、热处理车间、机械加工车间、装配车间等，各车间生产模式、目标均不相同，因而使用管理的需求也不同。

虽然离散型制造企业在向智能化制造迈进的过程中存在上述问题，但是在离散型产品制造过程中，由于产品生产一般在常温、固体状态下进行，零部件的加工与装配过程、设备运动状态大多可采用线性模型进行描述，从这一角度出发，离散型制造较易实现数字化管理。只要有足够的计算能力和有效得当的算法，离散型产品生产过程的物理机制和模型在原理上是可以实现数字化、网络化与智能化的。

随着RFID、传感器网、工业无线网络等物联网技术和普适计算技术的成熟和发展，在无处不在的感知服务与智能化信息服务的基础上，新一代信息化制造技术正在不断地发展与完善。在离散型制造过程中，新一代信息化制造技术可主动感知产品生产过程、人机交互过程、供应链与物流过程，将原有离散的、杂乱的、滞后的制造过程和管理流程变得实时、有序，实现离散型制造过程的数字化与透明化。在技术发展与市场竞争的双重驱动下，传统离散型制造工厂的运作模式正逐渐被带有智能特征的新型制造模式所代替。我国明确提出了深化信息化与工业化的"两化融合"，发展一批具有高度自动化、柔性与智能特征的离散型制造智能工厂。在技术、市场、政策的三重驱动下，离散型智能制造在我国已崭露头角。

离散型智能制造的产生和发展是一个长期的渐进过程。它顺应全球制造业总体发展趋势，符合制造全球化、数字化、智能化和绿色化发展要求，是经济、社会、科技共同发展和作用的必然结果。

5.1.3 离散型智能制造的内涵与特征

离散型智能制造是面向未来的离散型制造企业的新型制造模式，具有高度自动化、柔性化、数字化与智能化。离散型智能制造以物联技术为基础，其制造模式与管理模式建立在泛在信息感知、智能信息服务和先进制造技术之上。相对于传统离散型制造工厂，离散型制造智能工厂对个性化、大批量生产具有实时动态调度的能力，制造系统具有快速重构能力，因此能针对产品和环境变化进行快速应变，从而大幅提高生产效率。

离散型智能制造的基本特征可从智能化生产、智能化管理与智能化环境和决策三个方面进行概述。

1. 智能化生产

（1）具有自主感知与自主决策能力的智能化设备　智能化设备可主动感知周围环境与自身状态的变化，理解外界与自身的状态信息，根据情景变化进行判断、分析，并规划自身行为；智能化设备可自动识别加工对象身份，根据加工对象的个性化特征进行分析决策，执行特定的工艺操作；智能化设备可根据自身运行状况对预期故障状况进行诊断、预测和自调整。

（2）智能化仓储管理与物流供应　智能化仓储管理系统可自主感知、实时优化与智能决策，具体表现为对库存信息、库房系统运行状态及环境状态的主动感知，对流转过程的实时监控和智能化分析决策，以及对上下游请求与服务的无缝接入。

（3）基于高度自动化与数字化的柔性化、自组织生产　生产过程高度自动化、少人化甚至无人化；制造系统具有协调、重组及扩充特性；系统各部分可实现完全自主调度，根据工作任务，能够快速整合系统中的加工资源，实现个性化订单的自组织生产。

（4）自动化质量检测与处理在检测环节　利用自动化检测设备对所要求的各种检测参数进行自动检测，自动生成检测报告和处理意见。

2. 智能化管理

（1）制造资源管理与自主维护　生产环境内各制造资源（工作人员、设备、容器等）的状态参数（位置、设备健康状态参数、工况参数等）与环境参数（温度、湿度、噪声等）可被各种传感器及其他数据采集器件主动感知；制造资源管理系统具有自主学习功能，通过对工业数据的分析学习，实现知识库补充、更新，对感知到的实时信息进行智能分析，实现自主诊断、健康状态预测、自主维护等功能。

（2）制造过程数据管理与追溯　通过 RFID 等各类信息采集装置，实现制造过程中制造进度、物料位置、质量跟踪等的全流程跟踪与产品质量、资源消耗、生产过程等的信息追溯。

3. 智能化环境和决策

（1）一体化的网络环境　工厂内底层控制网络、传感网络与上层企业内网的互联互通，充分发挥无线网络的技术优势，支持多种无线传输协议的无线网络互联集成，生产现场网络、企业内部网络形成一体化网络环境，实现信息系统与物理系统的融合。

（2）智能决策　基于一体化网络环境，综合企业外部信息（供应链信息、客户信息等）与企业内部信息（人力资源信息、财务信息、物料信息、工厂生产过程信息、设备信息等），采用智能算法进行分析，实现不同层面的知识融合；依靠智能化制造系统面对复杂环境变化的自组织能力，实现生产计划制订、物料需求计划制订、实时调度、底层控制等制造全流程的智能化决策。

5.2　离散型智能制造的架构

5.2.1　离散型智能制造总体架构

根据离散型制造的特点，离散型制造企业智能化方向主要集中在工厂及车间总体设计、产品设计与工艺数据的数字化管理与智能分析、工艺流程及其布局的数字化模型建立、生产组织与管理的数字化与智能化调度、设备自动化与数字化程度的提升等。根据制造过程与数据流向，制造企业的离散型智能制造总体架构可分为生产资源层、工厂及车间层、企业层三层，如图 5-2 所示。

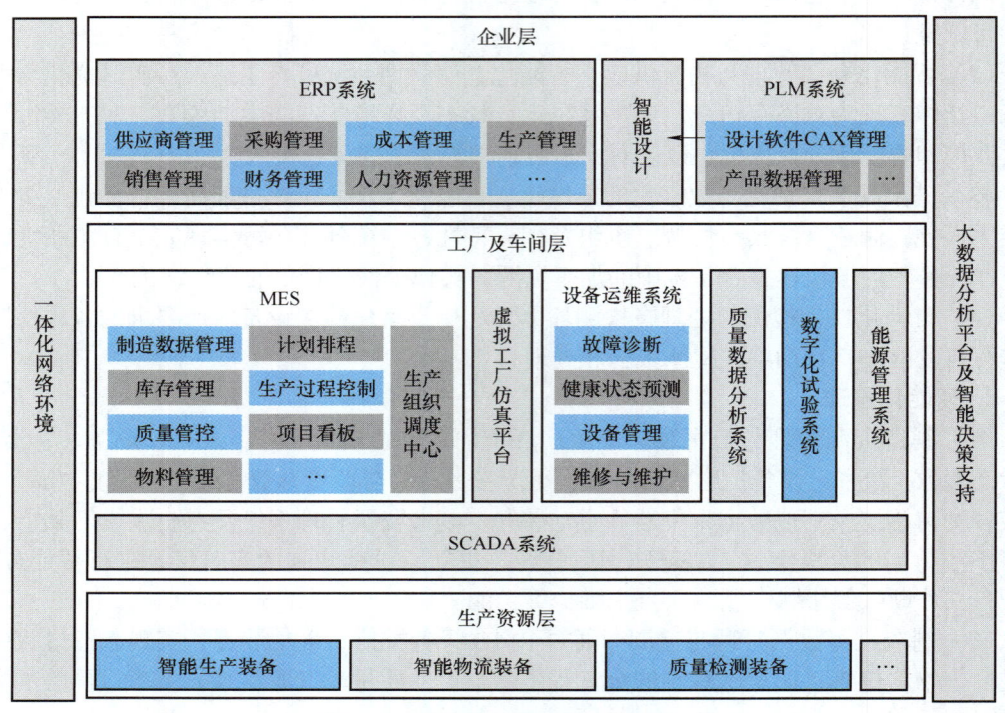

图 5-2 离散型智能制造总体架构

基于层次化的离散型智能制造架构，可实现离散型智能制造过程中产品需求、产品开发、物料供应、产品生产的横向贯通，依托新一代信息化制造技术，可实现离散型制造企业内部结构的纵向集成。架构中，企业层主要通过 EBP 系统与 PLM 系统对各项数据进行汇总管理与分析决策；工厂及车间层主要实现生产过程的管理与控制；生产资源层主要完成产品的生产过程与质量检测过程。此外，一体化网络环境可集成企业内外各类制造信息，依托各类智能算法进行智能决策支持，进一步实现制造系统的闭环控制。

5.2.2 企业层关键要素

企业层级主要通过 ERP 系统对各项数据进行汇总分析，实现供应商管理、采购管理、成本管理、生产管理、销售管理、财务管理等企业功能，同时可通过协同制造平台与 PLM 系统集成，实现对产品及其生产过程的优化、产品跨供应链的全流程追溯，提高企业竞争力。

1. ERP 系统

ERP 系统源于 MRP，在 MRP 的基础上，扩展了企业员工、资产、物料、产能、供应链、销售的管理。ERP 围绕产品生产所需的所有资源配置进行优化，达成信息流、物流、资金流三流合一，旨在最大程度减少资源占用。ERP 的功能构成如图 5-3 所示。

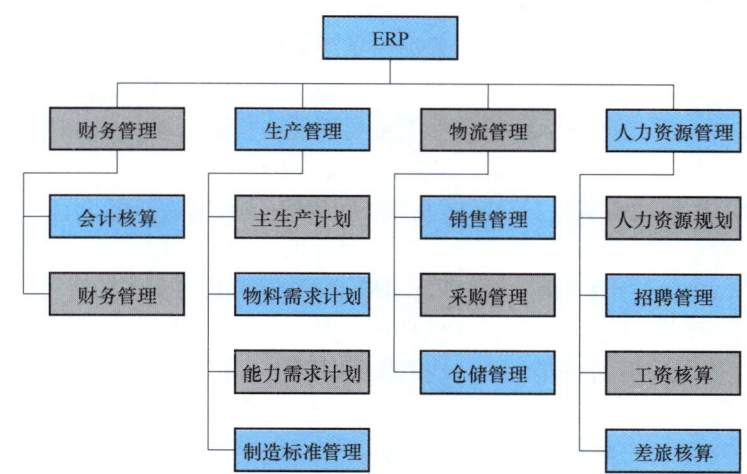

图 5-3　ERP 的功能构成

ERP 系统在离散型制造企业中的基本功能包括以下四点：

1）采购管理和销售管理。整合企业采购和销售环节，根据订单、库存、生产信息等制订采购计划；自动生成销售和采购信息，实现销售和采购的全程控制和跟踪。

2）财务管理。实现现金流向和预算的实时查询与预估功能，提高资金利用效率；财务业务一体化，自动生成财务报表，支撑财务决策。

3）生产管理。根据财务、订单、库存信息，实现生产计划制订与动态调度；对生产计划生成到产品入库计划完成的生产全过程进行严密的管理；实现生产流程的可视化管理，实时掌握当前生产状况。

4）仓储管理。涵盖所有的出入库明细，能实现复杂的存货出入库管理；可自动生成库存批号，实现物料、产品的追溯等多层次处理；对超储、失效存货等情况自定义预警，保持库存数量在合理水平，减少资金占用，避免物料积压或短缺；有效支持生产进行，并与采购、销售、生产、财务等系统实现数据双向传输，保证数据统一。

2. PLM 系统

PLM 系统是从 PDM 系统发展而来的针对产品的全流程管理系统，PLM 包含了从人们对产品的需求生成开始，到产品淘汰报废的全部生命历程信息。

PLM 系统作为企业管理产品信息的基础平台，所有和产品相关的人员都可通过 PLM 系统实现数据共享和业务协同，提高工作效率。PLM 系统包含的主要内容有应用软件及管理软件集成、文档管理、工作流管控、产品结构管理、权限管理、构型管理、工程变更及控制、数据可视化和项目管理等。PLM 的功能构成如图 5-4 所示。

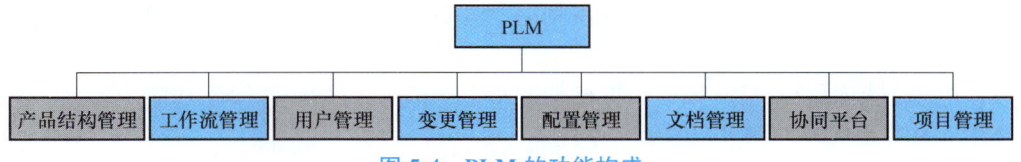

图 5-4　PLM 的功能构成

3. 智能设计

制造业的信息化和经济的全球化使制造业产品的全球市场竞争加剧，市场对产品功能、产品质量、响应速度、性价比等要素提出了更高的要求。在整个制造过程中，产品设计的成本仅占制造总成本的 3% 左右，却决定了产品总成本的 70%，设计过程对产品结构、功能、质量、成本、可制造性、可维修性等主要性能指标都有重要影响。由此，采用智能化设计快速提升产品的研发水平和能力是制造业竞争的关键之一。

智能设计的设计过程独立于 PLM 系统，但其依赖的数字化设计软件 CAX（包括 CAD/CAE/CAM/CAPP）及其集成系统、产品设计信息都由 PLM 系统管理。从设计任务来分，设计工作主要可分为两类：基于数学模型的数值处理等计算型工作与图形绘制工作、基于符号性知识模型与符号处理的推理型工作。

随着计算机技术的不断进步，CAD 技术的发展大大扩展了技术人员的设计能力。传统 CAD 主要完成基于数学模型的数值处理等计算型工作与图形绘制工作；而更进一步的推理型工作则是智能化 CAD 与智能设计的发展方向与主要任务，即利用计算机代替人做设计当中的决策，实现计算机的自主决策，这主要需要完成两个基本任务：将设计过程中的决策活动模型化为复合知识模型、利用计算机系统自动进行基于知识的推理过程。

5.2.3 工厂及车间层关键要素

工厂及车间层主要包含 SCADA 系统、MES、设备运维管理系统及虚拟工厂仿真平台。其中，SCADA 系统主要完成底层生产单元的状态数据采集、控制指令的下发等任务，同时也对采集的数据进行规范化处理，而后分发给各个功能模块；MES 根据 ERP 系统下发的生产计划，实现工厂及车间级生产调度，并通过对底层设备的管控实现生产过程的控制；设备运维管理系统主要根据监控数据获取设备的健康状态，实现预测性维护；虚拟工厂仿真平台通过对生产过程进行仿真分析，支撑技术人员对工厂布局、生产工艺的优化。

（1）SCADA 系统　SCADA 系统是以计算机为基础的分布式控制与自动化监控系统。SCADA 系统拥有多种网络通信方式，可对底层生产单元中的多种数据进行实时采集，可对底层生产单元发放控制指令，能够处理大量数据。

（2）MES　MES 即制造企业制造执行系统，是一套面向制造企业车间执行层的生产信息化管理系统。美国先进制造研究中心将 MES 定义为位于上层的计划管理系统与底层工业控制之间的面向车间层的管理系统。MES 主要完成企业层生产决策到实际生产过程中的衔接工作，是企业层 ERP、PLM 等系统与底层生产单元间必不可少的中转环节，其主要功能可概括为车间及工厂级的生产调度工作与车间及工厂级的管控工作，具体如下：

1）车间生产计划优化。根据 ERP 的生产指令，紧密结合车间的人员、设备、物料等实时情况，进行工序级排产，得到优化的生产排程。

2）生产数据管理与追溯。对物料、在制品、废品进行全流程信息录入；根据生产需求进行调用查询，实现产品质量与在制品状态的全流程追溯；根据反馈数据优化管理业务。

3）电子看板管理。根据采集数据自动发布生产信息，实现生产流程透明化。

MES 的功能构成如图 5-5 所示。

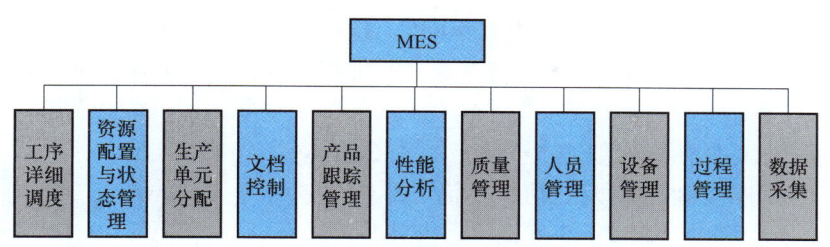

图 5-5　MES 的功能构成

（3）设备运维管理系统　设备运维管理系统可以准确、可靠、实时或周期性地进行设备状态的在线监测、数据存储、数据可视化展示，对监测数据进行有序融合与分析，制订维护与维修计划，实现预测性维护功能。

（4）虚拟工厂仿真平台　运用数字仿真技术，在虚拟环境中构建覆盖生产全过程所有作业单元的三维数字化虚拟工厂，合理高效地实现沉浸式、交互式空间形态展现，将抽象思维与直观感受相互联系，为数字化工厂及车间的规划提供评估手段与优化支持。

5.2.4　生产资源层关键要素

生产资源层主要包括完成整个生产过程所需的智能生产装备、智能物流装备与产品质量检测所需的装备，以及在智能制造模式下有机组合形成的智能制造系统。典型的离散型智能装备包括数控加工中心、多关节机器人、AGV、增材制造装备等。智能制造模式包括柔性制造与自组织制造。

1. 智能化装备

（1）数控加工中心　数控加工中心（Computer Numerically Controlled Production Center，CNCPC）是从数控机床（Computer Numerical Controlled Machine Tool，CNCMT）发展而来的，是由机械设备与数控系统组成的适用于加工复杂零件的高效率自动化机床，如图 5-6 所示。与数控机床的最大区别在于，CNCPC 具有自动更换加工刀具的能力，可在一次装夹中通过自动换刀装置改变主轴上的加工刀具，实现铣削、镗削、钻削、攻螺纹和切削螺纹等功能的集中。对于形状较复杂、精度要求较高的单件加工或中小批量的多品种生产，其效率是普通设备的 5~10 倍。

图 5-6　五轴联动数控加工中心

（2）工业机器人　工业机器人是面向工业领域的多关节机械手或多自由度的机器装置，它能自动执行工作，是靠自身动力和控制能力来实现各种功能的一种机器。它可以接受人类指挥,也可以按照预先编排的程序运行,现代的工业机器人还可以利用人工智能技术更智能地工作。工业机器人的主要特点有:可编程、拟人化、通用性和涉及机电一体化技术。

典型的多轴工业机器人如图 5-7 所示。相对本体尺寸,机器人的工作空间比较大、动作灵活、结构紧凑、占地面积小、有很高的自由度,5~6 轴机器人几乎可适合任何轨迹或角度的工作。

(3) AGV　AGV 是指通过磁条、激光或轨道等装置自动导引,沿规划好的路径行驶,以电池为动力,并且装备安全保护及各种辅助机构(例如移载、装配机构)的无人驾驶的自动化车辆,如图 5-8 所示。通常多台

图 5-7　多轴机器人本体

AGV 与控制计算机(控制台)、导航设备、充电设备及周边附属设备组成 AGV 系统,主要工作原理为:在控制计算机的监控及任务调度下,AGV 可以准确地按照规定的路径行驶,到达任务指定位置后,完成一系列的作业任务。离散生产中 AGV 物料配送现场与布局如图 5-9 所示。AGV 的主要特点有:自动化程度高、充电自动化、电池寿命和采用电池的类型与技术有关、美观、方便以及占地面积较小。

图 5-8　AGV

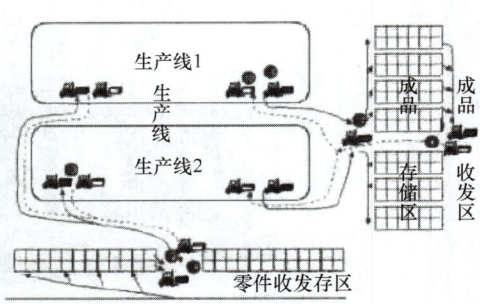

图 5-9　离散生产中 AGV 物料配送现场与布局

(4) 增材制造装备　增材制造俗称 3D 打印,是融合了计算机辅助设计、材料加工与成形技术,以数字模型文件为基础,通过软件与数控系统将专用的金属材料、非金属材料

及医用生物材料,按照挤压、烧结、熔融、光固化、喷射等方式逐层堆积,制造出实体物品的制造技术。与传统的、对原材料去除的先切削、再组装的加工模式不同,增材制造是一种"自下而上"通过材料累加的制造方法实现零件从无到有的制造过程。这使得过去受传统制造方式约束而无法实现的复杂结构件的制造变为可能,同时满足离散型制造中的个性化需求,3D 打印设备与其个性化定制产品如图 5-10 所示。

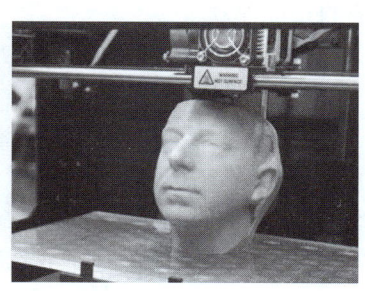

图 5-10 3D 打印设备与其个性化定制产品

增材制造技术不需要传统的刀具、夹具及多道加工工序,利用三维设计数据在一台设备上即可快速而精确地制造出任意复杂形状的零件,从而实现"自由制造",可制造许多过去难以制造的复杂结构零件,并大大减少加工工序,缩短加工周期。而且越是结构复杂的产品,制造的速度作用越显著。该技术一出现就取得了快速的发展,在各个领域都获得了广泛的应用,如在消费电子产品、汽车、航空航天、医疗、军事、地理信息、艺术设计等领域。

2. 智能制造模式

(1)柔性制造 柔性制造是指在计算机的支持下,能适应不同品种产品的生产要求不断变化的市场需求和系统内外的其他不确定因素的新型制造模式。

制造过程中的柔性主要包含加工柔性、工艺柔性、产品柔性、路径柔性、产量柔性、可扩展性、工艺路线柔性和生产柔性八类。加工柔性指设备通过切换刀具、改变装夹等方式加工复杂工件的能力;工艺柔性指生产不同工艺要求的产品的能力;产品柔性指生产过程中快速、经济地切换产品类型的能力;路径柔性指处理宕机、切换生产路径的能力;产量柔性指根据需求,灵活改变产量的能力;可扩展性指灵活重组、快速扩展生产系统的能力;工艺路线柔性指灵活调整工艺路线、改变设备运行状态的能力;生产柔性是指综合以上特点,结合生产实际,对制造系统柔性的总体评价。

根据以上八类柔性的侧重与程度的不同,柔性制造系统主要包含柔性加工单元、柔性制造系统、柔性自动生产线和多路径柔性生产线四种类型。柔性加工单元指由一台或数台数控机床或加工中心构成的加工单元,根据需要可以自动更换刀具和夹具从而加工不同的工件,适合加工形状复杂、工序简单、工时较长、批量小的零件,主要体现较大的加工柔性与工艺柔性;柔性制造系统是以数控机床或加工中心为基础、配以物料传送装置组成的生产系统,由计算机实现自动控制,能在不停机的情况下,满足多品种的加工,适合加工形状复杂、工序多、批量大的零件,具有较大的加工柔性、工艺柔性、产品柔性和路径柔性;柔性自动生产线是把多台可以调整的机床(多为专用机床)连接起来、配以自动运送装置组成的生产线,可以加工批量较大的不同规格零件,具有较大的工艺路线柔性和可扩展性,但其加工柔性、工艺柔性与路径柔性较低;多路径柔性生产线是包含多条柔性生产线且不同生产线可有机组合的生产线,同时具有柔性制造系统与柔性生产线的各种优点。

(2)自组织制造　所谓自组织是指不依赖外部指令,系统能够按照相互默契的某种规则,各尽其责而又相互协调地自动构成有序结构。随着网络技术与制造技术的深度融合,制造组织形态和制造过程都发生了很大的变化,新的制造系统满足开放性与非线性相互作用的特征,具有自组织结构。

针对单个企业而言,制造过程具有强实时性,信息化水平的提高使实时调度变得可行。传统离散车间受到如设备故障、紧急插单、工件返修、加工时间波动等多种不确定扰动因素带来的影响,依赖自组织生产、各智能生产单元间信息交互和单元内部的高效运算,可实现突发事件的动态处理。

具有自组织结构的制造系统拥有更强地驾驭复杂性的能力。非常复杂的制造过程可以通过跨行业、跨地区甚至跨国的制造企业按自组织原则组织起来,由相互作用的、相对简单的制造系统来实现。

具有自组织结构的制造系统拥有更强地适应环境的能力。各生产单元可以根据自身需求,见机行事,而不必待命或听命于某个指挥中心。因此,对于环境的随机变化和突然扰动,具有更为灵活机动的响应特性。

具有自组织结构的制造系统拥有更强的自行优化的能力。自组织制造系统一旦开始运行,就具有自提升功能,能够在内部机制的作用下,不断优化其组织结构,完善其运行模式。

5.2.5　一体化网络环境建设与智能决策支持

一体化网络环境主要通过主动感知技术与网络技术(互联网、无线网和物联网),汇集企业内外来自制造环境、各种制造过程、制造资源、管理系统等的信息,将物理与信息空间相互融合,实现企业内外各类信息的互联互通与透明化,如图5-11所示。一体化网络环境可通过底层生产单元集成与网络化纵向集成来实现。大数据分析平台依托于一体化网络环境,基于数据挖掘算法对生产资源层、工厂及车间层、企业层三个层级中的各类数据进行进一步的处理、加工、分析,提取其中的语义信息;基于智能决策算法(聚类分析、深度学习、迁移学习、关联规则分析)对大量原始的、信息密度低的数据进行提取与高度抽象,将其转化为知识,为三个层级的决策任务提供智能决策的支持,进一步实现对制造系统的闭环控制。

1. 底层生产单元集成

通过SCADA系统,将底层传感器网络实时监测的制造环境数据(声、热、光、电等)、制造过程状态数据、控制数据汇集,实现底层生产单元之间、底层生产单元与上层结构之间的互联互通与底层制造信息的集成。

2. 网络化横纵向集成

离散型制造业的制造过程与生产方式决定了产品在生产作业过程中信息复杂、不易控制生产计划和作业计划均衡生产难以得到保证。此外离散型制造中各个系统功能间存在交叉重叠,系统与系统之间的交互渠道较少,信息在各个系统间难以形成完整的循环。

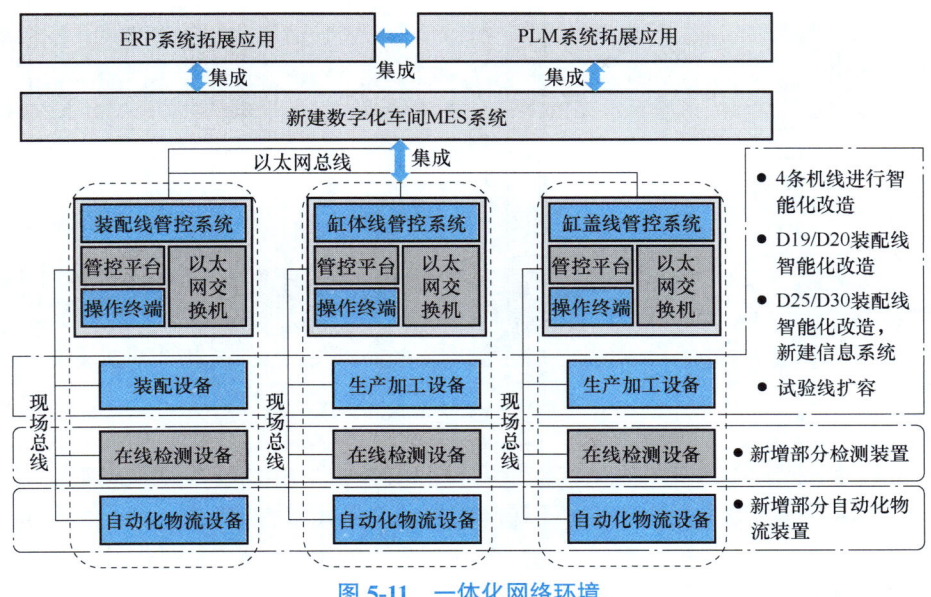

图 5-11 一体化网络环境

网络化横纵向集成主要就是解决企业内部的系统功能交叉与信息孤岛问题。其中，纵向集成主要需要实现以下目标：

1）实现从设计、工艺到制造、控制的数据自动化传递。

2）MES 作为企业中间层枢纽系统，起承上启下的作用。

3）上层系统数据自顶向下地分解传递到底层控制系统，形成管控数据流。

4）下层系统的数据自下向上地收集反馈到上层管理系统，形成状态数据流，作为分析与决策的依据。

企业内部的横向集成主要需要实现以下目标：

1）提高企业数字化、网络化、智能化的管理水平。

2）减少系统间数据的重复采集、存储工作。

3）统一数据格式，规范数据源头。

4）建立系统与系统、设备与设备、人与机器的互联沟通机制，提高信息利用效率。

在具体的实施过程中，横纵向集成可涵盖但不限于以下内容：

（1）ERP 系统与 PLM 系统集成　在企业层中，PLM 系统与 ERP 系统分别涉及产品数据管理与企业内部信息管理两个领域，两者之间稍有重叠。PLM 系统中存储的产品技术数据（设计数据、工艺数据、制造数据等）是进行生产活动的基础。而 ERP 系统则从后端的库存管理、财务管理、资源计划等向产品延伸。通过 PLM 系统与 ERP 系统的集成，能够建立技术信息化系统与管理信息化系统的连接，实现数据在信息化系统之间的传递、共享和交换。如设计部门可以从 PLM 系统中获取 ERP 系统中的物料库存信息（如毛坯、加工材料等信息）；PLM 系统中产品配套的外购件、外协件、标准件等的需求信息可以通过 ERP 系统传递给采购部门，由采购部门统一规划采购。ERP 与 PLM 的信息集成关系如图 5-12 所示。

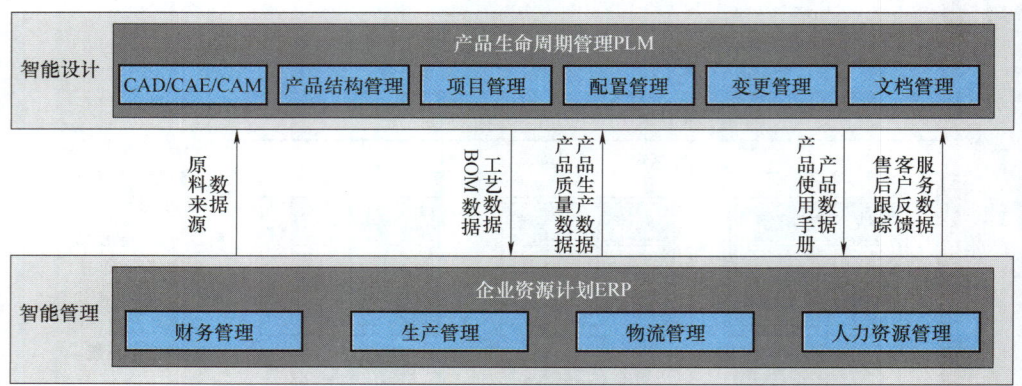

图 5-12　ERP 与 PLM 的信息集成关系

（2）ERP 系统与 MES 集成　在 ERP 系统与 MES 中，ERP 系统侧重宏观层面的生产决策，而决策的实际执行、更细节的计划排程与调度则由 MES 完成，两者之间是典型的上下层结构，如图 5-13 所示。通过 MES 与 ERP 系统的集成，MES 可获得 ERP 系统的物料信息作为精确排产的依据，保证生产的高效性和及时性；在完成了生产计划制订后，进行生产任务执行时，MES 可及时将工序状态信息、计划确认信息及产品交付信息反馈到 ERP 系统中，使得管理人员可以即时监控和跟踪生产计划的执行情况，并根据生产部门的产品交付信息实时采购、调整库存，为后续主生产计划的制订提供参考，以利于计划修改和滚动优化。ERP 与 MES 的信息集成关系如图 5-14 所示。

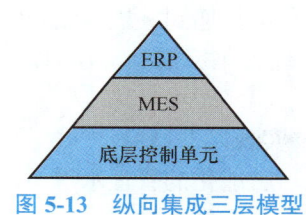

图 5-13　纵向集成三层模型

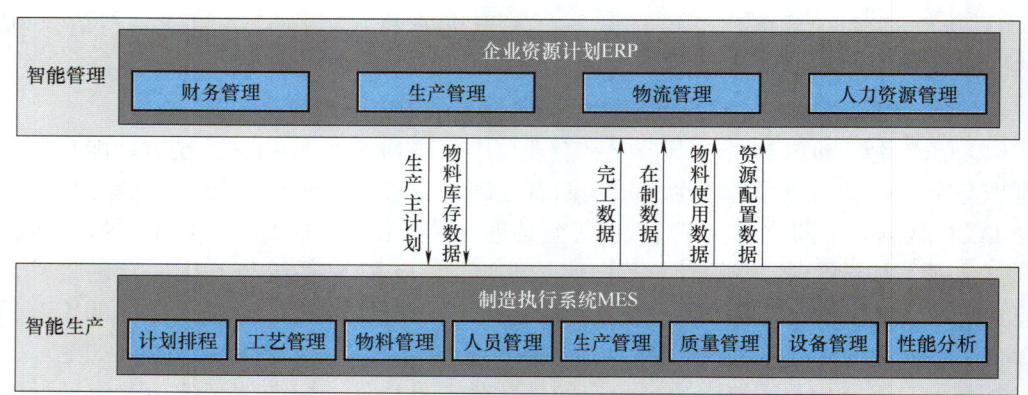

图 5-14　ERP 与 MES 的信息集成关系

（3）PLM 系统与 MES 集成　在 MES 与 PLM 系统中，PLM 系统偏重于产品信息的维护与管理，而产品的实际生产过程则由 MES 负责。通过 MES 与 PLM 系统的集成，MES 可从 PLM 系统中获得设计和工艺等信息，进行生产计划的编制和质量、进度的监控，以及在生产加工时对具体生产操作的指导，保证高效生产；MES 中记录的生产制造质量问题可以通过 PLM 系统及时地反馈给工艺与设计部门，实现质量、成本的分析和优化，探索更多、更快、更有效的生产价值链。PLM 与 MES 的信息集成关系如图 5-15 所示。

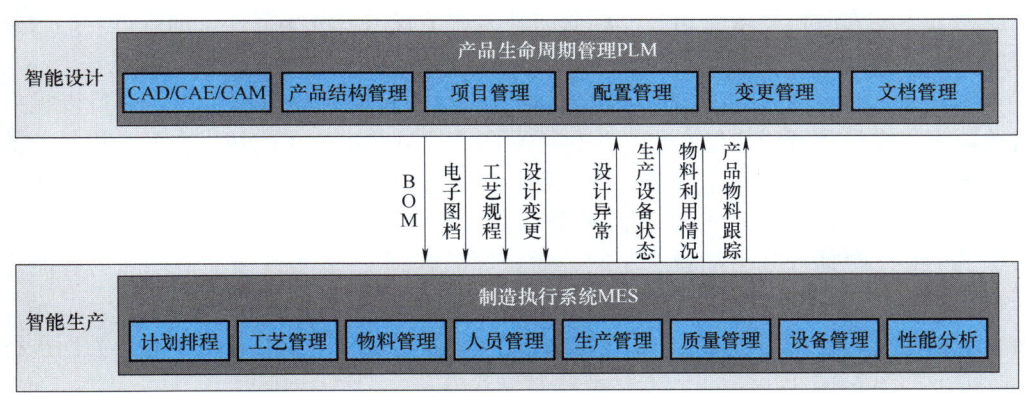

图 5-15　PLM 与 MES 的信息集成关系

3. 智能决策支持

随着信息技术产业与工业的深度融合，传统的工业数据也逐步向大数据模式转变。在离散型制造中，多样化的产品系列、复杂的设备组成、离散的生产过程等都在源源不断地产生工业大数据。21 世纪是从数据这片"土地"上钻出"石油"的时代，从体量大、信息密度高、时效性强的大数据中，可以分析、挖掘、提取出有价值的数据与知识，助力制造业的发展。

智能决策是离散型智能制造中供应链与物流管理的核心。需要对供应链与物流系统中的多个环节进行决策，如采购决策、库存决策、配送决策、营销决策、设施选址决策等。在制造服务中，企业与用户、供应商频繁接触，可以使企业掌握大量的外部信息；在制造过程中，产品设计、物料供应、生产管理、物流管理等过程可以使企业掌握大量的内部信息。智能决策支持指基于上述企业内外部数据，利用商务智能、人工智能和计算智能等方面的理论和方法辅助建立数学模型，再结合实际问题分析求解，给出最佳实施方案，为供应链与物流管理人员提供决策支持的过程。

供应链与物流决策强调供应链与物流所有环节的系统性、协调性、一致性、关联性、互动性和平衡性，通过智能化决策为企业合理定位、精确控制和准确决策提供依据。智能决策中心是整个供应链的业务集散与调度中心、信息处理中心、资金运作中心。智能决策中心对供应链与物流业务中的物流、信息流、资金流进行智能化规划、协调和控制，其目的是实现在正确的时间和地点，将正确的需求项目按照正确的数量交给正确的交易对象。

智能决策中心采用计划、协调与管理相结合的方式对供应链与物流业务及系统进行决策与优化。在规划和执行过程中，还可以针对意外情况进行协商和调整，如库存不足，则决策中心下发采购建议，由采购部门调整确定任务。

5.3 典型案例

5.3.1 案例基本情况

昆明云内动力股份有限公司,简称云内动力,是我国多缸小缸径柴油机行业的首家国有控股上市公司,开发和生产能力居同行业前列。

本案例为云内动力柴油发动机离散型制造工厂的智能化改造项目,该项目以提升柴油机的数字化设计和智能化生产水平为目标导向,通过数字化车间技术在发动机行业的应用,将铸造车间及乘柴车间建设成为汽车发动机制造数字化、智能化车间。智能化改造主要用于生产 D19、D20、D25、D30 四种柴油机,改造内容包括仿真、工艺设计、生产制造过程的管控(包括计划、物料、工艺、质量等的管理),以实现柴油机产品的智能化生产,年产能 40 万台以上。

本案例围绕四种柴油机的生产,建设了离散型智能工厂,主要着力于五个方面进行智能化改造,如图 5-16 所示。

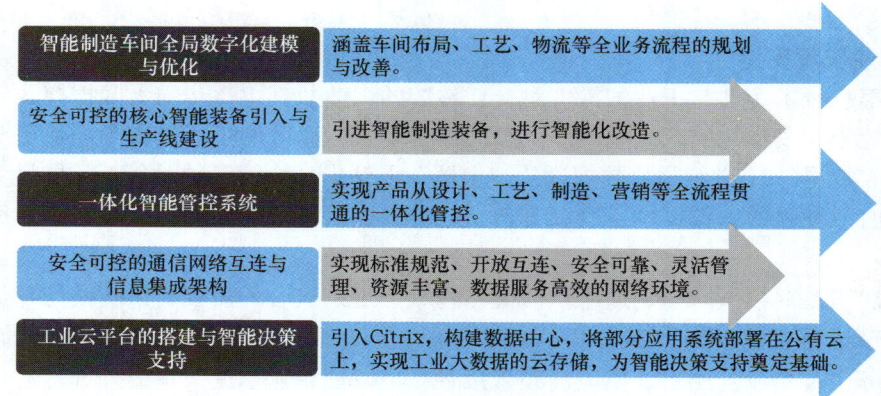

图 5-16 智能化改造的五个方面

5.3.2 柴油发动机生产车间智能化改造必要性

现代柴油发动机已发展成为机电一体化的高技术产品,在国家节能减排的经济发展目标下,内燃机是今后实现节能减排最具潜力、效果最为直观的产品。国家对排放、振动、噪声、能耗、机动车安全的政策和法规的逐个出台,用户对发动机动力性、经济性、可靠性要求越来越高。同时,为抓住制造业智能化的发展浪潮,依靠以信息技术为核心的智能制造技术,实现企业资源优化、生产率与产品质量提高、生产成本与能源消耗降低的智能化和绿色化发展,云内动力进行柴油发动机生产车间智能化改造十分必要。

此外,云内动力柴油机生产过程中主要存在以下问题:能耗信息主动感知与能耗优化问题亟待解决,产品质量难以精细化管控,产品试制周期长且制造工艺不稳定,产品的可制造性难以评估、工艺设计和验证手段落后,工艺知识缺乏有效管理,工厂物流急需具有相应仿真分析能力的支持系统等。

为此,云内动力运用当今先进的制造业数字化、网络化、智能化技术,实施了多缸小缸径柴油发动机制造车间智能化改造。

5.3.3 关键绩效指标

本案例中,针对D19、D20、D25、D30系列柴油发动机的铸造、乘柴车间改造,改造后关键绩效指标定为生产率提高20%以上,运营成本降低20%以上,产品研制周期缩短30%以上,产品不良率降低20%以上,能源利用率提高10%以上。智能化改造后,生产率提高79.22%,运营成本降低53.9%,产品研制周期缩短31.25%,产品不良率降低28.24%,能源利用率提高34.67%。

5.3.4 柴油发动机智能制造系统架构及智能化改造方案

本案例以柴油发动机的铸造、机加工、装配、试车涂装的智能装备及生产线为基础,以车间智能化管控系统为枢纽,结合产品数字化三维设计与工艺仿真、PDM、ERP等系统实现企业从设计、工艺到管理、制造、物流等环节的集成优化,全面提升企业的资源配置集约化、操作自动化、生产管理精细化和智能决策科学化水平。

如图5-17所示,柴油发动机智能制造架构主要分为企业协同层、企业层、工厂及车间层、生产资源层四个层次。接下来将按各层的改造措施和实现效果具体展开介绍。

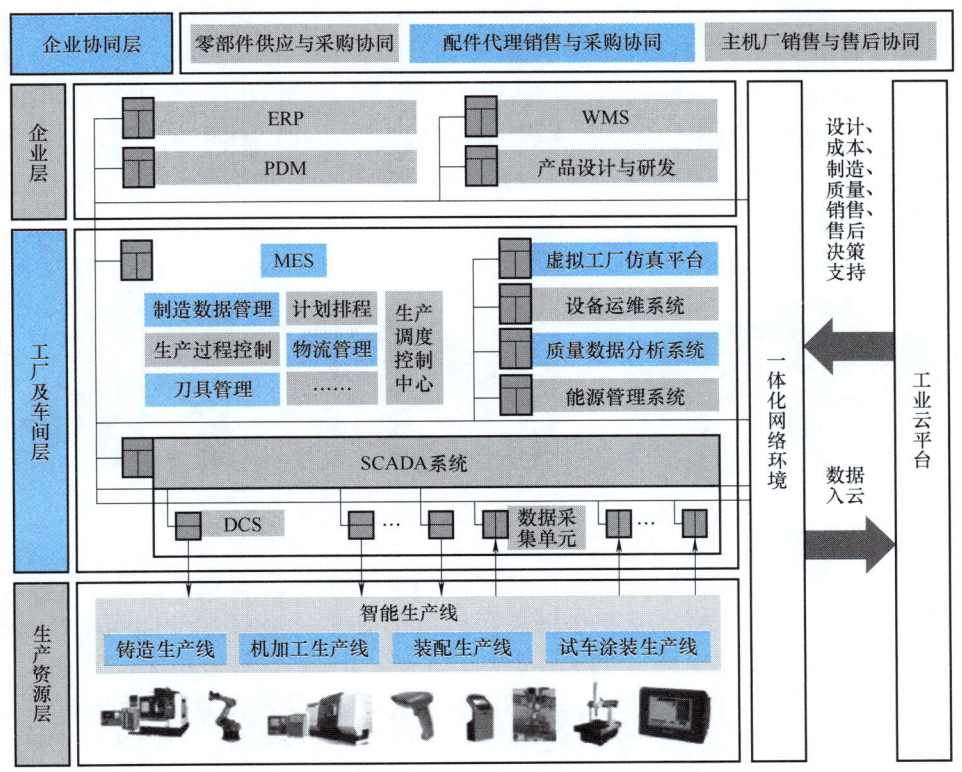

图5-17 柴油发动机智能制造架构

1. 企业层智能化改造实现

（1）ERP 系统生产管理与物料配套拓展建设　本案例中，云内动力采用浪潮的 ERP 系统，主要实现了销售管理、人力资源管理、生产管理、供应商管理四大功能。各个管理功能的实施效果如下：

1）销售管理上，实现了数据的规范化与销售流程的规范化，梳理了各个业务部门的职能职责，实现了业务分解与细化管理。销售业务数据在 ERP 系统中记录存档，销售各部门间数据共享，可快速有效地追踪任一单据的流转情况。销售系统的使用提高了工作效率，节省了不必要的办公成本。

2）人力资源管理上，帮助人力资源部门员工实现了人力资源数据和系统中业务流程的规范，转变了工作模式，提升了工作效率。

3）生产管理上，强化生产计划，实现了产供销平衡；优化了采购、收货、生产、入库等全流程中的制造单据流转过程，利用统一平台，使制造过程中各个部门乃至供应商都利用相同的系统进行办公协同，促进了部门间、公司间业务流程的规范衔接；完成了计划精准下达与及时反馈，与车间级 MES 集成，及时下发生产任务，及时获取 MES 完工数据，了解生产任务执行情况。

4）供应商管理上，开放供应商门户，将供应商纳入信息化体系中；规范供应商准入条件，对供应商进行动态、实时评价，控制风险，优化供应商渠道。

（2）PDM 系统建设　本案例中，云内动力首先建立 PDM 系统，作为 PLM 的基础，搭建了云内动力研发平台。通过技术文档的电子化管理，以及技术规范、研发工具、编码规则等的统一，实现了研发业务流程的规范化，多中心多用户可协同办公，各类数据实现了共享利用，极大地提高了研发效率。

（3）产品设计与研发　首先是计算机辅助设计与可靠性评价。云内动力采用 UG 软件支持实体造型、曲面造型虚拟装配和生成工程图等设计功能，如图 5-18 所示。此外还集成了 CAD、CAE、CAM 于一体的产品生命周期管理软件，支持产品从概念、设计、分析、制造的完整开发流程。

图 5-18　柴油机产品 CAD 设计模型

根据研发达到国家机动车污染物排放标准的柴油发动机产品对企业设计平台智能化能力的需求，采用商业 CAE、噪声、振动与声振粗糙度（Noise、Vibration、Harshness，NVH）仿真分析软件，建立发动机设计与开发技术知识库、计算方法库、数据库，确立计算结果的评估方法，实现柴油发动机的结构和性能计算、结构力学有限元分析、非线性结构多体动力学计算、运动学分析、热力学分析、流体动力学计算、气体动力学计算、材料力学计算、振动噪声和气动噪声仿真分析、电控策略仿真（电子控制技术），如图 5-19

所示。可高度迭代和预测的计算机辅助设计与可靠性评估软件的应用大幅缩短了产品的上市时间。

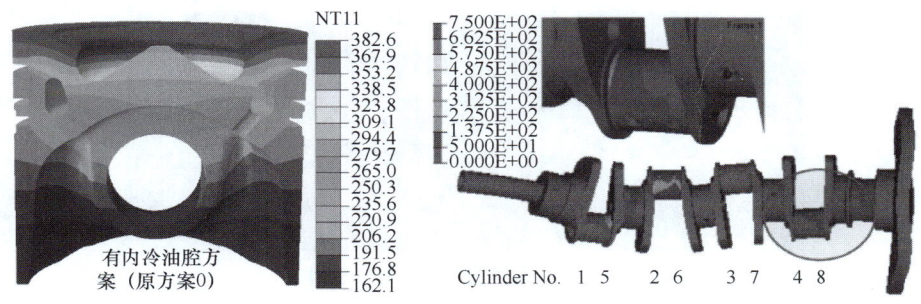

图 5-19　柴油机产品可靠性评价

其次是基于参数优化的智能化三维工艺规划。通过建立三维刀具柄库、工装夹具及设备库等，实现刀具轨迹和 NC 加工代码驱动的机床仿真，保证与实际加工环境的高度一致性，确保 NC 加工的安全性，提高 NC 程序的可靠性，完成工艺经验的积累，最终实现设计面向制造。如图 5-20 所示，通过构建机加工、装配、铸造的工艺仿真分析平台，提供了一个交互式的仿真环境，集成了加工仿真、自动路径求解等一系列核心功能。通过该平台可以仿真柴油发动机零部件的加工、装配路线，再以此为依据优化工艺，减少工艺验证时间和资金投入数量。

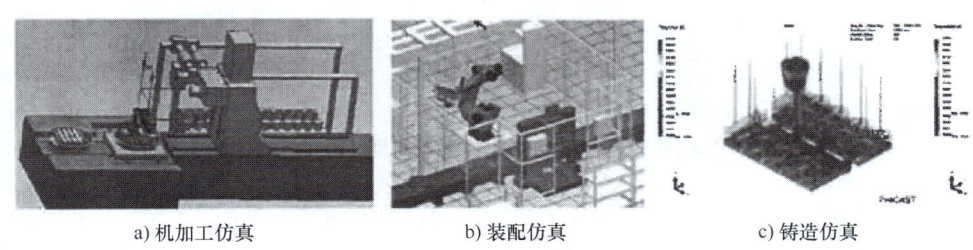

a) 机加工仿真　　　　　b) 装配仿真　　　　　c) 铸造仿真

图 5-20　智能化工艺规划与虚拟加工流程仿真

2. 工厂及车间级智能化改造实现

（1）精准化 MES　本案例中，车间 MES 的建设充分结合云内柴油机生产实际情况和企业经济发展需求，实现铸造、加工、装配过程的制造资源组织优化、生产过程透明可视化、物流过程数字化全程跟踪、全面质量管理和追溯、生产活动智能分析，实现人、机、物、料、法的实时闭环管控。柴油发动机 MES 架构如图 5-21 所示。

（2）虚拟工厂仿真平台　通过运用数字仿真技术，构建覆盖制造全过程所有作业单元的三维数字化仿真模型，通过沉浸式的交互体验，为云内数字化车间的规划提供全新的评估和展示手段。基于虚拟仿真技术，在三维虚拟环境中进行车间总体设计，涵盖从车间布局工艺和物流规划到工艺、物流展示的全业务流程，针对生产需求不断验证、修改工艺和物流方案，指导车间规划和进行现场改善，为后续其他项目的实施及新产品的制造提供依据。仿真平台的主要工作包括以下两个部分：

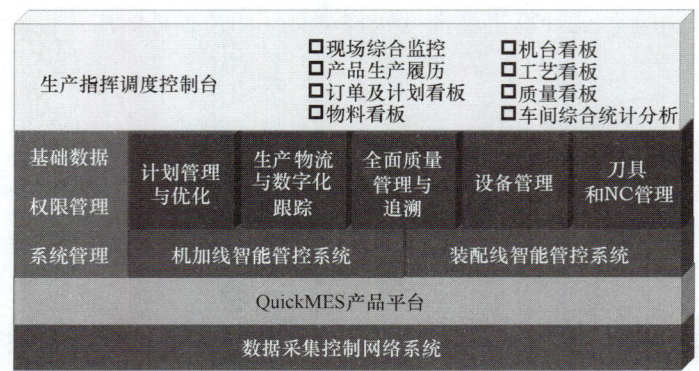

图 5-21　柴油发动机 MES 架构

首先是三维建模仿真与布局分析。通过开展乘柴（乘用柴油机）车间、铸造车间的三维数字化建模仿真与优化，进行乘柴车间自动化改造方案的布局规划和分析，并根据布局规划图进行生产元素三维数字模型的建立，如图 5-22 所示，具体包含：建立了百台设备的三维模型，覆盖了乘柴车间和铸造车间，形成了云内项目组设备模型库；开发了乘柴车间、铸造车间的三维场景漫游模式，实现了关键设备的快速浏览与动态演示。

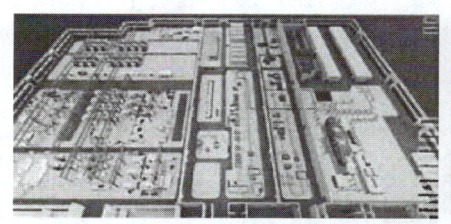
a) 乘柴车间布局全景图

b) 铸造车间局部图

图 5-22　三维建模仿真与布局分析

其次是生产系统仿真与分析。结合智能物流和自动化改造方案，基于生产系统仿真模型输出相关的生产仿真数据，验证需求的波动对物流配送准时率、物流设备效率等产生的影响，评估验证方案中物流设备、物流路径的合理性，优化线边缓存量等，如图 5-23 所示。

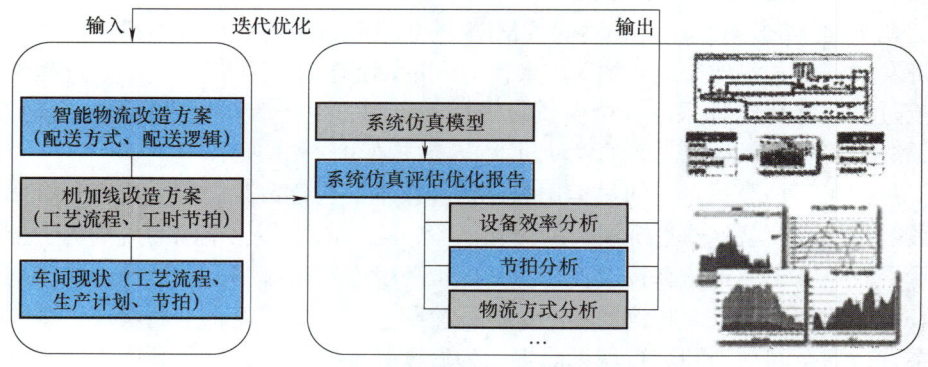

图 5-23　生产系统仿真过程示意图

(3)设备运维管理系统 本案例中,云内动力所建设备的运维管理系统包括 1 套设备运维管理系统软件平台、1 套试车台架故障在线监测系统、2 套加工中心故障在线监测系统、1 套关键设备巡检系统(包括 2 个手持终端)、1 套设备点检系统(包括 8 个手持终端)。该系统建成后达到的成效有:点检、巡检流程规范化,维护记录可追溯;以状态维护与维修取代计划性维修;以综合状态监测与点检手段取代人工检测与简单的点检手段;以网络数据化共享取代手工报表的信息通道。

(4)能源管理系统 本案例中,云内动力所建能源管理系统包括 1 套能源管理系统软件平台、44 台接入能源采集终端、619 只接入电能表。系统实现了数据召测、冻结表码、终端调试、任务补招、产量录入、能耗标准录入、电能耗查询及分析、报表分析、报表管理、能耗展示、实际单位能耗分析等具体功能。系统建成后,对各车间重要用能工序或单元进行用能监控,对比标准化指标,通过数据分析制订节能措施,跟踪措施落实情况。

(5)采用 SCADA 系统实现异构环境下生产过程数据的实时感知、采集与识别 发动机生产过程所涉及的生产数据类型多、产生途径多、产生频率各异、数据量大、实时性高,因此必须基于完整、实时的车间生产数据的感知、采集与识别来实现计划反馈、历史数据追溯、生产过程可视、企业生产过程持续改进。

生产线现场设备通过现场总线实现设备级连接,关键智能部件及工位智能终端通过工业以太网与车间服务器实现互联。系统能自动地采集机床数据、状态和工件的特定信息,通过提供 OPC 服务和总线 DP(Display Port,一种高清数字显示接口标准)转换器的方式完成数据采集,智能识别中间件实现基于二维码的设备管理、数据容错及协议转换。感知、采集与识别系统框架如图 5-24 所示。生产线 SCADA 系统设备联网示意图如图 5-25 所示。

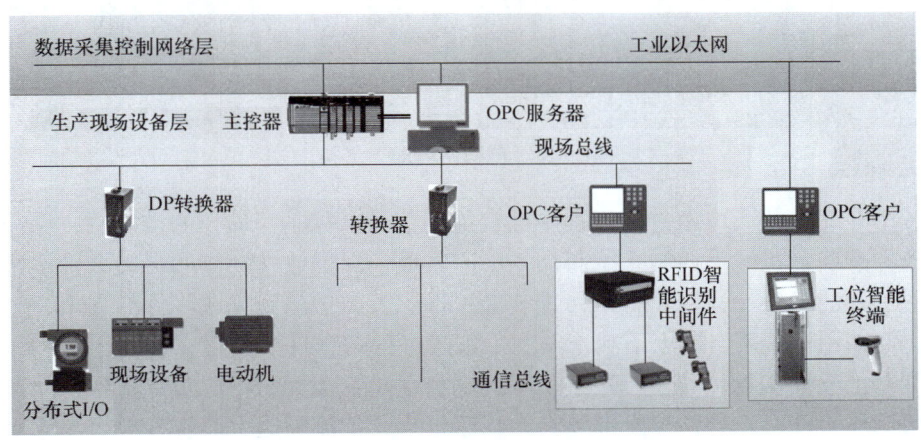

图 5-24 感知、采集与识别系统框架

3. 生产资源层智能化改造实现

本案例介绍的智能装备主要包含自动上下料机器人、智能仓储与物流装备,以及智能检测设备。

(1)自动上下料机器人 根据柴油发动机数字化工厂缸体、缸盖加工实际操作的需要,采用 3 自由度机械手进行上下料,如图 5-26 所示。机械手由机械系统、驱动系统、传动系统和控制系统组成。机械手的机械结构主要包括手爪、支架、驱动机构等功能部件。

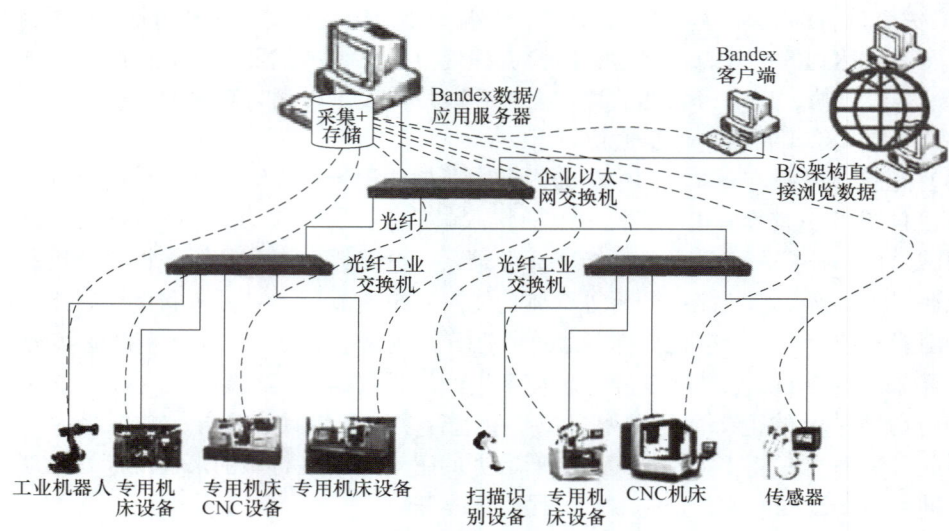

图 5-25　生产线 SCADA 系统设备联网示意图

图 5-26　机械手自动上下料

机械手在完成抓、取工件的过程中都有检测信号来控制其动作的准确性，保证机械手抓、取工件准确；机械手控制系统与加工中心集成，保证放件动作的自动准确定位。机械手取下加工好的工件、抓取下一工件、装卡工件、关防护门到完成零件的加工，整个过程协调统一。采用机械手自动上下料，实现了加工过程的全自动控制。

（2）智能仓储与物流装备　数字化车间的自动化物流配送中心负责管理车间范围内各机型发动机外协件、外购件等全部物料的物流过程，物流配送中心包括立体库、平库、小件库、组盘区、发货缓存区、包装箱板摆放区等，设备包括立体库的巷道堆垛机、立体库货架、库前输送系统、托盘、电控系统，以及 AGV、自行葫芦输送系统、计算机管理系统的软件和硬件等。

（3）智能检测设备　生产线具有完善的高精度和高可靠性的在线检测系统，包括德国尼泊丁（Nieberding）研发制造的发动机缸盖气门座圈的先进测量系统、发动机缸孔在线测量系统和意大利马波斯（Marposs）制造的缸体主轴孔测量及分组打标机。

4. 一体化智能管控系统构建

以云内动力的铸造车间、乘柴车间为对象，通过结构化的综合布线系统和计算机网络技术，将各个分离的设备、系统等集成到相互关联的、统一和协调的一体化架构之中，主要表现为纵向集成和横向集成。云内动力信息系统架构如图5-27所示，其集成内容和主要目标包括如下几个方面：

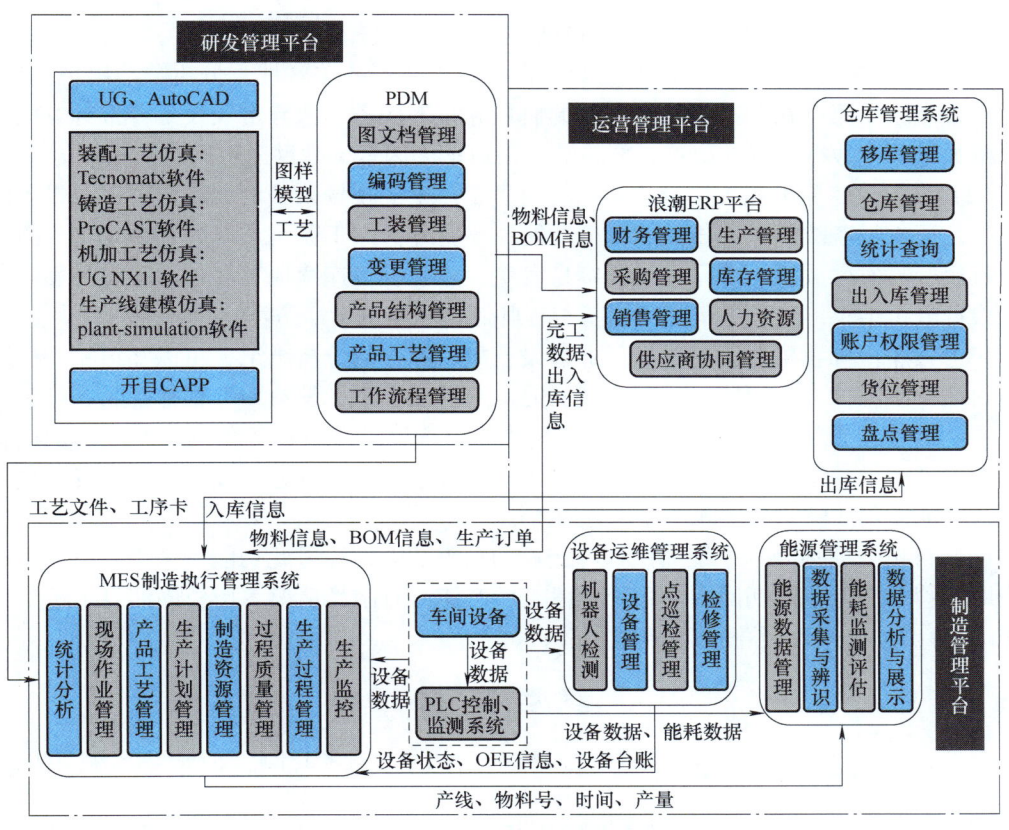

图5-27 一体化智能管控架构

1) MES与PDM系统集成，实现工艺文件、工序卡的相互传递，实现了车间现场工艺文件电子化。

2) MES与ERP系统集成，实现物料信息、物料清单信息、生产订单、完工数据及出入库信息等信息的传递，规范生产计划信息来源，保证物料信息与对应清单信息在系统中的唯一性。

3) 通过MES与智能设备、读码器、SCADA系统的集成，实现对设备数据采集的管控与分析。

4) 通过MES与设备运维管理系统的集成，实现了设备状态、设备综合效率、设备台账等数据的传递，支撑了MES中设备综合效率的计算，同时MES数据采集为设备运维管理系统中的设备故障分析提供支持。

5) 通过设备运维管理系统与车间设备及数据采集系统的集成，实现了对设备数据的维护与管理。

6）ERP 系统与 PDM 系统集成，实现物料信息、BOM 信息的传递，规范数据来源，保证了数据唯一性，实现数据系统与管理系统的连接。

5. 制造过程大数据分析

提供各种生产过程数据关联性分析、数据追溯及设备状态分析功能。在系统中，生产计划、工艺数据、设备数据、产品定义等信息是一个有机的整体，可通过寻找与建立各种数据的关联性，进而进行数据的挖掘与分析。

（1）质量缺陷分析　系统根据生产过程中各种数据的关联性，分析缺陷出现的原因，分析的重点主要集中在制造过程中出现的质量异常、设备参数异常及设备警报等方面，通过分析大量历史数据，寻找出造成质量缺陷最可能的因素，帮助工程师决策整改方向。

（2）设备故障原因相关性分析　系统通过工厂生产现场采集的大量数据以及设备的故障现象，提供设备故障原因相关性分析功能，主要分析加工哪一类产品容易发生故障、哪一个班次容易发生故障、哪一个时段容易发生故障、设备连续加工多长时间容易发生故障等，根据分析结果，工艺工程师与设备工程师制订相应的解决方案。

（3）设备故障预测及运行维护　通过设备故障原因的分析结果，可以知道哪一些因素是引起设备故障的主要原因，系统通过实时收集现场信息（设备加工哪种产品、已工作多长时间、部件磨损情况等），做出具有针对性的设备故障发生趋势预测，及时通知设备维护人员，进行设备维护和零部件更换等工作。反过来，可通过分析设备维护后发生故障的概率，验证设备故障趋势预测的正确性。

（4）订单交期预测　系统提供订单交货期预测功能，通过此功能，销售人员就可以很客观地回答客户订单交期问题。系统考虑工厂产能，对制品情况、历史同期订单量等因素进行综合计算、分析，预测该类产品的生产周期。

参 考 文 献

［1］任守榘，刘文煌，刘祖照，等.先进制造系统的运转模式：自组织［J］.清华大学学报（自然科学版），1999，1：87-90.

［2］徐向紘，顾新建，陈子辰.基于网络制造的仿生自组织协同进化［J］.系统工程理论与实践，2002，22（2）：42-48.

［3］刘丽兰，俞涛，施战备，等.自组织制造网格及其任务调度算法［J］.计算机集成制造系统，2003，9（6）：449-455.

［4］刘飞，雷琦，宋豫川.网络化制造的内涵及研究发展趋势［J］.机械工程学报，2003，39（8）：1-6.

［5］吴梅磊.离散型制造执行系统（MES）研究［D］.济南：山东大学，2007.

［6］刘士军，曲本科，武蕾，等.自组织云制造资源聚集框架与多维属性区间搜索方法研究［J］.计算机辅助设计与图形学学报，2012，24（3）：299-307.

［7］张泽群，唐敦兵，金永乔，等.信息物联驱动下的离散车间自组织生产调度技术［J］.机械工程学报，2018，54（16）：34-44.

［8］潘颖.离散制造业 MES 系统建模与调度研究［D］.大连：大连理工大学，2012.

［9］张彩霞，程良伦，王向东.基于信息物理融合系统的智能制造架构研究［J］.计算机科学，2013，40（6a）：37-40.

［10］殷瑞钰.过程工程与制造流程［J］.钢铁，2014，49（7）：15-22.

［11］陈伟兴，李少波，黄海松.离散型制造物联过程数据主动感知及管理模型［J］.计算机集成制造系

统，2016，22（1）：166-176.
- [12] 邓斌. PLM 在大型离散型制造企业的应用研究［D］. 成都：西南交通大学，2017.
- [13] 殷瑞钰. 关于智能化钢厂的讨论——从物理系统一侧出发讨论钢厂智能化［J］. 钢铁，2017，52（6）：1-12.
- [14] 傅建中. 智能制造装备的发展现状与趋势［J］. 机电工程，2014，31（8）：959-962.
- [15] 肖人彬，周济，查建中. 智能设计：概念，发展与实践［J］. 中国机械工程，1997（2）：74-76.
- [16] 潘云鹤，孙守迁，包恩伟. 计算机辅助工业设计技术发展状况与趋势［J］. 计算机辅助设计与图形学学报，1999，31（3）：248-252.
- [17] 蔡毅，娄臻亮，张永清. 基于模型推理的智能注塑模设计系统［J］. 上海交通大学学报，2002，36（4）：474-477.
- [18] 李乾鹏，方家骐. 基于 RBR 和 CBR 规划中的知识表示方法研究［J］. 计算机工程与设计，2009，30（22）：5166-5170.
- [19] 崔凯. 基于 CBR 的发动机智能设计的研究［D］. 济南：山东大学，2012.
- [20] 徐元浩，殷国富，许德帮，等. 基于 CBR 的机床导轨智能设计研究［J］. 西南大学学报（自然科学版），2014，36（12）：177-186.
- [21] 中国智能城市建设与推进战略研究项目组. 中国智能制造与设计发展战略研究［M］. 杭州：浙江大学出版社，2016.
- [22] BROWNE J，DUBOIS D，RATHMILL K，et al. Classification of Flexible Manufacturing Systems［J］. The FMS Magazine，1984，2：114-117.
- [23] OLFATI-SABER R，FAX J A，MURRAY R M. Consensus and Cooperation in Networked Multi-Agent Systems［J］.Proceedings of the IEEE，2007，95（1）：215-233.
- [24] BUZACOTT J A，SHANTHIKUMAR J G. Stochastic Models of Manufacturing Systems［M］.London：Pearson，1993.
- [25] SETHI A K，SETHI S P. Flexibility in Manufacturing：A Survey［J］.International Journal of Flexible Manufacturing Systems，1990，2（4）：289-328.

科学家科学史
"两弹一星"功勋
科学家：杨嘉墀

第 6 章

流程型智能制造

PPT 课件

流程型工业在国民经济中占据重要地位。传统流程型制造面临来自生产、销售、服务、安全、环保等方面日趋严峻的挑战。流程型智能制造模式提供了新的解决方案和广阔机遇。本章首先概述流程型工业的典型特点、面临的转型升级挑战,然后重点介绍智能制造体系架构下流程型智能制造的总体架构与关键环节,分析流程型智能制造关键组成要素和关键技术框架,总结其中涉及的先进制造技术的演进阶段。结合某石化企业建设智能工厂,分析传统流程型工业企业进行智能制造改造升级过程中所引入的总体技术图以及取得的若干成效。围绕我国智能制造战略的行动计划,分析流程型智能制造在智能工厂、智能生产、智能物流和智能服务等方面开展研发与建设的若干思路。

6.1 流程型智能制造的内涵

6.1.1 流程型工业概述

流程型工业也称过程工业(Process Industry),是以原始资源和可回收资源为原料,通过物理变化和化学反应的连续复杂生产,为制造业提供原材料和能源的基础工业,其原料和产品多为均一相(固、液或气)的物料,而非零部件和组装成的产品;产品质量多由纯度和各种物理、化学性质表征。流程型工业主要包括石化、冶金、电力、轻工、食品、制药、造纸等在国民经济中占重要地位的行业,是形成人类物质文明的基础工业,其发展状况将直接影响国家的经济基础,如图6-1所示。

与离散型制造等生产过程相比较,流程型工业在以下方面具有行业的特点:

(1)产品结构　流程型工业的产品结构与离散型工业有较大的不同。上级物料和下级物料之间的数量关系可能随温度、压力、湿度、季节、人员技术水平、工艺条件不同而有差异。在每个工艺过程中,伴随产出的不只是产品或中间产品,可能细分为主产品、副产品(在生产主要产品过程中附带生产的非主要产品)、协产品(主要指用相同的原料,经过相同生产过程,生产出两种或两种以上的不同性质和用途的产品)、回流物和废物等,描述这种产品结构的配方具有批量、有效期等方面的要求。

(2)工艺流程与生产设备　流程型工业生产的另一特点是品种相对固定、批量往往较大，生产设备投资较高，而且按照产品进行布置，设备通常是专用的，不易改做其他用途；生产线上的设备维护特别重要，一旦发生故障，损失严重。

图6-1 流程型工业（石油、化工、冶金、制药）

（3）物料存储 流程型工业企业的原材料和产品通常是液体、气体、粉状等，常采用罐、箱、柜、桶等进行存储。

（4）自动化水平 流程型工业企业一般采用较大规模生产方式，生产工艺较成熟，控制生产工艺条件的自动化设备相对完善。不少企业已利用集散控制系统（Distributed Control System，DCS）、可编程逻辑控制器（Programmable Logic Controller，PLC）等进行生产过程自动化控制，生产车间人员主要负责管理、监视和设备检修等工作。

（5）生产计划管理 流程型工业企业主要采用大批量生产，订单往往跟生产无直接关联。大多情况下，企业只能满负荷生产，才能将成本降下来，提高市场竞争力。在流程型工业企业的生产计划中，年度计划很重要，物料采购计划受年度生产计划和销售计划影响。不少企业按月份签订供货合同及结算货款；每日、每周生产计划的物料平衡则主要依靠原材料库存来保证和调节。

（6）批号管理 流程型工业的生产工艺过程中，会产生各种协产品、副产品、废品、回流物等，对这些产品和其他物资的管理需要有严格的批号。例如，制药业中的药品生产过程要求有十分严格的批号记录要求，从原材料、供应商、中间品以及销售给用户的产品，都需要记录，当出现问题时，可以通过批号反查出是谁的原料、由哪个部门何时生产的，直到查出问题所在。

由上可见，流程型工业具有生产过程的物流和能量流连续，产品相对稳定，生产周期长，工艺流程相对固定等特点。生产过程涉及各种物理及化学变化，具有机理复杂、数据信息量大、处理难度较大等难点。

传统流程型工业企业一直面临能耗、产品质量、生产过程工艺、自动化水平、管理水平、信息集成度、综合竞争力等诸多方面的挑战，而且要求越来越高，竞争日趋激烈。流程型工业企业如何运用先进的工艺装备技术、控制与优化技术、计算机网络技术、现代管理技术等,将生产过程作为一个整体进行控制与管理,实现企业的优化运行、优化控制、优化管理和科学决策,是提高流程型工业企业核心竞争力的关键所在,也是流程型智能制造主攻的方向。

6.1.2 流程型工业开展智能制造的必要性和紧迫性

由于流程型工业企业复杂的原料物性、生产工艺、生产装备、安全环境因素和经济社会效益要求等,流程型工业企业面临的挑战日益严峻。如何利用智能制造技术实现流程型工业产业转型升级、提质增效,是摆在流程型工业面前的重大问题。

智能制造这种新的生产模式或理念,为流程型工业的产业升级带来了新的愿景。智能化应用越来越颠覆、改变传统产业,同样也对流程型工业企业生产过程带来重大影响。

流程型制造业在迈向智能制造的过程中,在生产装备及生产能力基本定型的情况下,通过智能制造改造,利用 3C 技术(通信技术、计算机技术和控制技术的合称)的有机融合与深度协作,在计划调度、生产执行、设备维护、安全环保、故障诊断等环节广泛应用智能化技术,实现复杂流程型制造过程的实时感知、动态控制和信息服务,从而使流程型工业生产过程更加优化、智能、稳定、高效、优质和绿色节能,是十分必要且紧迫的任务。图 6-2 所示为智能制造新机遇下的流程型制造模式。

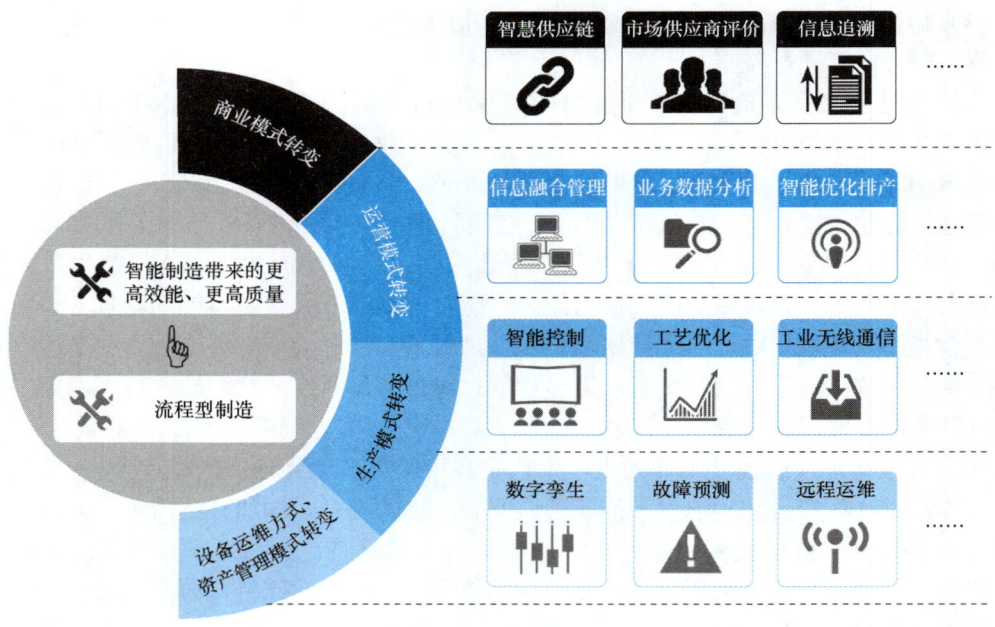

图 6-2 智能制造新机遇下的流程型制造模式

6.1.3 流程型智能制造的定义、内涵与特征分析

如前所述,智能制造于 20 世纪 80 年代因人工智能技术在制造业领域中的应用而兴起,在 20 世纪 90 年代得到发展,于近年获得深化与飞跃。智能制造模式以智能工厂为载体,

以关键制造环节智能化为核心，以端到端数据流为基础、以网络互联为支撑，旨在有效缩短产品研制周期、降低运营成本、提高生产效率、提升产品质量、降低资源能源消耗，为流程型工业的转型升级提供了全新的机遇。

在智能制造被讨论时，许多焦点落在了离散型制造方面，大家都希望可以实现从离散型发展到完全定制化。主要的原因是，对于离散型工厂，产品种类多、批量小、不连续的工序装配过程往往包含许多变化和不确定因素，管控难度大；另外，产品单价不低、质量要求严格，使得离散型制造业不得不借助自动化和智能化技术来实现柔性的、智能的制造。而流程型制造业对智能制造的需求和侧重点则不尽相同。流程型工业企业同样也面临批量减小、种类增多、交货期缩短等市场因素，但其因生产连续性较强、流程更规范、材料与工艺相对稳定等特点尚未发生根本性改变。如果流程型工厂要进行改造升级，将不仅涉及工厂内部，更牵涉原材料与上游供应商，这就导致了部分流程型工厂进行数字化与智能化升级的意愿不如离散型工厂强烈。

（1）流程型智能制造的定义　目前，国内外对流程型智能制造尚缺乏统一的定义，结合流程型工业企业生产与服务的特点，一般可以认为，流程型智能制造的定义（主要任务和发展目标）为：结合以石化、钢铁产业为代表的流程型制造行业需求，针对现有制造模式存在的亟待解决的资金流、物质流、能量流和信息流的集成和高效调控难题，从信息感知、管理决策、生产运行、能效安全环保等层面实现原材料与产品属性的快速检测、物流流通轨迹的监测以及部分关键过程参量的在线检测；利用大数据、知识型工作自动化等现代信息技术进行制造过程计划和管理的优化决策；将物质转化机理与装置运行信息进行深度融合，建立过程价值链的表征关系，实现生产过程全流程的协同控制与优化；通过传感、检测、控制以及溯源分析等新方法和新技术，突破流程型工业安全环境足迹监控与溯源分析及控制的基础理论与关键技术，实现生产制造全生命周期安全环境足迹监控与风险控制。

流程型工业智能制造最终要在工程技术层面实现"四化"，即数字化、智能化、网络化和自动化；在企业生产制造层面也要实现"四化"，即敏捷化、高效化、绿色化和安全化。

（2）流程型智能制造的内涵与特征分析　在已有的物理制造系统基础上，充分融合人的知识，应用大数据、云计算、（移动）网络通信和人机交互的知识型工作自动化以及虚拟制造等现代信息技术，从生产、管理以及营销全过程优化出发，推进以高效化、绿色化和智能化为目标的流程型工业智能优化制造，不仅要实现制造过程的装备智能化，而且制造流程、操作方式、管理模式也要实现自适应智能优化，使得企业经济效益和社会效益最大化。

流程型制造企业经过近年的智能制造提升，在化工、石化、有色、钢铁、食品饮料、医药等行业形成了一批示范性智能工厂，例如稀土冶炼智能工厂试点示范、氟化工智能工厂试点示范、石化智能工厂试点示范、铜冶炼智能工厂试点示范、钢铁热轧智能车间试点示范、水泥智能工厂试点示范、乳制品智能工厂试点示范、现代中药智能制造试点示范等，尤其在化工、石化、钢铁、医药行业的试点示范项目数量较多，标杆作用明显，起到了显著的行业带动作用。图6-3所示为相关受访流程型企业在智能制造投入方向的统计，受访企业针对工艺优化、智能控制、生产调度、物料平衡、设备运维、质量检验、能源管控、安全环保等核心问题均有相关智能制造投入,展现了智能制造在流程型工业的丰富内涵。

行业	工艺优化	智能控制	生产调度	物料平衡	设备运维	质量检验	能源管控	安全环保
化工行业	45%	100%	70%	75%	85%	100%	70%	100%
石化行业	50%	100%	75%	80%	80%	100%	75%	100%
有色行业	60%	85%	70%	50%	85%	100%	70%	100%
钢铁行业	90%	95%	75%	20%	100%	100%	75%	100%
水泥行业	60%	50%	75%	60%	80%	60%	50%	100%
食品饮料行业	30%	60%	70%	10%	50%	90%	20%	60%
医药行业	20%	90%	75%	10%	50%	100%	20%	50%

图 6-3　受访流程型企业智能制造投入方向的统计

6.2 流程型智能制造的架构

6.2.1 流程型智能制造的总体架构和环节分析

自 18 世纪中叶以来,以化学工业为代表的现代流程型工业经历了若干主要发展阶段:工业化阶段(流程型工业 1.0)、规模化阶段(流程型工业 2.0)和自动化阶段(流程型工业 3.0)。近年来,物联网、大数据和人工智能等技术极大地推动了生产率提升和生产过程集成。尤其是通过集成资源、设备、人力和信息,新信息技术系统促进了产品创新、个性化和流通速度提升,从而促进了新一代流程型工业智能制造的产生。图 6-4 所示为以化学工业为代表的流程型工业几个主要发展阶段的示意图。

1. 流程型智能制造体系架构

伴随着各类先进技术尤其是因特网、物联网技术的发展,新的工业制造模式不断涌现

（如云制造、面向服务的制造、柔性制造等），智能化是这些制造模式的共同特征乃至前提。对于流程型工业，鉴于其供应链所独有的特征，供应链的总体集成和优化是关注的重点，体现在如下几个方面：

1）智能制造企业具有很强的知识学习、控制能力，为此，共同价值观、市场需求、可持续发展等可集成在一起。

2）整个供应链的过程协作控制模式，而不是嵌入式离散控制，将成为主要控制模式。

3）生产组织从"集中模式"逐步演化为"集成模式"。

4）在商务过程、决策过程的综合智能帮助下，企业可以适应更严苛的环境要求和多变的客户需求。

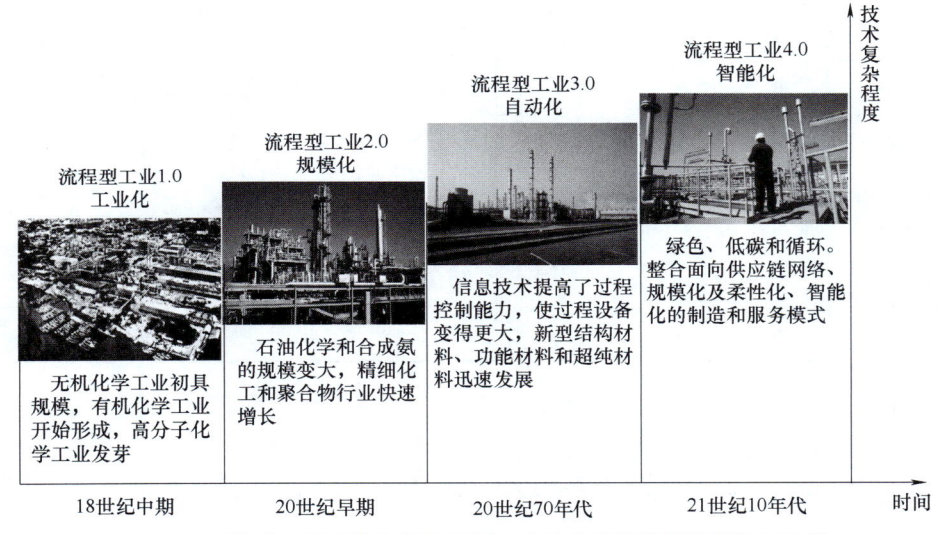

图 6-4 以化学工业为代表的流程型工业几个主要发展阶段的示意图

在此基础上，流程型智能制造架构如图 6-5 所示。在该结构中，流程型工业技术和商务模式是流程型工业发展的两大支柱，连接各类资源的平台则是基础支撑条件。流程型智能制造企业和传统流程型制造企业对比见表 6-1。

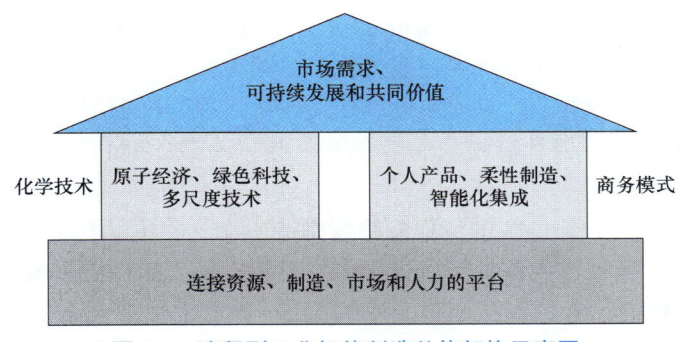

图 6-5 流程型工业智能制造总体架构示意图

表 6-1 流程型智能制造企业和传统流程型制造企业的对比

对比要素	传统流程型制造企业	流程型智能制造企业
集成模式	过程环节集成	供应链网络的集成
优化目标	特定条件下的利益优化	考虑市场需求、设备状态、节能减排等利益优化
优化方式	离线进行的串行模式	线上进行决策和控制调节的并行优化
技术经济特征	大规模	大规模和必要的柔性化之间的平衡
运作模式	专业制造	制造和服务的结合
决策因素	操作和技术因素	用户的需求、产品、质量标准、操作条件、资源、系统可靠性等
控制模式	离散控制	先进过程控制
智能程度	低	嵌入人工智能方法的过程优化控制
控制平台	离散控制系统	现代集成过程系统
柔性	有限的柔性、自适应范围和功能冗余	更灵活地配置，适应多种优化控制模式
数据支持	局部有限数据	大数据
算法	传统统计分析	统计分析、数据挖掘、人工智能和可视化技术

总体而言，流程型智能制造的目标，不只是为了提升生产率，而且还要实现整个供应链的最优化。为此，应建立强大的协同制造支撑平台，用于连接整个供应链，具备感知、通信、存储、计算、控制、协同和优化等能力。基于 CPS 的流程型智能制造成为当前的研究热点。

2. 基于 CPS 的流程型智能制造主要设想

自 2006 年人们提出 CPS 概念之后，国内外开展了许多研究。作为一个综合的平台，CPS 拥有一定程度的自治能力，如自我感知、自我调节和自我控制。为此，CPS 架构可作为流程型智能制造的信息与运行支撑平台，其架构示意图如图 6-6 所示。在该架构中，信息系统在物联网技术的支持下，连接了资源、环境、生产装备和供应链，形成了整个生命周期的物质、能量和信息交换系统。由于 CPS 具有更强的多目标协调和网络化集成能力，为此可更好地在全域网络条件下开展在线优化和协同工作。在生产和管理实时数据的基础上，整合了局部计算资源的云计算模块可以在线或离线地解决求解研发、控制优化、产品应用、用户服务等问题。云计算模块中应用到的技术有数字化仿真、动态模拟、知识管理、个性化定制等技术。

除了感知和计算，基于 CPS 的流程型智能制造还十分关注以下功能特性：

（1）代谢转化平衡 作为评价制造过程中物料和能量流的环境影响机制，工业代谢转换平衡（主要指物料的数量、梯度分布、特性等的平衡关系）是化工等流程型工业未来发展的一项核心关注点。在 CPS 平台上，所有设备和流程都被在线监控和协调，以确保资源挖掘、制造、消耗和废物回收均处于平衡状态。代谢平衡是 CPS 的重要评估指标，也是约束条件。

（2）协作控制　为了在供应链的生命周期内保持物料和能源的平衡并实现最大利益，CPS 应具备整个供应链的优化，准确控制和远程协同的能力。

（3）柔性和敏捷性　CPS 通过灵活的流程结构，灵活地配置，精益管理和精细地操作，帮助企业实现各种运营目标。为了保持市场与生产之间的平衡，供应链中的所有企业和企业中的所有工作单元都应该具有柔性和敏捷性。

（4）人工智能　区别于常规控制系统，智能制造中的许多问题是非结构化、非数字化、模糊和离散的，如设备状态评估、异常识别、故障处理、过程综合、控制策略等，这些问题对于 CPS 的自我调节和自我控制都至关重要，并且用传统的数据处理和控制方法处理有较大困难。人工智能是解决上述问题并使 CPS 具有优越预测和优化能力的可行技术。

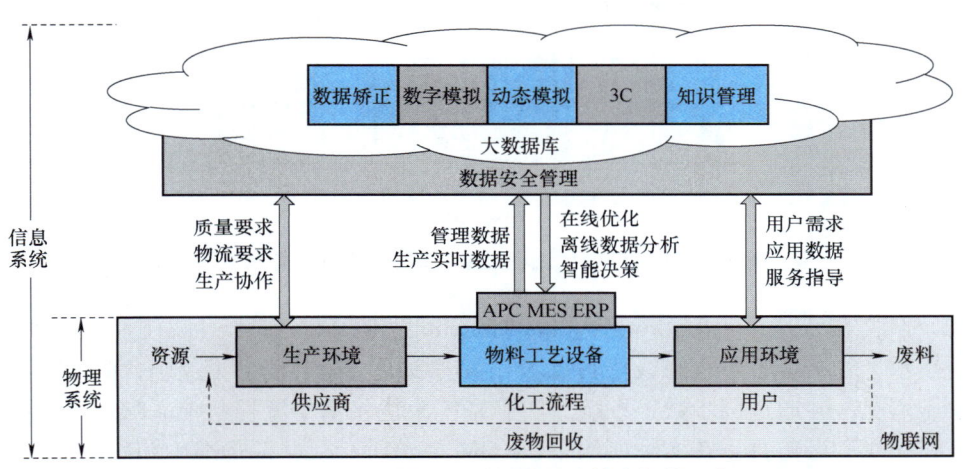

图 6-6　基于 CPS 的流程型智能制造技术架构示意图

为了实现上述特性，在流程型智能制造体系中应用大数据技术和严格的在线仿真技术显得非常重要。

（1）大数据技术　流程工业的大数据包括企业各级管理、过程监控、规划、设备操作和报警信息中产生的数据，这些数据是实时、多源、异构和动态的。目前，各层级的数据仍未得到充分利用，特别是生产实时数据和市场信息数据远未反映其在集成环境中应有的价值。由于 CPS 平台提供了数据收集、数据标记、数据处理和数据传输的基础条件，因此决策过程可以从被动业务驱动模式转移到主动数据驱动模式。基于工业大数据的应用需求，人们更加强调数据采集、数据预处理、模糊关联和关系模型、数据挖掘和面向知识的数据仓库等技术。在数据预处理方面，由于可能有随机错误和实时噪声数据，数据在传输到分析系统之前需要筛选和校正。

为了应对大量数据和严格时效性的需要，可以采用分布式计算算法。分布式计算算法结合了本地计算资源和云资源，如图 6-7 所示。分布式计算算法根据数据量和工作站的计算负载将计算流分配到不同的工作站。

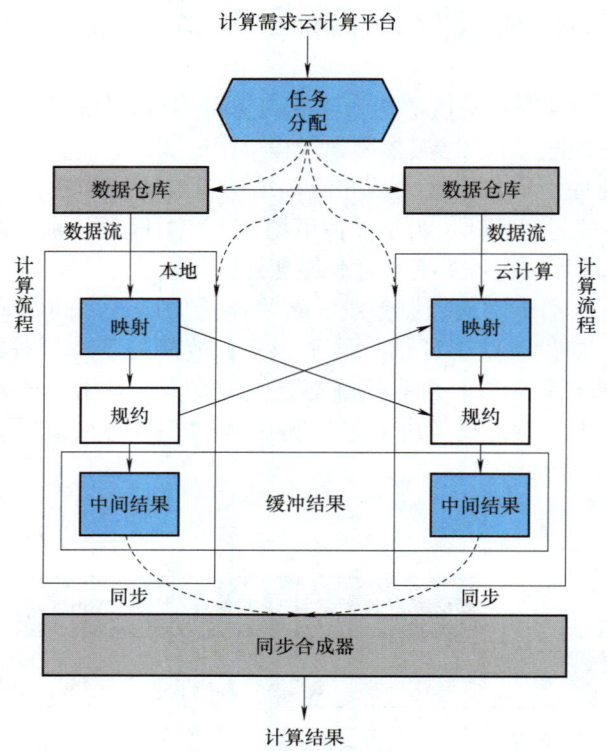

图 6-7 基于 CPS 的流程型智能制造分布式计算示意图

（2）严格在线建模（Rigorous Online Modeling，ROM）技术　该技术是一种工作状态预测技术，它结合了过程在线仿真技术和实时数据。在流程型工业中，ROM 用于掌握实时操作情况，并通过同步数字系统和实际系统来优化整个流程系统。ROM 包括离线稳态仿真和在线动态仿真。在实际应用中，ROM 要求所有模型都是准确和兼容的，并且可以根据实际操作反馈进行在线自学习和自我改进。

大数据和 ROM 构成了知识系统的数字技术基础，这是流程型工业智能化的重要技术方法。知识系统的结构示意图如图 6-8 所示，图中的箭头表示了数据和信息的获取、传递与集成方向。

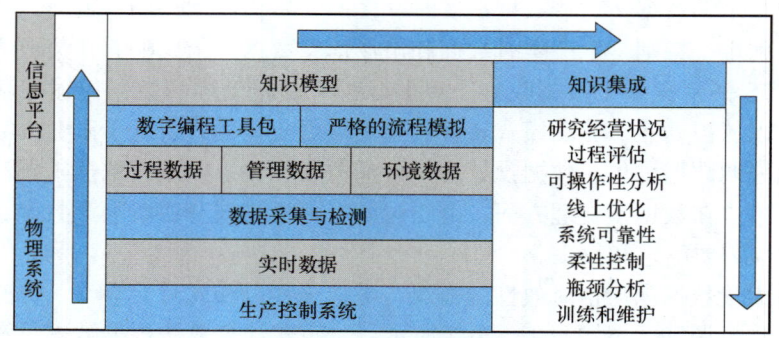

图 6-8 基于 CPS 的流程型智能制造知识系统结构示意图

6.2.2 流程型智能制造需要考虑的关键组成要素

在流程型智能制造的新模式中，应考虑以下关键要素：

1）对工厂总体设计、工艺流程及布局等建立数字化模型，进行模拟仿真，实现生产流程数据可视化和生产工艺优化。工艺优化智能制造应用范围覆盖了从设计到优化的工艺管理全生命周期过程，其实施要素如图 6-9 所示。

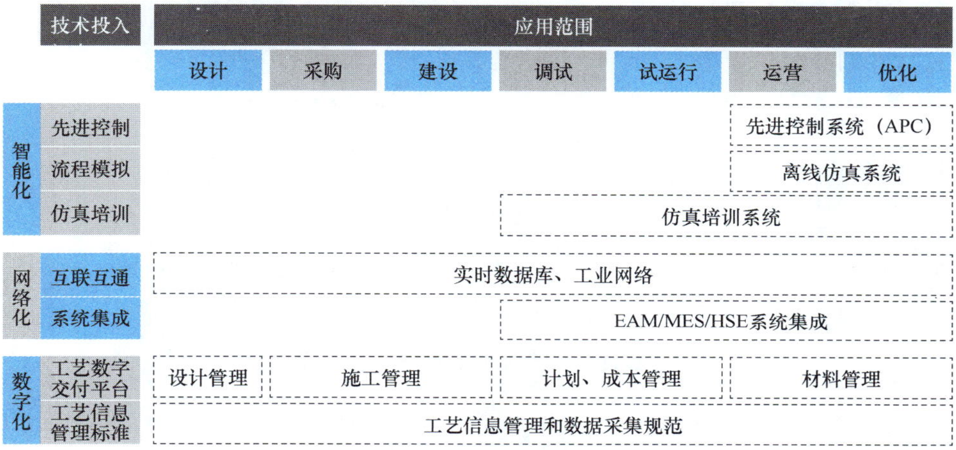

图 6-9 工艺优化智能制造实施要素

2）随着流程型工业能源使用成本及消耗处理成本的日益增加，能源管控对流程型企业生产经营管理的影响也越来越大。应通过对物流、能量流、物性、资产等全流程监控与高度集成，建立数据采集和监控系统，使生产工艺数据自动数采率达九成以上。

3）采用先进控制系统，关键生产环节实现先进控制和在线优化。智能化控制的应用范围包含了从工厂数据采集、模型建立到动态控制输出的全过程，通过不断优化控制参数，实现智能化控制目标，如图 6-10 所示。

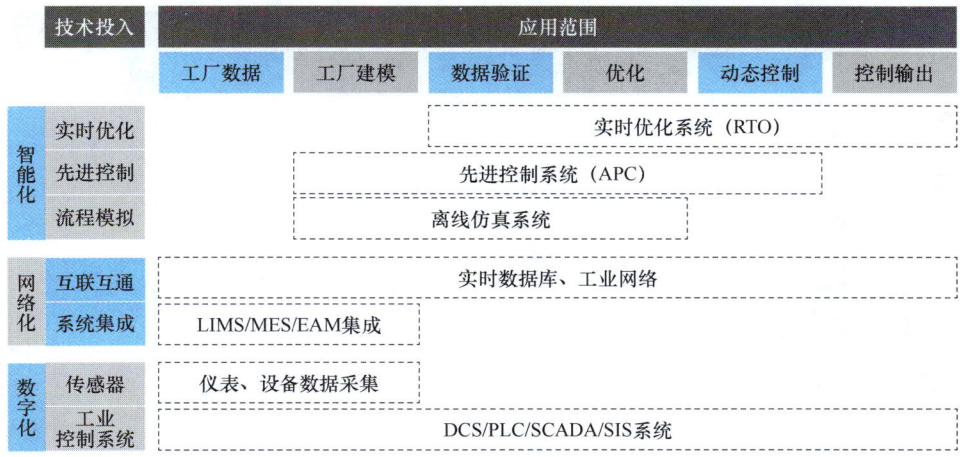

图 6-10 智能化控制智能制造实施要素

4）建立制造执行系统（MES），生产计划、调度等环节均建立合适的模型，实现生产模型化决策、过程量化管理、成本和质量动态跟踪以及从原材料到产品的一体化协同优化。建立企业资源计划系统（ERP），实现企业经营、管理和决策的智能优化。图 6-11 所示为生产调度智能制造实施要素。

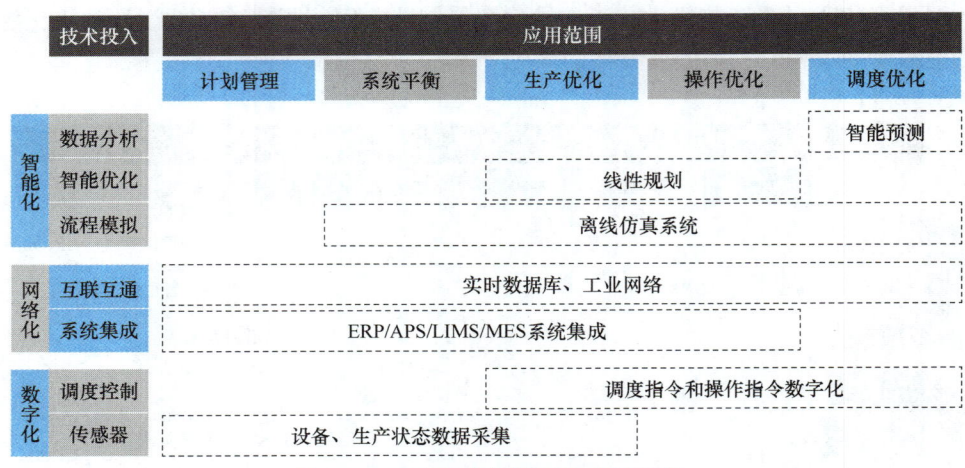

图 6-11　生产调度智能制造实施要素

5）建立互联互通网络架构，实现工艺、生产、检验、物流等各环节之间，以及数据采集系统和监控系统、制造执行系统（MES）与企业资源计划系统（ERP）的高效协同，建立全生命周期数据统一平台。

6）安全环保智能化管控，对于存在较高安全风险和污染排放的项目、有毒有害物质排放和危险源需要进行严格的自动检测监控，做到安全生产全方位监控，建立在线应急指挥联动系统。同时建有工业信息安全管理制度和技术防护体系，具备网络防护、应急响应等信息安全保障能力，健全功能安全保护系统，采用全生命周期方法有效避免系统失效。安全环保管理的应用范围包含了法律法规、隐患排查、预案管理、教育培训、应急指挥、调度协同、风险评估、救援管理等全过程管理，安环管理智能制造实施要素如图 6-12 所示。

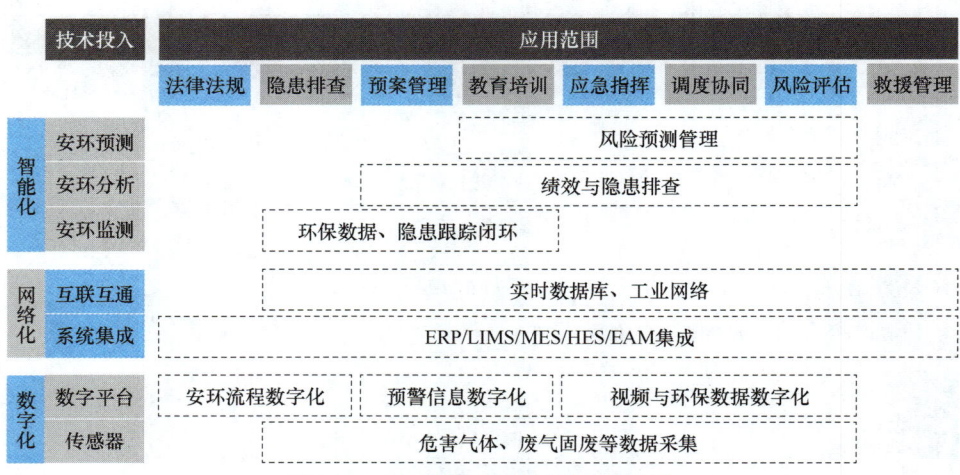

图 6-12　安环管理智能制造实施要素

以上所述的最终目标是实现生产过程动态优化、制造和管理信息可视化，显著提升流程型工业企业在资源配置、工艺优化、过程控制、产业链管理、节能减排及安全生产等方面的智能化水平。

6.2.3 流程型智能制造的若干关键技术分析

流程型智能制造面临生产与经营全过程信息快速获取与集成、流程制造过程计划管理、市场经营决策知识有效关联和深度融合、制造过程不同层级协同控制与优化、全生命周期安全监控与风险控制等科学问题，且亟待解决。为此，在CPS技术架构下，流程型智能制造需重点研发和攻关的关键技术如下。

1. 特殊参量原位检测与全流程泛在感知

流程工业原料采购、生产计划作业安排的敏捷决策和制造过程调控的精细操作需要大量信息的支撑，这方面需要重点研究的理论与关键技术包括：

1）面向物料成分、产品形貌等的无损、原位检测方法及新型装置。
2）能源计量、关键设备状态、物流跟踪与产品质量的在线检测方法。
3）危化品属性与废水、废气、废固特性快速检测方法。
4）现场高效信息获取与过程感知一体化自组织物联网。

2. 多源多尺度信息的统一表征与分布式处理

现有的信息感知与集成技术已很难高效支撑大数据环境下的企业决策和运行管理，需要突破以下基础理论与关键技术：

1）跨域多维异构信息的模型体系构建与标准化。
2）广域互联信息的互操作机制与知识推理。
3）边缘计算（Edge Computing）与云计算结合的协同计算模式。

3. 知识驱动的资源优化与自主决策

全球经济一体化环境下，企业的运营决策必须依托大数据技术敏捷响应市场的变化，需要解决以下关键技术：

1）基于物联网的大规模供应链与产品流通轨迹的建模和可视化。
2）融合过程机制与运行信息的大规模计划优化模型。
3）基于知识的决策流程自组织重构。
4）不确定条件下的资源动态配置。
5）供应链决策快速响应机制与融合市场、装置特性知识的优化决策。

4. 大数据驱动的企业生产智慧管理

流程型工业企业现有的多业务管理系统的自动化和集成性不够，严重依赖个别有经验的知识型工作者，造成管理效率低下、决策易出错等问题，需要解决以下关键技术：

1）资源、能源、安环等多业务协调管理模式。
2）基于大数据的管理过程的知识演化与深度学习。
3）基于大数据的管理决策风险评估与分析。
4）融合知识、模型的企业生产与运行绩效评估。

5. 生产过程多维度智能建模

流程型工业生产过程需要深度融合过程机理知识和运行操作经验以解决全流程动态多

目标优化调控，其核心是模型，重点技术有：
1）面向高端制造的物质转化过程特征分析与建模。
2）机理与数据融合的全流程构效关系解析。
3）运行状态性能表征。
4）生产过程可视化与虚拟制造。

6. 价值链导向的协同控制与优化

目前流程型工业企业虽然拥有调度、实时优化和先进控制系统，但各层之间缺乏信息反馈，尤其是调度与优化控制之间还属于开环状态，过程控制层和优化决策层的目标往往不一致，相关基础理论与关键技术有：
1）过程控制、实时优化与调度决策的闭环协同。
2）基于知识的智能控制与多目标协同优化。
3）生产过程智能监控、异常工况诊断与自愈控制。

7. 绿色过程集成与多介质能源优化

流程型工业消耗和产生大量能源，现有的粗放管理和操作模式造成大量的能源浪费，为此，需要重点研究能源的综合利用与绿色过程集成的理论方法和技术，包括：
1）供需协同的多介质能源优化与能源梯级利用。
2）融合市场与装置运行特性的能源错时空综合利用。
3）基于知识的流程重构与本质安全设计。
4）绿色设计与制造过程的综合集成。

8. 全生命周期安环足迹监控、溯源分析与调控

安全是工业企业生产和管理的重中之重，危化品和环境足迹的监控也受到越来越多关注，需要研究的理论方法与技术包括：
1）工业生产全生命周期环境足迹的监控与溯源。
2）高危原料、危化品的流通轨迹跟踪、溯源与信息网络集成。
3）废弃物的资源化综合利用与环境足迹最小化。
4）高危化合物的企业边界管理（Boundary Management）与风险防范。
5）生产安环性能动态演化及自主调控。

为此，在 CPS 技术架构下的流程型智能制造涉及的关键技术框架示意图如图 6-13 所示。

6.2.4 流程型智能制造先进技术的不断演进

流程型智能制造中，智能工厂为核心主体。智能工厂将实现从信息集成、信息粗加工数据挖掘，到工厂运行信息的全方位融合，最终实现内涵型、效益型、环境友好型的智能决策和精细化操作运行的流程型制造工厂。以下将结合图 6-14 所示及流程型智能制造中的智能工厂和未来企业运行模式，说明流程型工业智能化先进技术的不断演进趋势。

（1）数据转化为知识　在流程工业智能化中，任何数据都能够被准确地收集并传递给有需要的用户，数据工程师根据用户的反馈，进一步分析和处理得到有效的信息。这些信息能够帮助管理者更好地适应新形势，包括应对需求变化和价格波动等不确定因素带来的风险，从而更快、更好地达成经营目标。具体内容包括：

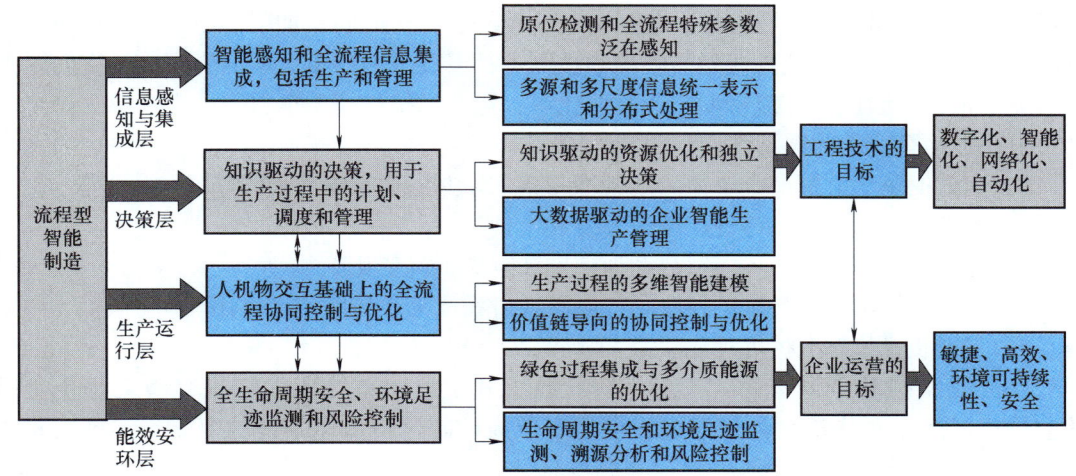

图 6-13　在 CPS 架构下流程型智能制造涉及的关键技术框架示意图

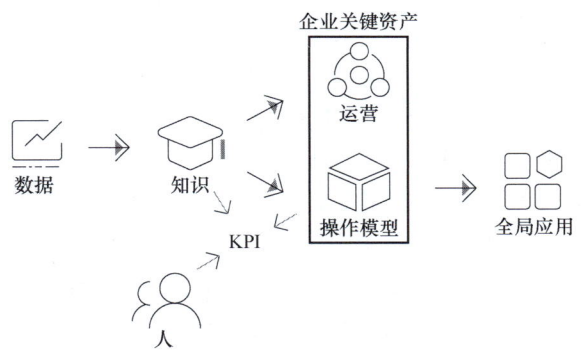

图 6-14　流程型工业智能制造的演进趋势

1）开发适合流程型制造业的通信标准和工具。

2）设计新一代信息网络与执行器，收集数据，使用更优控制方法，积累基于模型的状态评估和偏差检测知识。

3）利用标准方法构建流程型企业及其各种活动的模型。

（2）知识产生运营和操作模型　运营和操作模型是过程知识的一种外在表现形式，通过操作模型，我们能够准确地了解过程中包含的所有原料和组分，并对相关的操作、反应和转化的实时动态过程进行有效控制。这就要求我们：

1）能够快速建模和评估分子属性。

2）开发用于故障检测、隔离和根源分析的工具。

3）实施开发、管理和验证模型的方法。

4）开发用于实时、大规模操作的算法。

（3）运营和操作模型成为企业关键资产　在这一阶段，不同层次的运营和操作模型被整合起来，形成一个基于知识的综合智能化系统。这些模型包含了过程知识和操作经验，通过人、模型和实际过程的有机结合，实现对生产过程的综合计划、调度和管理。如解决调度问题时需要考虑各装置特性，包括物耗、能耗、开机时间、加工能力以及它们与产量的动态关系，一个好的装置模型能够准确预测各种工况下的产量，从而为解决调度问题提供可靠的依据。因此，在流程型工业智能化中，运营和操作模型也将与人力资源和固定资产一道，成为企业的关键资产：

1）为数据驱动的资产全生命周期管理积累知识并形成数据模型。
2）将模型作为公司关键资产进行开发和维护。
3）使过程操作中的设备能够自动地识别和响应工况变化。
4）开发智能实时工具来监控变化，对潜在过程或绩效风险主动做出反应。
5）实现装置状态数据可视化。

（4）模型推动全局应用　模型、智能装置和信息化系统在先进流程型工业企业里的应用已经越来越广泛，如依靠过程模型有效地控制过程操作条件的变化，实现装置的变负荷生产；通过企业级生产计划和调度优化，节能降耗，提升企业经济效益。然而，现代企业的生产越来越依赖全球化的协作过程，因此，真正的智能工厂还需要帮助企业更好地参与全球的合作与分工，实现整条供应链的共赢。为此，还需做更多的努力，包括：

1）采用统一的度量机制评估和集成全局生产过程。
2）开发跨供应链的集成技术和标准。
3）集成企业和装置层面的计划，实现多目标优化。
4）开发标准化的跨行业最佳实践和工具。

（5）人、知识、模型构建复合型 KPI　流程型工业智能化系统中优质、高效的生产过程不是与生俱来的，它还取决于人、知识和模型的水平。为了达到智能生产的目标，未来企业的关键绩效指标（Key Performance Indicator，KPI）将是包括人、知识和模型三者在内的复合型指标。流程型智能制造的最终目标是实现所有已知信息的充分利用，并通过计算机不断地学习新的知识，建立并完善过程模型，最终利用人、知识和模型保证企业所做的每一步决策都满足安全、经济、环保的要求。为了实现这一目标，一些重要的举措包括：

1）提供广泛的知识捕捉和知识管理解决方案。
2）流程型制造的在岗培训。
3）建立复合型 KPI。
4）提升新员工的发展。
5）坚持长期培训和学习。

6.3　典型案例

本节以某石化企业的智能工厂建设为例进行流程型智能制造分析。该企业作为中国石化首批试点建设智能工厂的四家炼化企业之一，于 2012 年起开始了智能工厂的建设。建设目标为提高发展质量、提升经济效益、支撑安全环保、固化卓越基因。重点围绕计划调度、安全环保、能源管理、装置操作、IT 管控五个领域，体现自动化、数字化、可视化、模型化、集成化等智能化制造特征。

该石化企业智能工厂总体架构如图 6-15 所示。这是一个三层结构，主要分为过程控制层（信息与运维平台）、生产执行层（生产运营平台）和经营管理层（经营管理平台）。该智能工厂建设取得的初步成效有如下几点：

（1）智能工厂框架已初步形成　在现有以 ERP 为核心的经营管理平台、以 MES 为核心的生产运营平台和 IT 基础设施三大平台基础上，进一步建成投用了集中集成平台、三维数字化平台和应急指挥平台，初步实现了"感知实时化、数据标准化、应用集成化、装置数字化、网络高速化、全厂互联化"，支撑企业在"全面感知、预测预警、协调优化、科学决策"等方面实现持续进步和提升。

（2）该智能工厂的神经中枢——生产管控中心建成投用　生产管控中心按照"中心控制区、调度指挥区、运行管理区、基础设施区、辅助功能区"布局，应用多项 IT 及管控技术，总体实现了"经营优化、生产指挥、工艺操作、运行管理、专业支持、应急保障"等"六位一体"功能定位。

（3）集中集成和标准化取得重要进展　企业运营级数据仓库上线运行，其集成了 13 个业务系统的各类数据，为 9 个业务系统提供其所需求的有效数据。在中国石化标准化平台基础上，通过"采标、扩标、建标"方式，完成了生产物料等 40 个标准化模板和 36 类主数据收集。

（4）生产装置数字化平台投用　基于工程设计的三维数字化平台，以业务需求为导向，以运营级数据仓库为支撑，以三维数字化装置为界面，集成了实时数据和精细化管理所需数据，如实时工艺参数、实时设备状态及信息、班组操作绩效、采样点质量分析数据、实时环境分析数据、可燃及有毒有害气体报警、视频监控等，实现了工艺管理、设备管理、操作培训、三维漫游、视频监控等多类深化应用。

（5）全流程优化平台投入运行　炼油全流程优化平台的投入使用，提升了管控一体化联动优化功效，实现了全流程优化的闭环管理。平台采用"中心交换"式集成模式，通过运营级数据仓库与原油评价、ERP 等系统共享数据，提升了全流程优化的敏捷性和准确性，助力企业持续提升经济效益。

（6）HSE 管理和应急指挥平台上线运行　建立集健康（Health）、安全（Safety）和环境（Environment）三位一体的 HSE 管理体系，及时发现身边安全隐患，实现从事后管理向事中、事前管理的转变；HSE 备案系统长期有效运行，通过对当天每项作业实行"五位一体"有效监管，确保每项作业受控；各类报警和视频监控实现集中管理和联动，增加了事前预防功能，异常情况可实现快速响应；环保地图系统实时在线监测各类环境信息，异常情况可实现及时处置和闭环管理。应急指挥实现了实时化、可视化，应急事件按预案及时响应、有效处置。

经智能化改造之后取得了比较突出的效果，该企业本质安全水平不断提升，管理取得较好成效，实现了敏捷生产，提高了经济效益，管理效率也大幅提升。

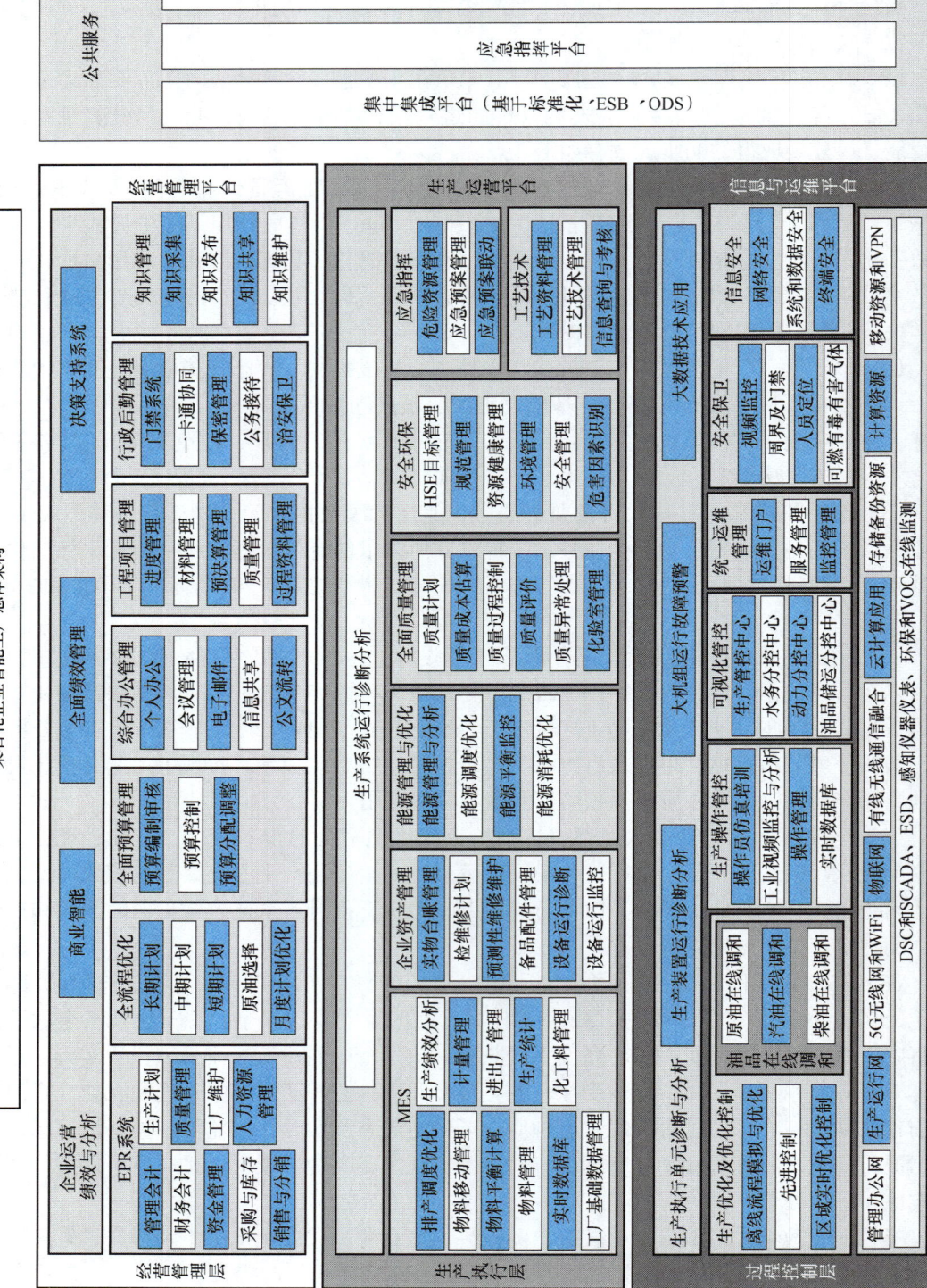

图 6-15 某石化企业智能工厂总体架构示意图

6.4 流程型智能制造的下一步发展趋势

流程型智能制造是"工业4.0""制造强国"的重要组成部分，我们可以结合四大主题——智能工厂、智能生产、智能物流和智能服务来分析流程型智能制造下一步的发展趋势。其中，智能工厂侧重点在于企业的智能化生产系统、网络化分布式生产设施的建立、管理和应用；智能生产侧重点在于企业的生产物流管理、制造过程人机协同等技术企业生产过程中的协同应用；智能物流作为制造企业非常重要的资源节点，其侧重点在于通过互联网、物联网，整合物流资源，充分发挥现有的资源效率；智能服务作为制造企业的后端网络，其侧重点在于通过（服）务联网结合智能产品为客户提供更好的服务，发挥企业的最大价值。

1. 智能工厂是传统流程型制造企业发展的必由阶段

在数字化工厂的基础上，完善的智能工厂可利用物联网的技术和设备监控技术加强信息管理和服务、掌握产销流程、提高生产过程的可控率、减少生产线上人工干预、即时采集生产线数据、制定生产计划与生产进度，构建高效节能、绿色环保、环境舒适的人性化生产基地。未来各个工厂将具备统一的机械、电器和通信标准。以物联网和服务联网为基础，配备传感器、无线网络和射频标签通信技术的智能控制设备可以对生产过程进行智能化监控。整体看来，未来的智能工厂将成为一个拥有高度协同性的生产系统，包括实时监控、自动化管理、流程控制、能源监控等，收集及整合整个智能工厂的业务数据，通过大数据的分析整合，使其全产业链可视化，达到生产最优化、流程最简化、效率最大化、成本最低化和质量最优化的目的。

2. 智能生产是由用户参与实现"定人定制"的过程

未来智能生产的车间可以实现大规模定制，系统调节柔性很大。生产环节会广泛应用人工智能技术。智能化系统把制造自动化扩展到柔性化、智能化和高度集成化。与传统制造相比，智能生产具有自组织和超柔性、自律能力、自学习能力和自维护能力、人机一体化、虚拟现实等特性。

3. 智能物流以客户为中心，促进资源优化配置

根据客户的需求变化，灵活调节运输方式，应用条码、RFID、传感器、全球定位系统等先进的物联网技术，通过信息处理平台，实现货物运输过程的自动化运作和高效率优化管理，从而促进区域经济的发展和资源的优化配置，方便人民群众生活。

4. 智能服务促进新的商业模式，促进企业向服务型制造转型

智能产品+状态感知控制+大数据处理，将改变产品的现有销售和使用模式，在线租用、自动配送和返还、优化保养和设备自动预警、自动维修等智能服务新模式将不断涌现。

相信在不久的未来，工业社会将步入工业4.0的时代，实现由"自动化"向"智能化"的飞跃。通过不断研究和发展CPS网络，传统的流程型工业将实现人、装备和产品的实时连通、相互识别和有效交流，为消费者定制"个性化"的商品，并且提供及时、高效的服务。

参 考 文 献

［1］ 孙舒，赵俊丹，李杰．国务院关于积极推进"互联网+"行动的指导意见［C］．中国工业气体工业协会第 25 次会员代表大会暨 2015 中国气体行业发展高峰论坛，2015．
［2］ 张祖国．基于社会化的系统智能制造系统研究［D］．北京：中国科学院空间科学与应用研究中心，2015．
［3］ 陈冰．面向智能制造的航空发动机协同设计与制造［J］．航空制造技术，2016，500（5）：16-21．
［4］ 陈明，梁乃明．智能制造之路：数字化工厂［M］．北京：机械工业出版社，2016．
［5］ 辛国斌．智能制造标准案例集［M］．北京：电子工业出版社，2016．
［6］ 田锋．智能制造体系构建：面向中国制造 2025 的实施路线［M］．北京：机械工业出版社，2017．
［7］ 工业和信息化部．国家智能制造标准体系建设指南［M］．北京：电子工业出版社，2015．
［8］ 工业和信息化部．中国智能制造绿皮书［M］．北京：电子工业出版社，2017．
［9］ 苏莹莹．面向网络化制造的协同工艺设计与管理［M］．北京：经济科学出版社，2016．
［10］ 中国智能城市建设与推进战略研究项目组．中国智能制造与设计发展战略研究［M］．杭州：浙江大学出版社，2016．
［11］ 罗敏明．流程企业智能制造实践与探讨［J］．石油化工建设，2016，38（1）：16-18．
［12］ 刘馨．网络协同制造视角下我国造船生产能力研究［D］．哈尔滨：哈尔滨工程大学，2016．
［13］ 许竹君．协同制造系统中若干关键技术的研究与应用［D］．杭州：浙江工商大学，2009．
［14］ 李亚白．面向服务的协同制造执行系统集成与重构技术研究［D］．南京：南京航空航天大学，2007．
［15］ 姚倡锋．复杂零件异地协同制造资源优化配置技术研究［D］．西安：西北工业大学，2006．
［16］ 魏从刚．网络化协同制造项目进度管理技术研究［D］．西安：西北工业大学，2006．
［17］ 孟凡生，赵刚．传统制造向智能制造发展影响因素研究［J］．科技进步与对策，2018（1）：66-72．
［18］ 唐文献，陈羽．基于遗传算法的企业间协同制造战略伙伴选择的方法［J］．江苏科技大学学报（自然科学版），2009，23（5）：399-402．
［19］ 兰昆，唐林．智能制造信息安全保障体系分析［J］．通信技术，2016，49（4）：469-474．
［20］ 王有远，钱伟伟，张振华．基于本体的协同制造知识建模［J］．制造技术与机床，2018（5）：132-137．
［21］ 丁涛，闫光荣，刘爱军．基于层次化的智能协同制造平台框架［J］．制造业自动化，2017，39（10）：117-122．
［22］ 董蓉，何卫平，吉锋．面向网络协同制造的制造服务优化选择研究［J］．制造业自动化，2006，28（9）：39-44．
［23］ 吉锋，何卫平，董蓉，等．复杂零件网络协同制造平台研究［J］．制造业自动化，2005，27（8）：1-5．
［24］ 熊晓洋．大型流程型企业智能工厂建设探索［J］．当代石油石化，2016，24（7）：9-12．
［25］ 杨舒涵．流程工业的智能制造［J］．科技资讯，2018（5）：100-101．
［26］ 周忠峰．智能制造：让梦想照进现实［J］．中国工业评论，2016（6）：78-78．
［27］ 丁涛，王芳．网络化协同设计制造研究现状及进展［J］．石油化工设备，2011，40（3）：41-44．
［28］ 鹿崇．流程型制造业创新的催化剂［J］．装备制造，2016（10）：90-91．
［29］ RAUCH E，SEIDENSTRICKER S，DALLASEGA P，et al. Collaborative Cloud Manufacturing：Design of Business Model Innovations Enabled by Cyberphysical Systems in Distributed Manufacturing Systems［J］．Journal of Engineering，2016（3）：1-12．
［30］ JI X，HE G，XU J，et al. Study on the mode of intelligent chemical industry based on cyber-physical system and its implementation［J］．Advances in Engineering Software，2016，99：18-26．

[31] ROBLA-GÓMEZ S, BECERRA V M, LLATA J R, et al. Working Together: A Review on Safe Human-Robot Collaboration in Industrial Environments [J].IEEE Access, 2017 (5): 26754-26773.
[32] JIANG P, LENG J. The Configuration of Social Manufacturing: a Social Intelligence Way toward Service-Oriented Manufacturing [J]. International Journal of Manufacturing. 2017, 12 (1): 4-19.
[33] QIAN F, ZHONG W, DU W. Fundamental Theories and Key Technologies for Smart and Optimal Manufacturing in the Process Industry [J].Engineering, 2017, 3 (2): 154-160.
[34] ZHONG R Y, XU X, KLOTZ E, et al. Intelligent Manufacturing in the Context of Industry 4.0: A Review [J]. Engineering, 2017, 3 (5): 616-630.
[35] CENCEN A, VERLINDEN J C, GERAEDTS J M. Design Methodology to Improve Human-Robot Coproduction in Small-and Medium-Sized Enterprises [J]. IEEE/ASME Transactions on Mechatronics, 2018, 23 (3): 1-1.
[36] ÖZDEMIR V, HEKIM N. Birth of Industry 5.0: Making Sense of Big Data with Artificial Intelligence, "The Internet of Things" and Next-Generation Technology Policy. [J]. Omics-a Journal of Integrative Biology, 2018, 22 (1): 65-76.
[37] DU S, WU P, WU G, et al. The Collaborative System Workflow Management of Industrial Design Based on Hierarchical Colored Petri-Net [J]. IEEE Access, 2018, 6: 27383-27391.
[38] LI J H, LI L Y, YANG B X, et al. Development of a Collaborative Scheduling System of Offshore Platform Project Based on Multiagent Technology [J]. Advances in Mechanical Engineering, 2015, 6 (10): 1-15.
[39] JI X, HE G, XU J, et al. Study on The Mode of Intelligent Chemical Industry Based on Cyber-physical System and its Implementation [J]. Advances in Engineering Software, 2016, 99: 18-26.
[40] DAVID, LOCKHART, BOGLE. A Perspective on Smart Process Manufacturing Research Challenges for Process Systems Engineers [J]. Engineering, 2017, 3 (2): 161-165.

科学家科学史
"两弹一星"功勋
科学家：钱学森

第 7 章

网络协同制造

PPT 课件

在全球新一轮科技革命和产业变革中,互联网与各领域的融合发展具有广阔前景和无限潜力。我国适时地提出了"互联网+"行动计划。网络协同制造正是在这个大潮中方兴未艾。本章主要概述"互联网+"和协同制造产生的背景、网络协同制造的迫切需求,分析网络协同制造的总体技术架构和关键技术,介绍多种网络协同制造总体技术架构示例,总结网络协同制造的基本组成要素,并简要分析若干案例。根据我国"十四五"期间国家信息规划与"互联网+"和协同制造的行动路线图,分析网络协同制造在基础前沿与关键技术、装备系统与平台、集成技术与应用示范等研究方向上的主攻任务。

7.1 网络协同制造的定义

7.1.1 网络协同制造概述

1. "互联网+"和协同制造产生的背景

"互联网+"主要指的是把互联网的创新成果与经济社会各领域深度融合,推动技术进步、效率提升和组织变革,提升实体经济创新力和生产力,形成更广泛的以互联网为基础设施和创新要素的经济社会发展新形态。在全球新一轮科技革命和产业变革中,互联网与各领域的融合发展具有广阔前景和无限潜力,已成为不可阻挡的时代潮流,正对各国经济社会发展产生着战略性和全局性的影响。

2015年7月,我国国务院发布了《关于积极推进"互联网+"行动的指导意见》,主要围绕"互联网+",推动互联网的创新成果与经济社会各领域深度融合,促进社会发展。

该指导意见发布的主要背景是,2015年以来,中国在互联网技术、产业、应用以及跨界融合等方面取得了积极进展,已具备加快推进"互联网+"发展的坚实基础,但也存在传统企业运用互联网的意识和能力不足、互联网企业对传统产业理解不够深入、新业态发展面临体制机制障碍、跨界融合型人才严重匮乏等问题亟待解决。为此,国务院制定了我国"互联网+"行动计划的发展目标,力争在若干年内,互联网与经济社会各领域的融合发展进一步深化,基于互联网的新业态成为新的经济增长动力,互联网支撑大众创业、万众创新的作用进一步增强,互联网成为提供公共服务的重要手段,网络经济与实体经济协同互动的发展格局基本形成。

在"互联网+"行动的指导意见中，所制定的重点行动包括："互联网+"创业创新、协同制造、现代农业、智慧能源、普惠金融、益民服务、高效物流、电子商务、便捷交通、绿色生态、人工智能11个行业领域，既涵盖了制造业、农业、金融、能源等具体产业，也涉及环境、养老、医疗等与百姓生活息息相关的方面，图7-1所示为"互联网+"重点行动，其中的一项重要行动计划即是"互联网+"协同制造。

2021年，我国中央网络安全和信息化委员会发布的《"十四五"国家信息化规划》中指出制造业数字化转型工程，强调了我国需要深化工业互联网创新发展，并支持企业通过工业互联网平台整合制造资源和能力，共同建立资源共享、业务协同、互利共赢的新型产业分工体系。突出了网络协同制造在智能制造领域的重要意义。

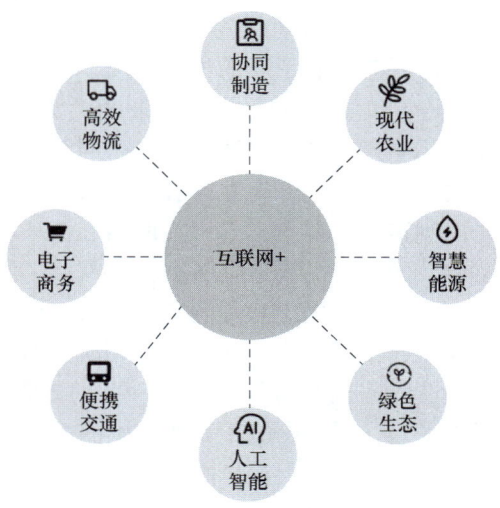

图 7-1 "互联网+"重点行动

2. "互联网+"协同制造的几个相关概念

（1）"互联网+" "互联网+"是知识社会创新2.0推动下的互联网形态演进及其催生的经济社会发展新形态。通俗地说，"互联网+"也即"互联网+各个传统行业"，这里并不是简单的两者相加，而是利用信息通信技术以及互联网平台，让互联网与传统行业进行深度融合，充分发挥互联网在社会资源配置中的优化和集成作用，将互联网的创新成果深度融合于经济、社会各领域中，提升全社会的创新力和生产力，形成更为广泛的以互联网为基础设施和实现工具的经济发展新形态。

"互联网+工业"即传统制造业企业"智能化"，采用移动互联网、云计算、大数据、物联网等信息通信技术，改造原有产品及研发生产方式，其内涵与"工业互联网""工业4.0"是总体一致的。

（2）协同制造 目前，国内外研究人员对协同制造尚未形成严格的定义，可以一般地、定性地认为，协同制造是充分利用互联网技术为特征的网络技术、信息技术，将串行工作变为并行工程，实现供应链内及供应链间的企业产品设计、制造、管理和商务等开展合作的生产模式，通过改变业务经营模式与方式达到资源最充分利用的目的。

不同研究单位和人员对"协同制造"的具体阐述可能不尽相同，但均体现以下内涵：

1）协同制造的主体。多数学者认为协同制造的主体是一个企业群，或者说企业联盟，它们在主权上相互独立、地理上相对分散、各自有着优势生产资源和技术、依靠协同机制组织在一起。

2）协同制造的对象。协同制造面向的是产品制造任务，通过将制造任务分解成各个子任务，交由具有对应生产优势的企业来完成，以实现整体最优。

3）协同制造的目标。市场机制下时间、成本、质量是生产主体最关心的问题。围绕制造任务，通过协同制造以实现整体生产效率的提高和效益的提升是协同制造的目标。这也是企业走向协同制造的主要原因。

4）协同制造的支撑技术。协同制造的实现需要借助通信技术和各种先进制造技术。

（3）网络协同制造　在当前发达的网络化协同背景下，协同制造有了新的外部环境，网络为协同制造提供了一个更为开放的平台，企业间的集成效应更加突出。相对于早期的协同制造，网络协同制造有了更新的"互联网+"基因。如图7-2所示，可以定性地认为，"网络协同制造"主要含义是：在网络社会环境下，以网络为基础，面向产品制造任务，借助网络、制造、通信等技术，将具有不同优势资源的企业通过动态联盟的形式组织在一起，把各子任务分配给相应制造企业，以缩短产

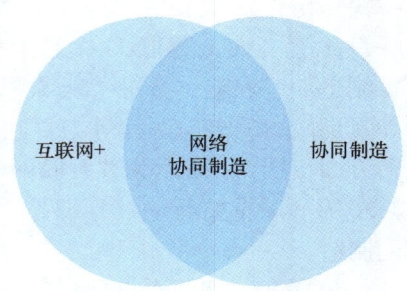

图 7-2　网络协同制造的组成

品制造周期提高制造效益的一种生产方式。其核心是利用网络为不同企业之间的协同制造提供平台，通过网络工具实现不同企业之间的信息集成、过程集成、资源集成，进而实现整体资源的优化配置来提高效率和效益。

在制造业向着大型、精密、数控、全自动趋势不断发展的时代下，需要将制造环节与设计、经销、运行、维护直至回收处理联系起来，由传统的数据孤岛转为信息化协同管理，将各个环节的数据采集并输入到全生命周期数据库形成总知识库，通过信息技术、自动化技术、现代管理技术与制造技术相结合，构建面向企业的网络协同制造系统，实现企业间的协同和各个环节资源的共享，提高生产率、产品质量和企业的创新能力，从而提高企业的竞争能力，同时减少生产和消费过程中的资源消耗与污染排放。

7.1.2　网络协同制造的迫切需求分析

工业制造是国民经济的重要支柱。在"互联网+"时代，以物联网、云计算、大数据等基于互联网的新一代信息技术正在成为驱动制造业产业变革的核心力量。"互联网+"协同制造强调充分利用互联网技术及理念，促使制造企业、用户、智能设备、全球设计资源以及全产业全价值链之间的互联互通与高效协同，即强调制造企业利用互联网加强企业内外部、企业之间，以及产业链各环节之间的协同化、网络化发展，更多地发挥我国互联网的比较优势，提升我国制造业竞争力。

1. 互联网与制造业融合整体态势

当前，全球新一轮科技革命和产业变革风起云涌，增材制造、工业互联网、工业大数据、工业4.0等新的生产理念不断涌现，以互联网为核心的新一代信息技术融合创新，已经成为驱动信息技术与实体产业融合发展的新引擎。发达国家政府和产业界高度重视这一趋势，通过政企合作模式，建立研发应用和产业化的多方共享协作机制，不断加快新型网络化智能制造方式的发展步伐，旨在寻找新一轮增长的动力，把握未来国际经济科技竞争的主动权。在我国，经历多年的探索、实践与培育，互联网与工业融合已具备相当规模的创新主体，新产品新业态新模式不断涌现，孕育了新兴市场，带动长尾需求力释放。融合创新赖以实现的技术、网络、平台等基础正加速完善，以"中国互联网与工业融合创新联

盟"为代表的行业平台组织相继成立，产业生态初步构筑，已具备持续规模推进的现实基础。

我国一些领先的工业企业、互联网企业和生产性服务企业已成为融合生态体系中各种创新活动的主要载体和践行者，由于各自基础和优势不同，不同类型企业融合创新的模式、路径、方向和重点也有所差异。

1）传统工业企业互联网化转型明显加快。部分工业企业在互联网浪潮中主动把握发展机遇，在战略、组织、业务、管理等方面实施由内而外的全面变革，将客户、供应商、服务商、员工集聚于企业全互联阵营中，推动实现从有界向无界、垂直向扁平、制造向服务的转型，并由此成为融合创新的主力军。

2）互联网企业借助新产品新服务融入工业基因。互联网企业依托其固有的通用性、交互性、开放性和共享性等属性，充分发挥其便捷、扁平、聚集等优势，通过与工业各领域各环节不断融合创造出新产品、新业态和新模式，实现快速渗透。

3）生产服务企业借助互联网拓展服务空间。来自不同领域的生产服务企业积极顺应工业发展需要，通过向平台企业转型、创新服务模式或拓展服务外延等方式加速向工业领域渗透，成为引领融合发展的重要力量。

2. 互联网与制造业融合面临的主要问题

"互联网+"协同制造是一个有机的生态体系，各环节之间的融合发展并不是一蹴而就。由于互联网与制造业之间有着各自不同的属性和特征，且不同环节、领域、企业的应用水平悬殊，因而使得当前互联网与制造业的融合发展还存在一系列问题。

1）制造业企业信息化水平参差不齐，很难形成通用的融合创新推广路径。部分地区和行业仍处于以初级或局部应用为主的阶段，且不同地区、行业及不同规模企业间信息化水平差距明显。按照德国"工业4.0"战略的划分标准，相当一部分企业还处在工业2.0的阶段，尚需补上从工业2.0到3.0的差距。

2）侧重消费服务的互联网暂难满足制造业生产性需求。当前我国互联网服务主要是侧重消费型，重在用户体验，发展的模式也是重市场开拓，轻资源和技术的研发与整合，这种互联网基因与企业生产性需求存在较大差异。

3）互联网与制造业融合供需双方存在认识差异。因行业差异与专业壁垒影响，作为供需双方的制造企业和互联网服务企业对互联网认识存在不同。一些制造企业或对互联网创新理解不够，缺乏开放共享的精神和自我变革的勇气，或对互联网思维有认识盲目，迷失于各种似是而非的概念。而一些互联网企业对制造业领域创新需求的理解和挖掘也不到位，或固步于消费者端琢磨"眼球经济"，或因缺乏对制造业生产的足够认识而"不接地气"。

4）支撑创新转型的旧体系改造和新产品推广的专业服务尚待完善。如何在保证安全可靠的前提下将既有生产运营、管理体系更好地与互联网结合，是传统企业互联网化转型中普遍面临的问题。此外，相应的标准体系目前在行业上下游间暂未统一，接口困难，各方自行推动的标准建设带来较高的重复建设成本，相关的政策法律也有所缺失。

5）核心技术仍是制约我国互联网与制造业融合创新发展的关键。大量核心技术如制造业操作系统、大规模集成电路、网络传感器、制造业机器人、工业控制器、高端数控机床、高端工业软件等仍严重受制于国外厂商，制造企业在开展创新应用模式的时候往往受到技术瓶颈约束,由此导致我国制造业深度应用互联网受限,网络化、智能化的生产组织能力薄弱。

7.2 网络协同制造的架构

7.2.1 网络协同制造的总体架构

网络化协同制造主要是利用工业互联网提供跨企业资源共享与协同操作,实现产品的异地、跨企业制造模式。并行工程、多学科设计优化、多学科虚拟样机建模与模拟、三维建模与辅助制造等技术获得了应用。

通过网络协同制造模式,将设计、制造、销售、服务等各环节的串行工程变为并行工程,实现供应链内及跨供应链间的企业产品设计、制造、管理和商务等的合作生产,达到资源最充分利用的目的。网络协同制造的串行工程和并行工作模式对比如图7-3所示。

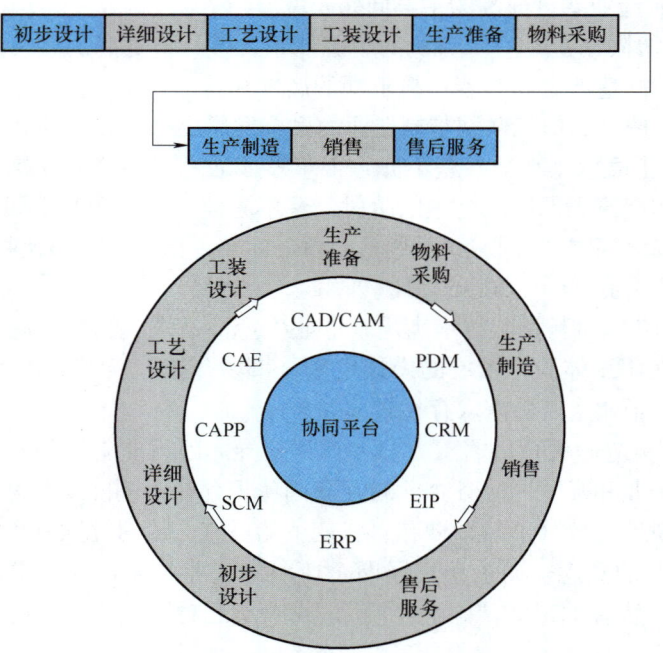

图 7-3 网络协同制造的串行工程与并行工程对比

SCM-Supply Chain Management,供应链管理;CRM-Customer Relationship Management,客户关系管理;EIP-Enterprise Information Portal,企业信息门户

这种网络化协同模式,可分为以下三个层级的协同:
1)制造企业内部各个部门或系统的协同。
2)企业集团(联盟)内工厂之间的协同制造。
3)基于供应链的协同制造。

网络协同制造模式的价值主要体现在以下方面：

1）降低企业原料物料库存成本，使基于销售订单拉动从最终产品乃至各部件的生产成为可能。

2）可以有效地在企业内各个工厂、仓库之间调配物料、人员及生产等，缩短订单交付周期，更灵活地实现整个企业的制造敏捷性。

3）实现整个企业各工厂和环节的物流可见性、生产可见性、计划可见性，更好地监控企业的制造过程。

4）实现企业的流程管理，节约实施成本和流程维护与改善成本。

5）降低企业系统维护资源消耗。

一般而言，协同设计制造系统主要由协同系统管理、协同工作管理、协同应用、决策支持、协同工具、安全控制以及分布式产品数据管理等不同的功能模块组成。

其中，协同系统管理模块对整个系统进行管理，见表 7-1。协同工作管理模块负责对协同设计制造过程进行管理，统筹安排开发中的各种活动、资源。分布式数据管理模块负责对所有的产品数据信息、系统资源及知识信息进行组织和管理，这些信息主要包括用户信息、产品数据、会议信息、决策信息、密钥信息、知识库及方法库等。安全控制模块负责对进入系统的用户、协同过程中的数据访问和传输进行安全控制，主要包括安全认证、保密传输以及访问控制等，以保证整个系统的数据安全。协同应用模块则提供系统核心功能，协同设计制造人员在数据库的支撑下，利用该模块进行协同应用，包括协同计算机辅助设计（CAD）、计算机辅助工艺规划（CAPP）、计算机辅助制造（CAM）、虚拟制造仿真以及分布式数字控制加工（DNC）等。决策支持模块承担协同设计制造决策支持任务，包括约束管理和群决策支持等。协同工具模块为协同设计制造提供通信工具，包括视频会议、文件传输以及邮件发送等。

表 7-1 协同设计制造系统功能模块

协同系统管理模块	负责对整个系统进行管理
协同工作管理模块	负责对协同设计制造过程进行管理，统筹安排开发中的各种活动、资源
协同应用模块	提供系统核心功能，协同设计制造人员在数据库的支撑下，利用该模块进行协同应用，包括协同计算机辅助设计（CAD）、计算机辅助工艺规划（CAPP）、计算机辅助制造（CAM）以及分布式数字控制加工（DNC）等
决策支持模块	承担协同设计制造决策支持任务，包括约束管理和群决策支持等
协同工具模块	为协同设计制造提供通信工具，包括视频会议、文件传输以及邮件发送等
安全控制模块	负责对进入系统的用户、协同过程中的数据访问和传输进行安全控制，主要包括安全认证、保密传输以及访问控制等，以保证整个系统的数据安全
分布式数据管理模块	负责对所有的产品数据信息、系统资源及知识信息进行组织和管理，主要包括用户信息、产品数据、会议信息、决策信息、密钥信息、知识库及方法库等

以网络化协同制造为创新模式，国内外研究人员和相关单位开展了不少研究，提出了侧重点不尽相同，但核心内涵相似的网络协同制造技术架构。

7.2.2 网络协同制造架构示例

1. 网络协同制造总体技术架构示例一

有学者研究提出了一种"典型区域性网络化产品协同设计制造平台系统方案"总体架构，并提出了其运营管理模式，如图 7-4 和图 7-5 所示。

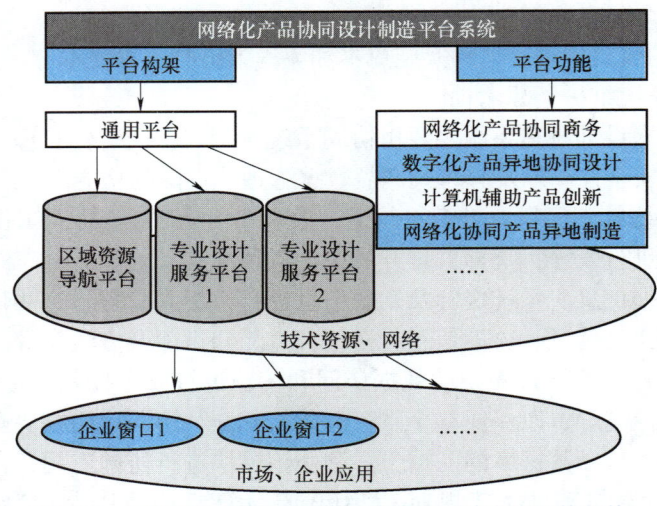

图 7-4　网络化产品协同设计制造平台系统方案总体架构

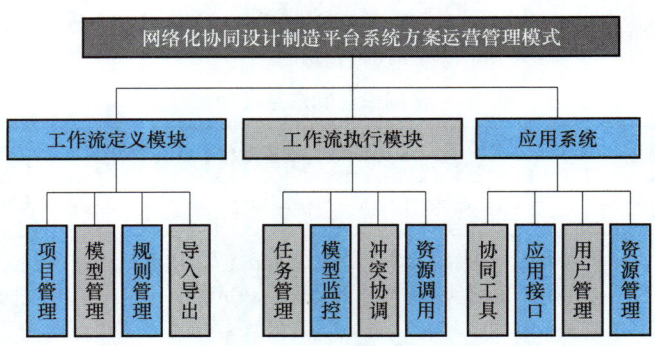

图 7-5　网络化协同设计制造平台系统方案运营管理模式

该系统平台方案中，平台架构中的通用平台主要包括区域资源导航平台、分布式专业设计服务平台等；平台功能中包括网络化产品协同商务、数字化产品异地协同设计、计算机辅助产品创新、网络化系统产品异地制造等；在网络系统的支持下，各协作企业或部门，信息互通、各司其职，完成协同模式下的智能制造过程。网络化协同设计制造平台系统方案运营管理模式则负责网络化协同制造各类工作流的定义、执行和应用系统的管理工作。

2. 网络协同制造总体技术架构示例二

有学者从协同制造企业"动态联盟"的角度，提出了网络协同制造的技术架构，如

图 7-6 所示。协同制造企业"动态联盟"主要是指由分布在不同地区的、专长于不同专业的多个企业、研究机构、组织、公司等,基于某个项目或产品,利用先进的电子手段和已有的社会技术基础,为了共同赢得竞争而组成一个临时性的网络组织或动态联盟。

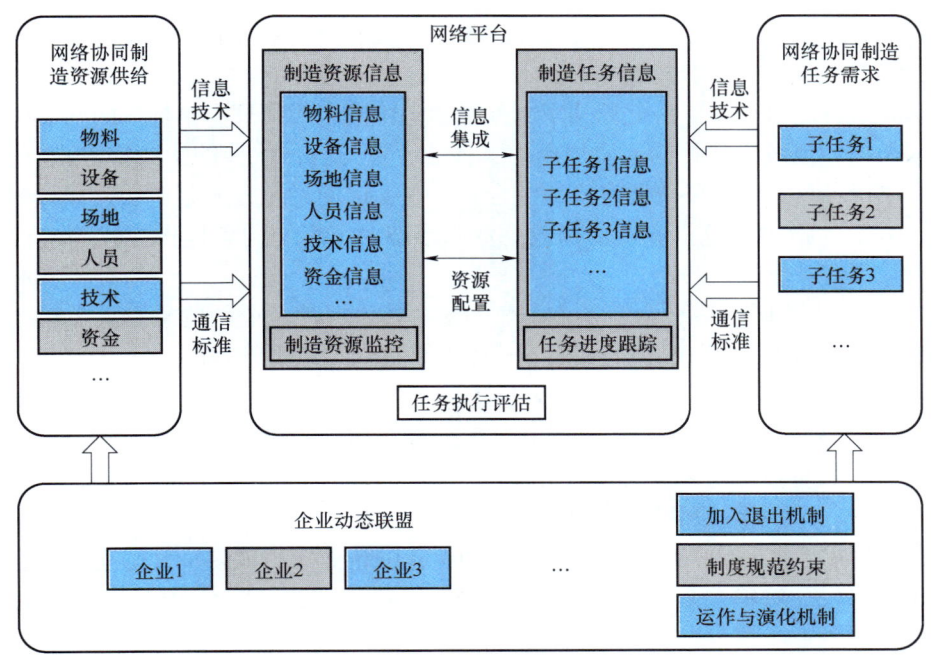

图 7-6　基于企业动态联盟的网络协同制造技术架构

基于该技术架构,网络化协同制造的过程如下:

1)协同制造动态联盟内的制造企业依据实际情况,提交制造任务需求,并将制造任务分解成各个子任务,通过信息技术与通信标准提取各个子任务的信息,在网络平台上发布。

2)动态联盟内的各个制造企业整合物料、设备、场地、人员、技术、资金等资源,凝聚制造能力。通过信息技术与通信标准提取相应资源信息,在网络平台上发布。这些资源信息代表了各企业的制造能力。

3)制造任务信息和企业资源信息在网络平台上进行信息集成,在资源共享的基础上,通过资源配置技术对制造任务进行合理分配,由多个企业协同完成整个制造任务。

4)通过网络平台实时跟踪制造任务进度,监控制造资源情况。及时发现异常状况,进行动态调度和异常情况处理。

5)发出任务需求的制造企业通过网络平台对任务的执行情况进行评估,完成本次网络协同制造过程。

6)网络协同制造架构中,会逐步制订和完善企业动态联盟的加入、退出、约束、运作与演化机制。

进一步分析可知该种技术架构下的网络协同制造具有如下特性:

1)网络协同制造的核心环节在于借助网络平台围绕制造任务实现不同企业间的资源

优化配置。网络的主要作用在于将空间对象"信息化"来发挥作用。

2）协同制造的关键在于资源配置，可通过合理调度资源来实现总体效益最大化。

3）资源共享是网络协同制造的前提，而实现资源共享的基础是对现实空间制造资源的信息获取。现实空间制造资源信息的获取需要电子、传感、监测、通信等技术的支持，同时也需要标准化技术来建立统一的通信标准，实现不同种类信息的对接和共享。

3. 网络协同制造总体技术架构示例三

有研究人员提出了一种由资源共享服务平台和协同生产管理平台构成的网络协同制造系统技术架构。该技术架构的主要思路为：核心企业与合作伙伴的生产技术、业务流程、任务以及执行者与其他关联资源有机地整合在一起，以便迅速完成制造任务和目标。以此技术架构方案为指导，对企业技术构成、资源形态、组织结构和运作模式等进行了如下调整：

1）更加突出协同制造平台中各个企业的核心技术，使企业的竞争力主要建立在通过核心技术完成的企业特色产品或服务上，成本和价格权重则退于其次。

2）围绕企业自身技术特色，对企业资源进行快速重组。

3）企业建立更具有灵活性、开放性和自主性的组织结构，以实现资源的快速重组。在企业组织中人与人之间的关系将更强调具有较强自主性的协调与合作，而不是行政式命令。

4）技术、资源和组织的调整促使企业运作模式发生变化。原来单个企业封闭地完成一个产品的模式，将要被围绕产品全生命周期运作的企业集团或多个优势互补企业组成的虚拟企业所取代。对单个企业来说，与其他企业的协作能力是衡量其市场竞争力的重要因素。

据此而建立的网络协同制造系统的体系结构如图 7-7 所示。

该协同制造系统体系主要由资源共享服务平台和协同生产管理平台组成，具体如下。

（1）资源共享服务平台　资源共享服务平台包括公共数据中心和功能系统两部分，主要通过互联网／内联网（Internet/Intranet）获取各合作伙伴企业中的可共享资源并加以归整，使各企业实现资源共享，并为企业间的相互协作提供支持。该服务平台需要建立以标准资源库、专利库、产品信息库、知识库、人力资源库等为核心的公共数据中心，以此为基础为协作企业提供资源管理、资源搜索、发布、注册、合作伙伴评价、协同工作流、监控、协同数据接口等服务功能。

公共数据中心利用信息技术，特别是通过互联网／内联网建立的企业网上制造资源信息库，使信息和知识为尽可能多的需求者服务，并通过有效地连接和共享各个分散的合作伙伴企业的制造资源，加快企业产品的开发速度，使企业资源得以优化利用。在网络化制造模式下，各合作伙伴企业之间协作的首要条件就是对可共享制造资源进行分析、归整、组织、系统化和数字化，并实现集中管理。

功能系统具有面向协同制造平台的资源共享服务功能，它在公共数据中心所管理的可共享资源支撑下，便捷地为各合作伙伴企业提供各种资源共享服务功能。主要提供资源管理、资源搜索、发布、注册、合作伙伴评价、协同工作流等服务。其中，协同工作流服务即提供协作工作流引擎，主要功能是在协同制造平台范围内，为各企业间的合作伙伴选择、异地协同设计、异地协同制造等协作行为提供技术和信息支持，以便通过网络将分布在各地的分散企业联系在一起进行协同作业。

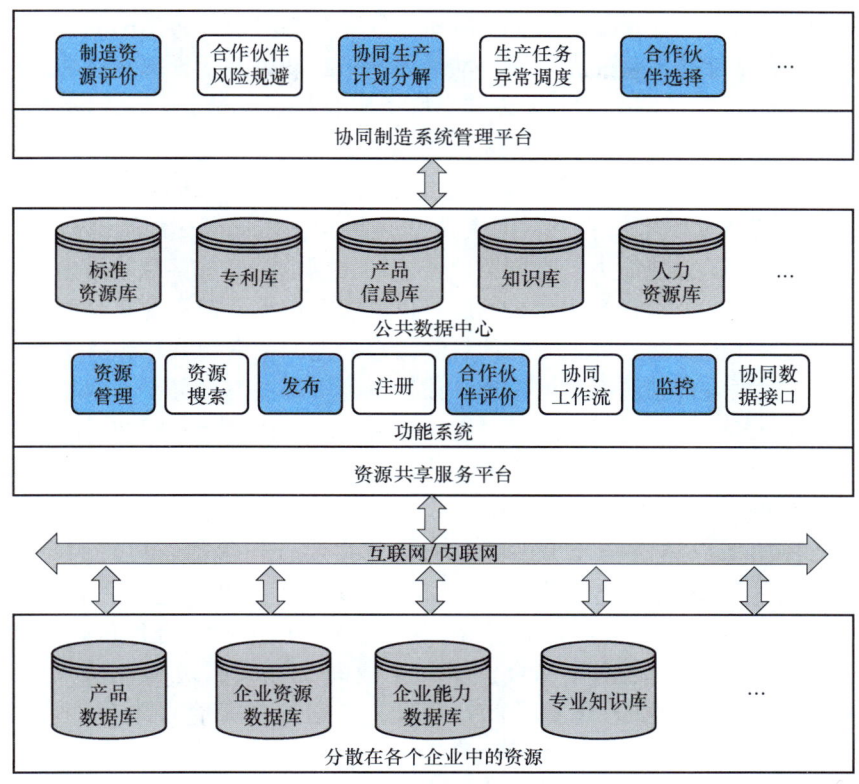

图 7-7　协同制造系统体系结构

（2）协同制造环境下资源获取和集成技术　资源共享服务平台支持下的网络化制造资源获取和集成技术模型如图 7-8 所示。

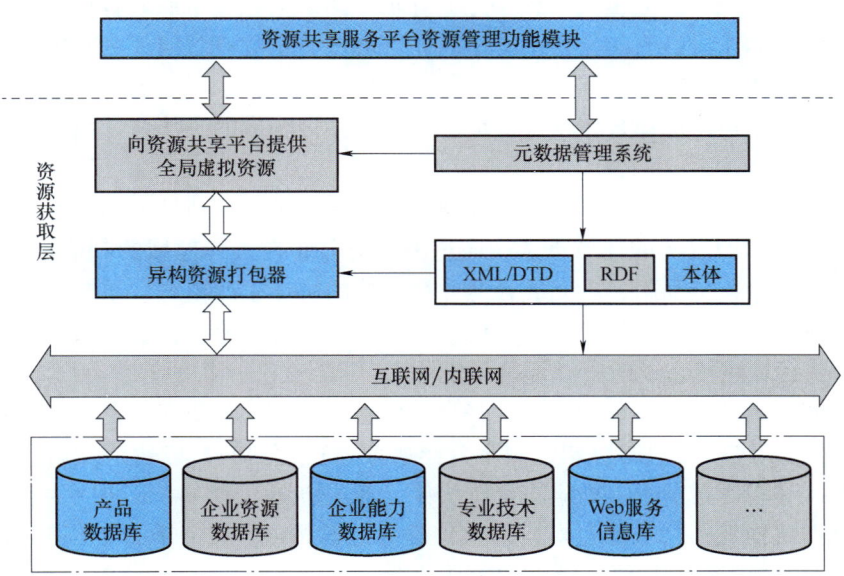

图 7-8　资源共享服务平台下的协同制造资源获取和集成技术模型

从图 7-8 中可以看出，资源获取层根据功能分为左右两个子功能系统。右边的为元数据管理系统，具有智能搜索功能，能够自动搜索网络上的可共享资源；可动态地抽取元数据，存储到专门的元数据库中；为资源共享服务平台提供元数据定义、浏览、查询、维护和输出等功能。该系统利用可扩展标记语言（Extended Markup Language，XML）作为标准地描述元数据的语言，交换格式由模式文档类型定义（Document Type Definition，DTD）来限制。在 XML 基础上，利用资源描述框架（Resource Description Framework，RDF）语言强大的资源描述能力，在网络上搜索相关的资源信息。左边为模型中与具体资源交换数据和信息的部分，它利用元数据库提供的资源信息，把资源共享服务平台获取资源的请求分发到具体的资源，并把资源信息经组合后返回给资源共享服务平台。分发和组合过程依赖于元数据管理系统提供的信息。该系统为资源共享服务平台屏蔽了互联网上错综复杂的分散资源环境，提供了一个全局虚拟资源环境。通过互联网获取的资源由资源共享服务平台的资源管理功能模块负责管理。

4. 网络协同制造总体技术架构示例四

相关学者提出了以核心企业为中心、覆盖其主要合作伙伴、以准时生产和降低合作风险为目标的协同制造系统功能模型，如图 7-9 所示。该模型的主要特点是，考虑到分布式环境、各企业资源及相应运输手段，支持核心企业与合作伙伴建立关系，分解协同生产计划，支持核心企业和合作伙伴企业间交互式制定和确认生产计划任务，跟踪、反馈、异常发现、动态调整生产计划任务，最终提高企业的生产率，降低生产中的风险。

（1）协同平台管理模块　该模块为协同生产计划管理平台的组建、维护提供服务，具备产品与物料定义、生产初步规划、合作伙伴能力和工作日历定义、制造过程的定义等功能，并对协同制造系统进行管理，提供用户管理、企业信息管理、系统配置等功能，使不同权限的企业用户进入协同制造系统时，呈现不同的系统菜单功能结构。

（2）合作伙伴关系建立模块　核心企业寻求合作的信息发布后，普通企业首先根据发布信息在互联网上注册自己的公司基本信息，告诉核心企业有意向成为它的合作伙伴。系统根据候选合作伙伴资格评价体系，采用科学合理的评价算法对其做供货情况评价。如果评价结果符合核心企业选择合作伙伴的标准，则对其做相应的合作伙伴编码，并正式确认成为合作伙伴。

（3）合作伙伴制造资源评价模块　在协同制造模式下，制造任务通过分解形成不同层次的任务需求。不同层次的任务需求，通过网络对分布在不同地域的制造资源进行比较，实现快捷的资源整合与利用，以完成异地并行制造的协作生产模式。系统中建立了企业制造资源评价体系指标的发布与维护，合作伙伴制造资源定量分析，合作伙伴制造资源信息查询，合作伙伴风险状态下的资源评价等模块。

（4）协同生产计划分解模块　协同平台运作生产计划是根据确定的需求（主要是客户订单），经过合作伙伴之间的协调，制定合作伙伴执行计划的，包括产品运作计划、物料需求计划等，这些计划发布给相应的合作伙伴，经过协调，最终生成协同生产任务，下达给相应的合作伙伴执行，并通过对合作伙伴任务的监控模块，获取计划任务的执行情况，对计划的执行进行跟踪、反馈、评估和异常调整。

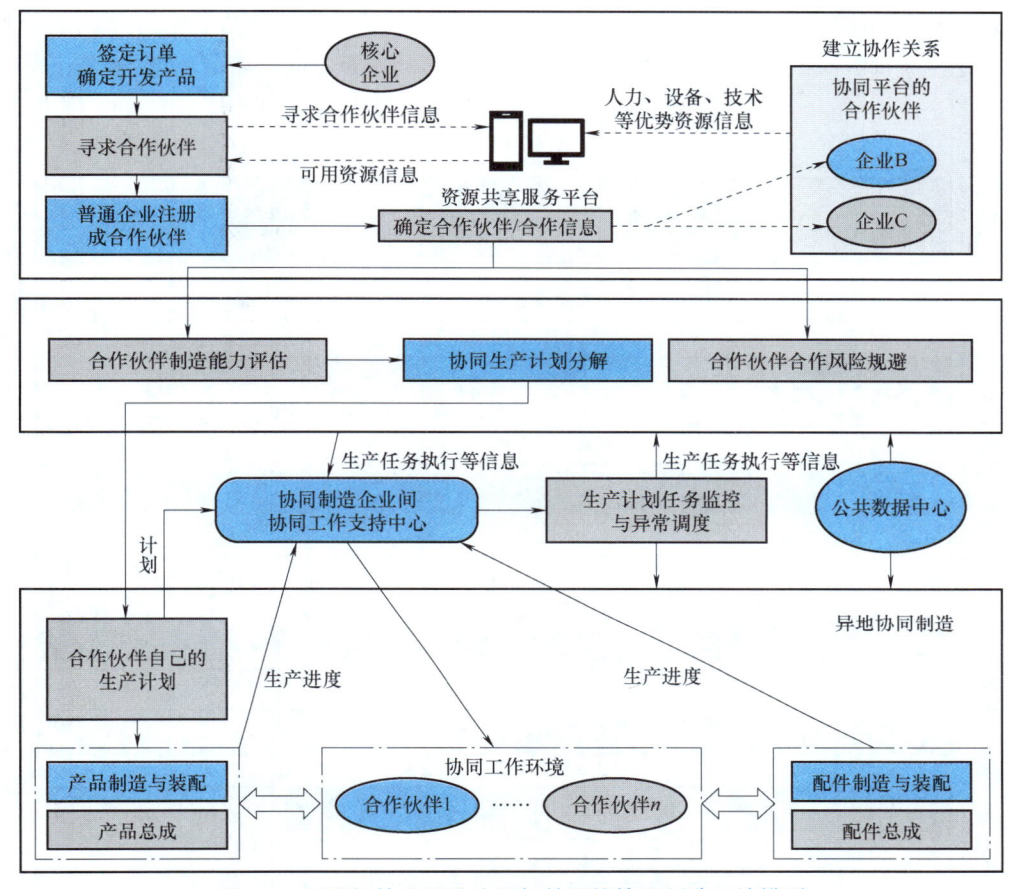

图 7-9　以降低协作风险为目标的网络协同制造系统模型

（5）合作伙伴风险规避模块　合作伙伴在生产过程中可能会遇到各种外部干扰因素。每种不同的外部干扰因素都会对合作伙伴的生产能力造成不同程度的影响，需计算合作伙伴在不同工作状态下的供货能力，并提前做出相应决策。

5. 网络协同制造总体技术架构示例五

在互联网环境下，企业内、企业间、各制造协作成员与单位之间的制造协同更多地表现出松耦合特征，相关学者提出了一种具有自组织、去中心化的制造服务动态协同机制和体系结构，如图 7-10 所示，从下到上有实体资源层、智能资源层、社会协作层和协作应用层。

（1）实体资源层　实体资源层包括数字化的 IT 基础设施和数字化的实体制造设备，以及其他传统制造资源。数字化实体制造设备有工业机器人、自动导引小车、柔性控制单元、数控加工中心等。传统制造资源包括材料、物资、能源、人力等。

（2）智能资源层　智能制造资源（Intelligent Manufacturing Resource，IMR），指用于支持智能制造企业（Intelligent Manufacturing Enterprise，IME）实现智能制造活动的全部人力、物力、财力和智力资源。其中智力资源包括信息系统硬件基础设施、软件基础设施、部署在基础设施之上的信息系统及信息系统中间件、组件、功能模块、网络服务器等，以及所存储加工的数据、从数据挖掘而来的规律、统计结论等智慧。智能制造资源也包括工艺可用性、工艺精度、设计工时、制造工时、服务工时、加工经验能力、专家知识等。

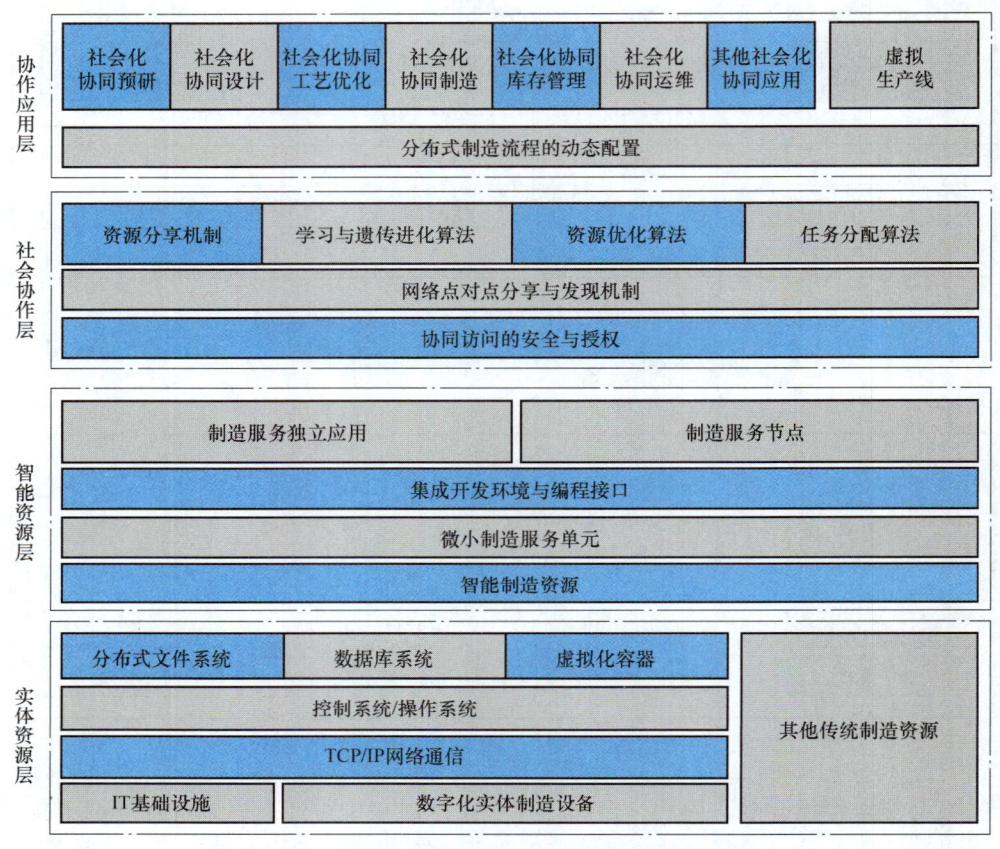

图 7-10　基于社会化的网络协同智能制造体系架构

智能资源层定义了从智能制造资源封装到微小制造服务单元（Micro Manufacturing Service Unit，MMSU），从微小制造服务单元通过开发环境及编程接口重组为制造服务独立应用的过程。在智能资源层中，制造服务节点作为一个代理环节，既可独立运行，也可以多个节点并行运行，该代理的目的是接收来自社会协作层的服务调用请求，并通过相匹配的制造服务独立应用或者直接调用微小制造服务单元甚至调用智能制造资源。

（3）社会协作层　社会协作层基于协同访问的安全与授权以及网络点对点分享与发现机制，提供智能制造企业之间在互联网的智能制造资源发布、搜索的过程。当获得社会服务网络（Social Networking Services，SNS）获得所需要的智能制造资源时，根据智能制造资源优化选择算法进行筛选，根据智能制造资源排产算法分配虚拟生产线（Virtual Production Line，VPL）中各子过程的任务。资源优选算法和资源排产算法作为算法池的一部分由智能制造企业开发。社会协作层还提供资源分享机制，学习与遗传进化算法。认证与授权将确保社会协作层提供给协作应用层的微小制造服务单元、制造服务节点或智能制造资源是可用可达的。

（4）协作应用层　协作应用层主要完成分布式制造流程的动态配置，主要应用协作包括：社会化的协同预研、协同设计、协同工艺优化、协同制造、协同库存管理、协同运维以及基于社会化协同机制的协同生产，即虚拟生产线。分布式制造流程的动态配置机制基于微小制造服务单元、制造服务节点和智能制造资源，或者作为独立的应用工具存在或嵌套在制造服务的独立应用程序中。

7.2.3　网络协同制造基本组成要素分析

综合以上侧重点各不相同的网络协同制造技术架构，可分析出其中的一些共性、基本组成要素和特点：

（1）网络是基础　网络协同制造中网络的基础作用主要体现在网络为协同制造的整个过程提供了平台支持。实际上，网络所提供的这种平台主要是指信息传输、互通、共享的平台。通过将制造过程的资源和对象转化成相应信息，利用网络平台进行集成，从而实现协同制造。在网络协同制造中，利用的网络主要有互联网（Internet）、企业内联网（Intranet）、企业外联网（Extranet）等。

（2）资源共享是前提　网络协同制造是在各企业拥有的制造资源不对称的现状下，通过多个企业的协同以实现资源优化配置，从而提高制造效率。通过将总任务分解成各个子任务，充分利用各个企业的优势资源，为子任务选择最合适的制造企业来实现最优的整体制造方案。

（3）技术是支撑　在网络协同制造中，各项技术是保障协同过程顺利进行的支撑。用到的主要技术可分为基础技术、集成技术、应用实施技术等。其中，基础技术包括网络技术、标准化技术、产品建模与企业建模技术、动态联盟技术等；集成技术主要借助各类信息网络技术来实现；应用实施技术包括资源共享与优化配置、资源封装与接口、数据管理、网络安全技术等。

（4）扁平透明度高的组织模式是保障　网络协同制造的主体是地理上分散、组织上独立的各个制造企业。在网络协同制造方式下，各个企业以动态联盟的形式联系在一起，在联盟内各个企业关系平等，不存在层级结构，通过协议和约定能够进行信息和资源的共享，各企业能够独立自主地完成各自的子任务。这种扁平和透明度高的组织模式为网络协同制造提供了保障，在该组织模式下，联盟内各企业以制造任务为中心，根据自身资源条件提供制造服务。这些企业形成了既分散又集中，既独立又协同的组织关系。

（5）提高效率和效益是目标　网络协同制造是市场驱动的结果，效率和效益的提升是引导企业走向网络协同制造的关键因素。通过在行业范围内进行资源配置和制造任务的分工协作，能够弥补单个企业某项资源或制造能力的不足，实现企业间资源和制造能力的互补，从而提高产品制造效率和效益。

7.2.4　网络协同制造主要研究方向

当前，我国网络协同制造和智能工厂领域仍受到发展模式创新、技术能力、融合新生态、核心技术、软件支撑能力等方面的制约。为此，国家相关部门提出了未来研究与实践工作的指导性方向：基于"互联网+"思维，以实现制造业创新发展与转型升级为主题，以推进工业化与信息化、制造业与互联网、制造业与服务业融合发展为主线，以"创模式、强能力、促生态、夯基础"以及重塑制造业技术体系、生产模式、产业形态和价值链为目标，推动科技创新与制度创新、管理创新、商业模式创新、业态创新相结合，探索引领智能制造发展的制造与服务新模式，突破网络协同制造和智能工厂的基础理论与关键技术，研发网络协同制造核心软件，建立技术标准，创建网络协同制造支撑平台，培育示范效应强的智慧企业。

网络协同制造主要研究方向如图 7-11 所示。

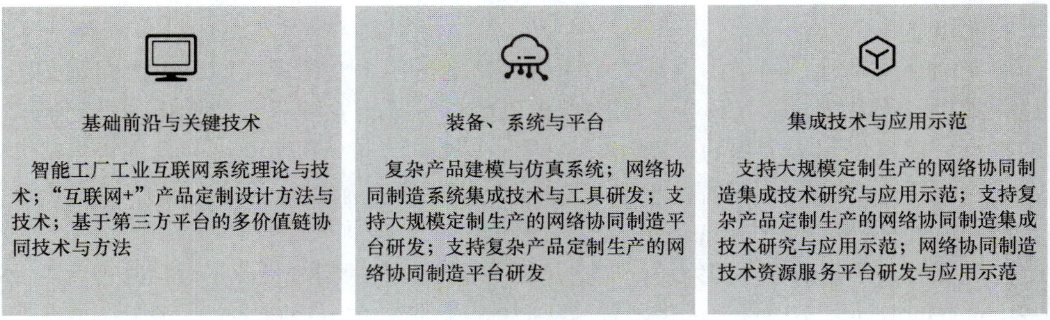

基础前沿与关键技术

智能工厂工业互联网系统理论与技术；"互联网+"产品定制设计方法与技术；基于第三方平台的多价值链协同技术与方法

装备、系统与平台

复杂产品建模与仿真系统；网络协同制造系统集成技术与工具研发；支持大规模定制生产的网络协同制造平台研发；支持复杂产品定制生产的网络协同制造平台研发

集成技术与应用示范

支持大规模定制生产的网络协同制造集成技术研究与应用示范；支持复杂产品定制生产的网络协同制造集成技术研究与应用示范；网络协同制造技术资源服务平台研发与应用示范

图 7-11　网络协同制造主要研究方向

下面对网络协同制造主要研究方向进行简单介绍。

1. 基础前沿与关键技术

（1）智能工厂工业互联网系统理论与技术　该方面的主要研究内容有：针对工业互联网系统结构复杂性问题，研究建立工业互联网系统理论体系；建立互联网与智能工厂控制网络融合的体系架构；研究智能工厂工业互联网复杂大系统理论与优化设计技术；研究工业互联网系统控制稳定性和系统质量的评价方法；研发智能工厂工业互联网系统验证平台；形成由工业互联网构建的典型行业解决方案，实现对工业互联网复杂大系统的理论验证。

（2）"互联网+"产品定制设计方法与技术　该方面的主要研究内容有：针对用户深度参与产品研发设计过程、产品个性化与规模化研发设计亟待融合的实际需求，研究"互联网+"环境下个性化需求分类、预测与转化建模基础理论、模式和方法；研究大数据驱动的"互联网+"环境下产品个性化设计技术；研发"互联网+"定制设计资源库、案例分析库和使能工具集；研发支持个性化用户深度参与的"互联网+"产品定制设计原型系统，并面向服装、电梯、盾构机等典型行业和产品开展应用验证。

（3）基于第三方平台的多价值链协同技术与方法　该方面的主要研究内容有：针对制造业传统供应链管理带来的"价值链孤岛"以及产业价值链协同模式创新不足等问题，研究基于第三方云平台及业务驱动的多价值链协同模式与协同机制；研究多价值链业务协同与优化方法，多价值链企业群业务重构与组织方法，跨企业价值链的多链协同模型，跨企业价值链的多链协同与优化技术等；围绕供应、营销、服务等业务流程，开发面向典型行业的多价值链协同与优化构件；研发支持多价值链协同的第三方云服务平台。

2. 装备、系统与平台

（1）复杂产品建模与仿真系统　　该方面的主要研究内容有：针对复杂产品在需求、设计、试验、运维等全系统建模与协同仿真方面的实际需求，研究模型驱动的复杂产品多学科全流程协同设计建模、仿真优化方法与标准规范；研究复杂产品全系统统一建模技术，白盒、灰盒、黑盒模型互联集成技术，基于模型的混合现实技术，多仿真目标机模型自动划分、协同仿真计算与综合验证技术；基于多领域统一建模语言构建多学科工业知识模型库和重点行业功能模型库，开发基于开放式架构的多学科复杂产品建模与仿真系统。

（2）网络协同制造系统集成技术与工具研发　　该方面的主要研究内容有：针对支持大规模定制和复杂产品定制的网络协同制造平台开发及应用实施过程中技术集成的需求，研究网络协同制造平台体系架构及其设计方法；构建网络协同制造集成技术标准体系，研发模型定义与管理、数据解析与交换、数据及模型与业务融合等网络协同制造系统集成支撑技术和标准；开发支持智慧企业、智能工厂及车间与智能生产线之间系统的互联互通接口及规范；研制数据接入与分析、业务柔性建模、模型管理与转换、集成需求解析、集成能力匹配、集成效果分析等网络协同制造系统集成支撑工具集。

（3）支持大规模定制生产的网络协同制造平台研发　　该方面的主要研究内容有：研究支持大规模定制生产的网络协同制造平台开放式架构，产品研发设计、生产制造、运维服务一体化集成技术，智能供应链、营销链、服务链协同技术，产品、设计、制造、管理、供应、营销和服务等多源异构数据建模、集成技术与标准，用户参与创新与数据驱动的用户及产品画像、开放式资源管理等关键技术以及网络协同制造系统集成标准；研发产品设计、制造、运维服务一体化的支撑软件，大规模定制生产模式下的智能供应链、营销链、服务链协同支撑软件，开放式制造资源管理、多主体多目标智能调度、全流程可视化管控等软件与工具，企业数据空间构建及产品数据链、制造数据链、服务数据链、资源数据链集成支撑软件；研发数据驱动的制造企业战略管控、智能决策与预测运营支撑系统。

（4）支持复杂产品定制生产的网络协同制造平台研发　　该方面的主要研究内容有：在航空航天、轨道交通、港口机械、海洋工程、地下工程、能源电力等领域开展复杂产品定制生产的典型离散型制造业应用。

3. 集成技术与应用示范

（1）支持大规模定制生产的网络协同制造集成技术研究与应用示范　　该方面的主要研究内容有：针对汽车制造、家用电子电器、工程机械、轻工、纺织服装等大规模定制生产的制造企业实现战略管控、智能决策与预测运营的需求，研究大规模定制生产方式下制造企业网络协同制造发展模式和整体解决方案；集成本专项技术和软件研发成果，研发产品研发设计、生产制造、运维服务一体化集成技术与接口，构建产品研发设计、生产制造、运维服务一体化的技术体系；研究智能供应、营销和服务价值链协同技术与接口，构建市场拉动和数据驱动的从企业管理到供应链、营销链、服务链协同的产业价值链协同技术体系；研究产品数据链、制造数据链、服务数据链与资源数据链的集成技术与接口，构建制造企业数据空间；形成支持大规模定制生产的制造企业网络协同制造平台，实现数据驱动的企业战略管控、智能决策与预测运营。

（2）支持复杂产品定制生产的网络协同制造集成技术研究与应用示范　　该方面的主要研究内容有：针对航空航天、轨道交通、港口机械、海洋工程、地下工程、能源电力等支持复杂产品定制生产的制造企业实现战略管控、智能决策与预测运营的需求,研究复杂产品定制生产方式下制造企业网络协同制造发展模式和整体解决方案。

(3) 网络协同制造技术资源服务平台研发与应用示范　该方面的主要研究内容有:针对网络协同制造和智能工厂应用中共性技术资源匮乏、产教融合深度不够等问题,研究支持众创的网络协同制造技术资源共享服务模式;研发优质技术资源众创、数据驱动的个性化服务、技术资源协同共享等技术;开发典型应用案例、虚拟仿真实训系统等技术资源,汇聚制造企业、系统集成商、专业机构等优势资源,包括行业解决方案、专业技能培训课件等,形成网络协同制造和智能工厂技术资源池;构建网络协同制造技术资源服务平台;建设网络协同制造和智能工厂技术应用体验基地;开展网络协同制造和智能工厂技术资源服务规模化应用示范,促进网络协同制造和智能工厂技术资源共享互联,支持网络协同制造和智能工厂专业技术人才培养。

7.3　案例分析

近年来,一些国内外企业引入了网络协同制造模式,并取得了一定的进展。

(1) 美国耐克公司　该公司在世界各地征集其产品的生产商、经销商。对达到质量要求的生产者,耐克公司授权生产并提供耐克商标。对达到其销售要求的经销商,耐克公司授权销售并提供耐克销售标志。耐克公司还在全球范围寻求从事技术开发、款式设计、大众心理研究等业务公司。该公司与生产商、经销商、技术开发公司、款式设计公司、大众心理研究公司等共同构成协同制造合作伙伴,开展全流程的合作,如图 7-12 所示。

图 7-12　耐克公司的工厂

(2) 波音公司　波音公司的各分支机构和日本多家公司曾围绕"波音 777"喷气式客机建立了协同制造平台。该协同制造平台通过网络系统协调,实现计算机辅助无纸设计和无纸制造,分散在世界各地的工程师可以随时从"波音 777"型客机的 300 多万个零件中调出任何一种零件在计算机屏幕上观察与修改,如图 7-13 所示。

图 7-13 波音 777 客机

（3）戴尔公司　戴尔计算机公司引入了企业协同制造运作机制。该公司从外部选择可靠的供应商并与之建立合作伙伴关系，使之成为自己的一部分。在客户投诉某一部件时，由供应商的技术人员到现场处理，回来后到戴尔公司研究改进质量的方法。戴尔和供应伙伴共享设计数据库、技术、信息和资源，大大加快了新技术推向市场的速度。这种协同制造模式使戴尔公司迅速成长为知名的计算机公司，如图 7-14 所示。

图 7-14 戴尔公司工厂

（4）西门子公司　西门子公司于 2016 年推出了名为 MindSphere 的工业制造云服务平台。该平台采用基于云的开放物联网架构，可以将传感器、控制器以及各种信息系统收集的工业现场设备数据，通过安全通道实时传输到云端，并在云端为企业提供大数据分析挖掘、工业 APP 开发以及智能应用增值等服务。MindSphere 平台架构主要由边缘连接层、开发运营层、应用服务层三个层级组成。其中，MindConnect、MindClound、MindApps 为核心要素。MindConnect 负责将数据传输到云平台，MindClound 为用户提供数据分析、应用开发环境及应用开发工具，MindApps 为用户提供集成行业经验和数据分析结果工业智能应用。MindSphere 平台目前已在北美和欧洲的 100 多家企业开始试用，如图 7-15 所示。

图 7-15　西门子公司

（5）富士康集团　富士康集团于 2017 年开发了工业互联网平台 BEACON。探索将数字技术与其 3C 设备、零件、通路等领域的专业优势结合，向行业领先的工业互联网公司转型。BEACON 平台通过工业互联网、大数据、云计算等软件及工业机器人、传感器、交换机等硬件的相互整合，建立了端到端的可控可管的智慧云平台，并将设备数据、生产数据、产业专业理论进行集成、处理、分析，形成开放、共享的工业级 APP，如图 7-16 所示。

图 7-16　富士康集团工业互联网工厂

富士康集团在产品制造过程中往往面临诸多难题，如电能使用效率测算、接料和换料时机确定、设备状态预警等。借助 BEACON 平台，开展生产过程全记录、无线智能定位、表面组装数据整体呈现（产能、良率、物料损耗等）、数据集中管理、智能能源管控等应用。实现了设备能耗实时监控，优化了生产过程，提升了设备保养与防错能力。

（6）中国电信 CPS 平台　中国电信 CPS 平台以生产线数据采集与设备接口层为基础，以建模、存储、仿真、分析的大数据云计算为引擎，实现各层级、各环节数据互联互通，打通从生产到企业运营的全流程。该平台架构分为：通信层、应用开发平台层和应用展现层。在通信层，通过使用不同通信方式，将采集到的数据传输到云平台。在应用开发层，基于数据集成与大数据存储，通过业务计算模型和科学分析方法，优化业务逻辑，生成平台应用功能。在应用展现层，支持 PC、手机、大屏、看板等不同界面展现，并通过接口与企业其他业务系统进行交互，如图 7-17 所示。

图 7-17　中国电信 CPS 平台

该平台还应用于某钢结构集团，帮助其实现了基于 CPS 平台的个性化定制与协同制造。该钢结构集团的需求是建设网络化的协同制造平台，用以满足装配式建筑新材料高效率、大规模、个性化生产需要。通过中国电信 CPS 平台的构建与实施，实现了如下成果：

1）引进了大规模个性化定制新模式。根据客户的需求结合施工现场条件，依托平台可完成方案的设计、修改和 3D 效果的同步展示，并且可根据设计结果自动计算材料用量和建设预估费用。数字化设计方案通过平台可直接下达至工厂进行生产，从设计到运维的整个过程全程可视。

2）应用了网络协同制造新模式。基于人工智能技术，总部进行智能决策与任务分配，协调各制造基地的任务协调和过程管控，并完成供应商和客户设计交互和进度跟踪。体现了设计、供应、制造和服务环节的并行组织和协同优化。借助 CPS 平台，该钢结构集团在数据汇聚、大数据存储、数据安全保障、工业数据清理和分析、工业数据展现和应用等方面的能力显著提升，预计可提高生产率 20% 以上，有效降低运营成本，缩短产品交付周期，降低产品不良率，降低单位产值能耗。

参 考 文 献

［1］王磊，郭伟，袁国强，等. 典型区域性网络化协同设计制造平台系统研究［J］. 中国机械工程，2004，15（19）：137-141.

［2］佚名.《"十四五"国家信息化规划》：新目标、新行动、新举措［J］. 中国建设信息化，2022（1）：4.

第 8 章

远程运维

PPT 课件

远程运维服务作为智能制造模式的一种,是运维服务在新一代信息技术与制造设备融合集成创新和工程应用发展到一定阶段的产物。它结合了状态监测、大数据中心、设备诊断与预测维修等,使运维技术集成化、共享化、智慧化,打破了人、物和数据的空间与物理界限,是智慧化运维在智能制造服务环节的集中体现。

8.1 远程运维概要

8.1.1 制造业远程运维的必要性与意义

随着工业的不断发展,设备的复杂程度和自动化程度有了很大提高。依赖人工对设备进行故障诊断和维护已经不能满足当今时代的要求。对于所有的流水线工厂来说,影响生产率最关键的因素就是意外停机,一次停机将会造成整条流水线停止工作,造成数百万甚至千万的损失。设备一旦出现故障,若未能及时发现和解决,就会影响正常的生产运行,甚至会导致灾难性事故。据调查,设备的60%的维护费用是由突然的故障停机引起的,而设备停机所带来的间接生产损失则更为巨大。提高制造设备的运维水平,可以提早发现设备运行中出现的故障隐患,能为企业带来巨大的经济效益。英国对境内2000家工厂调查后发现,企业使用故障诊断系统后,每年的设备维修费用可减少约3亿英镑,而所需成本仅为0.5亿英镑。国内四川泸州天然气公司在使用大型回转机械故障诊断与监测系统的几年里,化肥生产机组在大修中的开缸率由89%降至57%,产生经济效益数千万元。因此保证设备的安全稳定运行,对设备状态进行监测,及时维护维修,对企业的经济效益和工作人员的人身安全具有重要的意义。

制造企业的设备都分布在生产现场中,不同企业的设备维护能力参差不齐,有时即使是一些很小的故障都要求生产厂家千里迢迢赶去维修,造成维护成本的增加和资源的浪费。由于设备集成化程度日益增加,系统组成日益复杂,对于一些非常见故障的诊断将比较困难。如果能够通过协同分析的方法,建立远程运维系统,集中所有故障诊断专家的理论及经验,集成故障诊断知识库,积累大量设备历史数据并进行智能分析,对于提高现场设备在线诊断的及时性与准确性、提高设备的可靠性与可维修性具有非常重要的意义。下面分几个方面介绍。

（1）提高设备的整体管理水平　远程运维通过对设备健康状态进行监测，可以根据设备的运行状态更为高效地安排设备的生产任务。远程运维可以对设备运行剩余寿命进行较为准确的预估，在设备出现故障前主动对设备进行保养，使工厂可以根据生产计划灵活地安排停机维护时间。远程运维借助故障诊断技术，可以实现对设备故障准确定位，对于大型复杂的设备来说，这可以极大地提高维修效率。可见远程运维在提高设备整体管理水平方面起到了重要的作用。

（2）提高产品质量　产品的质量由设备的状态决定，如果设备在故障状态下工作，不仅对设备本身有损伤，也无法保证设备加工的精度，导致产品质量下降。远程运维可以对设备的运行状态进行有效监控与及时维护，使设备保持在健康状态，提高产品的生产质量与稳定性。

（3）提高企业的经济利益和社会效益　现代化的工业生产所体现的突出特点是机械设备大型化、连续运行时间长、高度智能化和高度经济化。远程运维技术借助协同分析的方法，在云端集成故障诊断大数据知识库，充分利用远程专家的技术支持和共享数据，避免了异地维护时不必要的维护成本增加和资源的浪费，提高企业的经济效益。同时，远程运维大幅提高了设备维护的准确性与及时性，将生产过程中重大事故发生的可能性降到最低，对提高企业生产率、社会效益，推动国民经济的稳定协调发展具有极其重要的意义。

8.1.2　远程运维技术发展历程

自工业化大生产至今，设备的维修已经经历了三个阶段：事后维修、预防维修和预测维修，见表 8-1。

表 8-1　设备维护技术发展历程

阶段名称	所属阶段	时间	特点
事后维修	常规运维	20 世纪以前	只有在设备发生故障之后才会进行诊断和维修
预防维修	常规运维	20 世纪初到 20 世纪 80 年代	周期性维护，存在维修不足或维修过剩的缺点，停机损失大
预测维修	远程运维	20 世纪 80 年代以后	在设备需要维护时进行维护

（1）事后维修阶段　在 20 世纪以前，工业技术水平还比较落后，生产规模也较小，生产设备也相对较简单，因此生产设备故障带来的危害也没有得到人们的重视和关注。当时只有在设备发生故障之后才会进行诊断和维修。这就是设备维修的最初阶段——事后维修阶段。

（2）预防维修阶段　20 世纪初到 20 世纪 80 年代，随着各个行业生产规模的不断扩大，技术水平的不断进步，特别是各种流水生产线的诞生，设备发生故障后的危害和停机后造成的损失显著增加，这就迫切地要求人们改进维修体制。于是人们根据经验和统计规律确定了设备的维修周期，在设备故障之前就提前进行整体检修和维护。这大大降低了设备的故障率，一定程度上减少了企业因为设备故障停机而造成的经济损失。这就是所谓的定期预防维修。

然而这种维修方式也存在弊端，因为维修周期是根据经验和统计规律确定的，具有很强的随机性，即可能造成维修不足或维修过剩。

(3) 预测维修阶段　20 世纪 80 年代以后，随着计算机技术在工业生产中的广泛应用，生产的自动化程度不断提高，而生产设备也不断朝着大型化、集成化、复杂化方向发展。因此对设备维修的要求也越来越高，人们迫切地希望能够解决三个问题，第一个是设备状态监测问题：如何实时地确定设备的工作状态？第二个是故障诊断问题：如何对大型复杂设备的故障位置进行快速定位？第三个是预测性维护问题：针对预防维修阶段所涉及的维修周期，如何利用设备上的信息计算出具体的故障发生前的剩余时间，即设备的剩余寿命。

一方面，计算机技术、网络技术和大数据技术的不断发展，为设备的状态评估、故障诊断及剩余寿命预测提供了良好的条件。利用人工智能技术对设备的状态进行评估、剩余寿命进行计算，利用信号的时频域分析、模式识别技术确定设备的故障位置与故障原因，已经成为设备故障诊断的发展趋势。

设备状态评估是通过采集设备各个部位的实时信号，结合设备的历史数据，采用建立模型、设定阈值等方式判断设备的实时工作状态，确定其处于正常状态、不良状态或故障状态，从而针对设备不同的状态采用不同措施，以保证设备的正常稳定运行。

设备的剩余寿命是对维修周期的"升级进化"，依据状态评估的信息，结合传统力学方法、微观理论、人工智能等方法，以该种设备的历史数据为基础，计算出故障发生的时间，从而适时地对设备做出维护和修整，避免了预防维修阶段的维修不足和维修过剩的弊端，大大减少了设备的停机时间。

另一方面，设备的大型化和复杂化对设备维修人员的素质水平有了更高的要求，甚至有些故障需要专家去解决。在故障发生后，且专家无法第一时间到达现场时，企业将产生巨大的经济损失。这就迫切地需要一个远程的故障诊断系统来实现设备的状态评估、故障定位、剩余寿命预测等功能。随着互联网技术的发展，许多基于 Web（全球广域网）的新技术不断涌现，将 Web 技术应用于大型设备的运维系统中。人们通过远程运维方法，对设备的整个生命周期进行监测，并对设备故障进行诊断和预测。通过现场的数据采集设备，采集出工业现场设备的运行状态，并建立远程故障诊断平台，在云端集成大数据中心、智能诊断系统、专家诊断系统等，设置专用的接口，通过 Web Service 技术接收从各现场数据采集设备传送过来的数据，集成各种智能算法分析，从而诊断出复杂的故障，提高故障诊断的准确性与及时性。

远程运维与常规运维的区别见表 8-2，从表中可以看出，与目前采用的常规运维相比，远程运维在掌握状态信息的全面性、状态诊断的准确性、设备的可靠性、设备维护的经济性、产品质量的稳定性等各方面均有质的变化，是设备运维的发展方向，具有很好的先进性。

如今，远程运维已经变成了一种新的服务模式，将运维服务集中化、共享化、智慧化，通过汇聚全球监控中心的专家团队对设备运行数据、运维数据、环境预测数据进行收集、存储和深度挖掘，提供设备工况、环境安全的预测分析和预警，以此来保证设备的运行稳定。

表 8-2 远程运维与常规运维比较

比较内容	远程运维	常规运维
状态信息	基于自动检测，实时连续获取状态数据，准确客观，表征参数齐全，数据保存完整有效	基于人工获取状态信息，数据无法实时连续获取，数据质量取决于人员经验，许多关键参数无法获取，数据保存依靠人员觉悟
信息共享	设备状态、生产过程参数、产品质量参数、运维状态等信息有机融合，各项参数均可共享	设备、生产、质量、运维等各系统相对独立，信息共享性差
数据分析	历史数据齐全，可做准确的趋势管理，可进行大数据分析	数据不全，定性数据多，定量数据少，无法做趋势管理和大数据分析，数据缺项多
异常判断	具有多级预警、基于数据特征的自动诊断能力，可形成知识库	依靠人工分析，基于人员经验
运维及时性	状态异常实时发现，异常状态及时快速处理	无实时数据，发现问题基本依靠事后维修
运维针对性	依据故障判定及预测准确性解决设备问题	设备状态掌握不全面，只能依靠经验安排运维项目，针对性不强
设备故障率	通过整体产线的检测，使产线各部分相互协调匹配 通过状态诊断和预测，将故障处理在萌芽阶段，防止设备发生故障	产线状态随着应用时间及维修次数的积累而变化，设备相互协调匹配性不能保障，易发生故障
维修模式	预知状态维修、维护	事后维修
人员效率	用在线监测替代人工监测，用智能诊断替代人工数据分析，人员效率大幅度提高	人工完成状态监测、判断、分析任务，效率低下
运维可视化	对状态监测信息进行可视化展示，人机交互友好	无可视化
远程支持	通过网络实现远程运维，信息可通过手机、电脑等方式共享，无论专家在哪里，都可通过网络进行远程运维与技术支持	设备发生了异常，设备人员必须进行现场处理，无远程支持功能

实现远程运维服务，首先要实现设备物联化、监控在线化、诊断智能化、维护服务协同化，需要智能化技术和设备的改造与运用，将信息传感设备与互联网连接起来进行信息交换，为远程运维信息数据的搜集、分析等提供服务基础。远程运维服务面临着海量的数据，能否对数据进行快速、精确处理与分析，决定着远程预警、检修和诊断的成败。因此，企业在提供远程运维服务时，一方面需要建立大数据和云计算平台，将运行数据、运维数据、环境监测数据输入到数据库进行存储，运用云计算技术对数据进行深度挖掘、关联分析、智能分析，实现自动运行调整及策略优化，自动执行故障诊断、故障排除与维

护任务；另一方面需要建立信息共享平台，在保证信息数据安全的条件下，实现数据平台的互联互通、数据的共享应用，为运维服务的每个环节（包括第三方服务机构）提供数据支持。

8.1.3 远程运维定义与核心技术

远程运维集成应用工业大数据分析、智能化软件、工业互联网等技术，建设设备全生命周期管理平台，并对智能设备进行远程操控、健康状况检测、设备维护方案制订与执行。远程运维通过工业互联网远程采集设备数据，采用先进的分析算法对数据中的隐性知识进行挖掘和建模，并在制造过程中识别、预测和避免问题。远程运维技术的核心一般分为故障诊断和预测性维护两类，下面分别进行介绍。

1. 故障诊断技术

什么是故障？可以从系统工程的"功能 - 结构 - 行为"的角度进行定义。这里的功能是广义上的功能，包括系统的功能与相应的性能；结构是指系统的组成；行为是指系统的运行表现。故障就是指系统结构上的问题（包括系统组成关系和组成元素问题）导致系统在行为上无法达到预定的功能的现象。故障诊断技术主要是针对设备故障的诊断，是指在设备运行中，应用检测手段来判断设备的性能状态，并对诊断对象发生的故障和异常进行识别和确定的工作。故障诊断技术研究的直接目的是提高诊断的精度和速度，降低误报率和漏报率，确定故障发生的准确时间和部位，对运行中的设备出现故障的机理、原因、部位和故障程度进行识别和诊断，并根据诊断结论，进一步确定设备的维护方案或预防措施。故障诊断方法可分为基于模型的方法、基于信号处理的方法和基于知识的方法。

（1）基于模型的方法　基于机理模型的故障诊断方法主要是通过仿真的方法构造观测器，进而对系统的表现进行模拟和估计，然后将它与系统的实际表现进行比较，从中取得故障信息。基于解析模型的故障诊断方法从结构出发，通过对系统结构进行分析，对系统建立精确的数学模型，从而对故障进行识别。但随着现代设备的不断大型化、复杂化和非线性化，往往很难或者无法对系统建立精确的数学模型，从而大大限制了基于模型的故障诊断方法的推广和应用。

（2）基于信号处理的方法　当可以得到系统的行为状态，但很难对系统的结构进行直接分析时，可采用基于信号处理的方法。基于信号处理的方法是一种传统的故障诊断技术，通常利用信号模型，如相关函数、频谱、自回归滑动平均、小波变换等，直接分析可测信号，提取诸如方差、幅值、频率等特征值，识别和评价机械设备所处的状态。

（3）基于知识的方法　这里的知识一般指专家的经验知识。在解决实际的故障诊断问题时，经验丰富的专家并不都是采用严格的数学算法从一串串计算结果中来查找问题。对于一个结构复杂的系统，在其运行过程中发生故障时，人们容易获得的往往是些涉及故障征兆的描述性知识，以及各故障源与故障征兆之间关联性的知识，尽管这些知识大多是定性的而非定量的，但对准确分析故障能起到重要的作用。经验丰富的专家就是利用长期积累起来的这类经验知识，快速直接地实现对系统故障的诊断。

2. 预测性维护技术

目前在制造企业中，无论是维修还是定期维护，其目的都是为了提高制造企业设备的开动率，从而提高生产率。故障诊断技术的应用大幅地缩短了确定设备故障所需的时间，从而提高了设备的利用率。但故障停机给制造企业所带来的损失还是非常巨大的。如在 IC 产业，其生产线初期投资一般为 17 亿美金左右，而其有效生产周期只有 3~5 年，若生产线发生故障停机，不仅会使整个生产线上正在加工的半成品全部报废，而且会严重影响其投资回收速度。预测性维护技术的应用进一步提高了企业设备的开动率，并且随着技术的发展，其可使企业制造设备的故障停机率几乎降到零。

预测性维护（Predictive Maintenance，PM）是基于连续的测量和分析，预测诸如机器零件剩余使用寿命等关键指标。关键的运行参数数据可以辅助决策、判断机器的运行状态、优化机器的维护时机。预测性维护根据当前监测状态数据与历史数据，预测设备在现在与未来发生某一类或若干类故障的时间与风险，便于有计划地对设备进行预测性维护，提高设备的可靠性与安全性，降低故障发生的风险与维护成本。

预测性维护方法包括基于机理模型的预测方法和数据驱动的预测方法等。

（1）基于机理模型的预测方法　基于机理模型的预测性维护方法是对系统的机理进行分析，通过对系统进行实验，或者利用力学、材料学的方法进行分析，建立系统的关键指标的变化趋势模型，进而预测系统的剩余使用寿命等关键指标。例如 1963 年美国人帕里斯在断裂力学方法的基础上，提出了表达裂纹扩展规律的著名关系式——帕里斯公式，可以有效地预测裂纹扩展寿命。由于物理学模型是针对特定设备或功能模块的，需要供应商或厂家做许多复杂的统计与建模，而且模型的通用性很差，因此在实际应用中针对不同的复杂机械系统建立精确的物理模型通常是一件非常困难的事情。

（2）数据驱动的预测方法　数据驱动的预测方法能很好地解决基于机理模型的预测方法的问题。部件或系统的设计、仿真、运行和维护等各个阶段的测试、传感数据是掌握系统性能下降情况的主要依据，可以从这些表征系统性能的大量数据中提取有用的信息，进行系统行为预测。数据驱动的预测性维护方法将系统内部结构视作一个黑箱，基于系统运行的状态数据，对系统的行为与功能的关联关系进行建模，预测系统在未来一段时间的性能发展趋势。

8.2　远程运维体系架构

远程运维系统结合设备状态监测技术、故障诊断技术、预测性维护技术和计算机网络技术，在重要关键设备上建立监测点，采集设备的状态数据，用若干台中心计算机作为服务器，建立设备状态的网络分析中心，对设备进行远程的状态监测，并集中对采集的状态数据进行识别与预测，从而实现高效维护的目的。

典型机械制造工厂的远程运维系统结构如图 8-1 所示，远程运维系统在现场采集设备运行状态数据，通过 Internet 和 Web Service 协议传递给远程诊断平台，平台在获取到设备状态数据之后，基于设备的历史状态数据库与知识库，利用故障诊断技术与预测性维护技术识别并预测设备的运行状态；设备专家与维护人员可以通过远程服务终端对设备的运行状态进行监测和观察，在远程诊断平台诊断遇到困难时，诊断专家通过远程指导对现场设备进行维修指导，从而完成设备的维护工作。

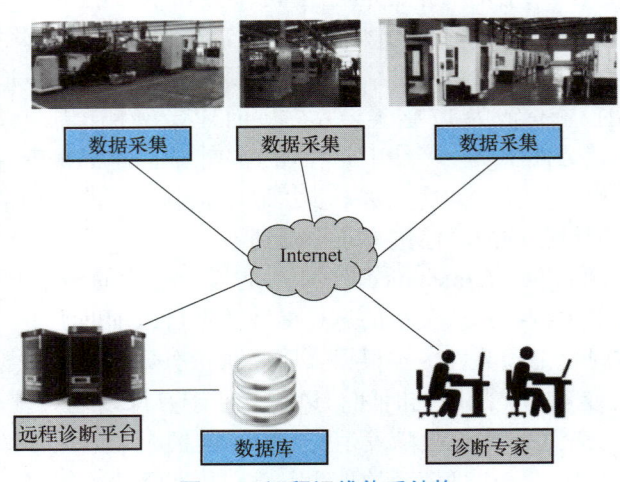

图 8-1　远程运维体系结构

远程运维系统主要特性有：在线监测与诊断功能特性，高可靠性与维护性，对多种设备的适用性、开放性和扩展性，大量数据的存储与管理特性，故障诊断的实时性与准确性。

8.2.1　远程运维系统的组成

远程运维系统是保证设备正常运行、提高设备工作效率和延长设备使用寿命的重要手段。系统包含三个部分，如图 8-2 所示：第一部分是数据采集系统，通常称为下位机；第二部分是设备监测诊断系统，通常称为上位机；第三部分是数据通信网络。这三个部分的功能作用各不相同，但是构成了一个完整的远程运维系统，完成对设备的监测、诊断与维护。下面对三个组成部分进行简单介绍。

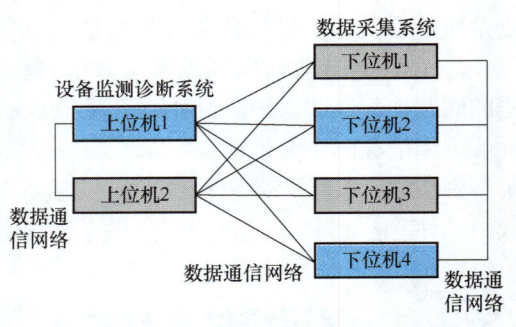

图 8-2　远程运维系统的组成

（1）下位机　下位机是现场直接控制设备获取设备状况的装置，一般来说是各种智能设备。下位机面向底层设备，接收上位机发出的相关命令，然后将这些命令转化为相应的信号直接控制相应的底层设备。下位机与实际工作现场的检测控制设备相结合，不间断地读取现场设备各种状态数据、工艺参数，并把这些信息转换成数字信号，通过各种通信方式反馈给上位机。常见的下位机有 PLC、单片机、远程终端单元（Remote Terminal Unit，RTU）和各种智能仪表等。

（2）上位机　上位机是指人可以直接发出操控指令进行集中管理监控的计算机。上位机面向管理级用户，它通过网络与现场的下位机通信，获得现场设备的各种状态数据，在屏幕上以图形、报表等形式显示各种信号的变化。计算机对数据进行处理分析后，会告知用户设备的当前状态是否正常，当现场设备出现问题时，上位机就会发出警告，提醒用户现场设备已经发生异常、应该尽快维修处理，从而实时监控现场设备运行状态，及时进行维修维护，从下位机发送过来的各种数据可能会由上位机存储在数据库中，也可能通过各种网络传输到不同的监控平台上进行监测分析。

（3）数据通信网络　数据通信网络在运维系统中是必不可少的部分。数据通信网络实现了远程运维系统中多个部分之间的通信，如下位机各个设备之间的通信、上位机之间的通信、上位机与下位机之间的通信等。

远程运维系统主要有数据采集与传输、数据存储与分析、智能诊断与远程维护等功能。下面对主要功能进行介绍。

（1）数据采集与传输　数据采集是指利用传感器和其他测量元件从模拟和数字的被测单元中采集信息的过程，是远程运维系统的基础。为了监控生产过程中的设备状态，需要采集被监控设备的大量状态参数。因为下位机一般不具有数据记录和存储功能，只有上位机才能记录和保存大量的数据，所以当作为下位机的数据采集装置完成设备参数的采集以后，需要把采集到的数据通过数据通信网络传输给上位机，并由上位机对这些数据进行后续的分析和处理，数据采集与传输过程如图8-3所示。

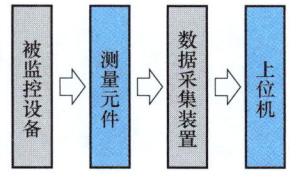

图8-3　数据采集与传输

（2）数据存储与分析　为了记录设备长时间运行过程中的状态数据，为智能诊断功能提供大量的历史数据，上位机收到下位机传输的数据后，必须把这些数据准确无误地进行存储，为后续的数据分析奠定基础。

当采集到的设备状态数据存入数据库以后，远程运维系统就要对数据进行分析。数据分析的目的是把隐藏在大量数据中的潜在信息集中萃取提炼出来，找到所研究设备对象的状态信息及其内在规律，为故障诊断和状态预测提供依据。系统通过提取特征参数、应用一系列简单或复杂的数学算法，对设备运行的状态信息进行有针对性的分析，从而掌握设备的实时工作状态，进而实现设备的故障诊断、状态预测等功能。

（3）智能诊断与远程维护　由于如今的工业设备往往是复杂的机、电、液一体化系统，难以获得设备对象的精确数学模型，很难描述故障诊断的规则，因此传统的故障诊断技术很难满足设备运维系统的要求。智能故障诊断系统不需要设备对象的精确数学模型就可以实现设备状态识别与状态预测。基于知识的智能故障诊断算法，在知识库的基础上，根据观察到的状况，结合领域知识和经验，推断出系统、部件或零件的故障原因，以便尽可能地发现和排除故障，以提高系统或装备的可靠性，常见的基于知识的智能故障诊断算法包括专家系统、故障树等。数据驱动的智能故障诊断算法利用系统存储的大量离线数据，通过统计分析、信号处理等方法提取数据特征，并利用模式识别算法对提取的数据特征进行识别、分类，最终建立智能故障诊断模型，基于设备运行状态信息识别故障。常见的数据驱动的故障诊断算法包括人工神经网络、支持向量机、主成分分析法等。

基于现场的设备运维系统在一定程度上会受到人力、技术和地域的限制，不能完全适应现场的需求。而远程运维系统可以在技术较强的公司内部或其他拥有较多专家和工程师的单位建立远程监控分析中心，以实现对现场运行设备的远程监控、预警、故障诊断、剩余寿命预测和远程维护的功能。机载监控中心的设备监测诊断系统通过通信网络将底层设备的状态数据传输给远程监控中心，远程监控中心就可以在异地对现场设备的运行状态进行监测、诊断与预测，为现场设备提供远程报警、预警，给出专家级别的设备维修指导与维护建议，从而实现远程维护。机载监控中心与远程监控中心的远程通信如图 8-4 所示。

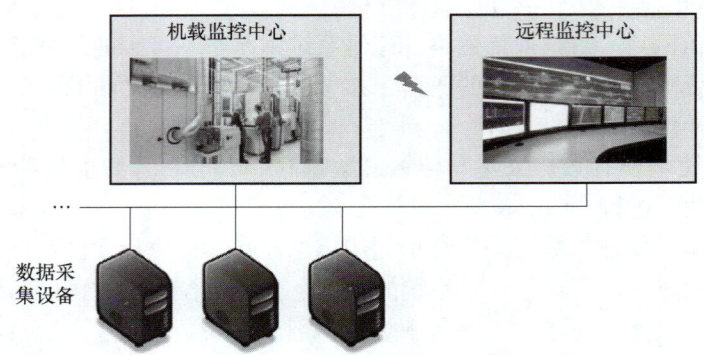

图 8-4　机载监控中心与远程监控中心的远程通信

8.2.2　基于状态的远程运维系统架构

基于状态的维护（Condition Based Maintenance，CBM）架构是远程运维系统中常用的架构。CBM 的核心思想是在有证据表明故障将要发生时才对设备进行维护。这种维护方式根据状态监测、故障诊断分析结果，并结合设备运行的实际状况，确定检修时间，再安排停机检修。这样可以节省人力、物力和财力，减少不必要的损失，是延长设备运行周期、提高生产率和增加企业经济效益的有效途径。GB/T 26221—2010《基于状态的维护系统体系结构》指出，设备的监测诊断与维护是保证设备正常运行、提高设备工作效率和延长设备使用寿命的主要手段。

CBM 架构通过对设备工作状态和工作环境的实时监测，借助人工智能算法等先进的计算方法，诊断设备的健康状况并为现场操作人员提供评估结果，预测系统的剩余寿命以便维修人员合理安排设备的维修调度时间。CBM 方法根据设备的实际运行状态确定设备的最佳维护时间，降低设备全生命周期费用，增加设备的稳定性。CBM 架构涉及众多学科，如传感器技术、人工智能技术、计算机软件技术等。

CBM 架构如图 8-5 所示，除图示主要功能外，CBM 架构还有发出警告、数据流动控制和管理、历史数据存取和管理、系统配置管理、人机界面管理等功能。

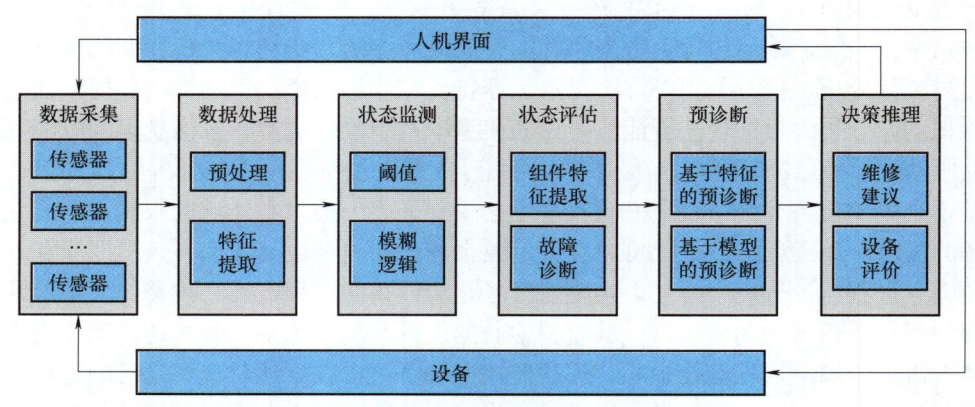

图 8-5　CBM 架构

如图 8-6 所示，CBM 层次模型中共有 7 层，即数据采集层、数据处理层、状态监测层、健康评估层、预诊断层、决策支持层、表示层。CBM 层次模型也反映了 CBM 架构的数据流向，由传感器的数据采集开始，数据流经各个不同功能的中间层模块并被处理，然后在决策支持模块，设备的故障原因和维护时间被确定，最终被送到表示模块表示出来。

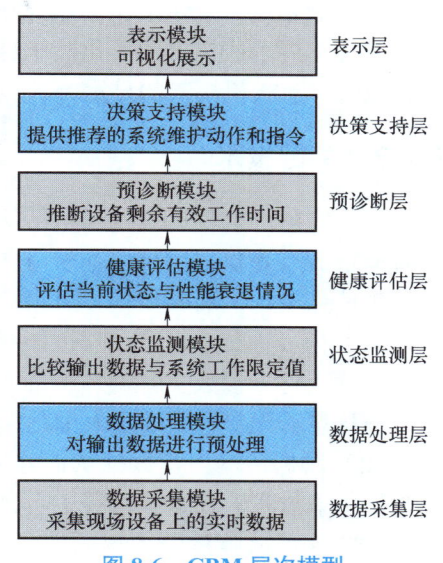

图 8-6　CBM 层次模型

CBM 层次模型的各个层级分别具有如下功能：

（1）数据采集层　数据采集层负责采集现场设备上的实时数据，为其他模块提供现场的数据信息。数据采集层可以从底层设备采集数据后，结合历史数据，输出整理后的采集数据；数据采集层不仅可以通过传感器协议标准实现与传感器的通信，也可以实现对采集到的数据的本地存储，以及向其他 CBM 层传输数据。

（2）数据处理层　数据处理层可以完成单多信道的数据处理任务，负责对数据采集层的输出数据进行预处理，如特征提取、数据清洗、数据融合等。特征是从数据当中抽取出来的、与判断某一事物的状态或属性有较强关联的、可被量化的指标。例如在零件识别过程中，首先要提取零件的几何形状、颜色等相对具体的特征，再对这些特征进行匹配，从而实现零件的识别。数据处理层中的特征提取就是从采集到的大量高维度的状态数据中提取出能够表述设备状态的特征信息。数据清洗包括对采集的信号数据进行降噪、滤波、缺失值处理、清除异常值等操作，使信号数据可以直接使用。数据融合是将不同来源、不同类型的数据按照一定的规则融合在一起，使数据更为丰富。

（3）状态监测层　状态监测层内有多个状态监测模块，状态监测模块主要负责将数据采集、数据处理层的输出数据与系统工作限定值进行比较（阈值比较），也可以完成简单的报警功能。

（4）健康评估层　健康评估层的主要功能是对监测系统、子系统、组成部件的当前状态与性能衰退情况进行评估。如果系统的性能处于衰退期，模块则产生一些诊断记录，描述一些故障迹象和可能发生的故障情况。健康评估模块在进行系统评估时会考虑系统的历史趋势、操作状态、维护历史和系统运行负载等因素，通过诊断推理、人工智能等技术搭建知识模型、数据驱动模型，并基于历史数据调整模型结构、参数等，实现对状态参数的健康状况识别。健康评估模块的数据来源包括状态监测模块的实时和历史数据、其他健康评估模块的实时和历史数据、专家知识、维修记录等。最终可输出建立好的评估模型、状态数据的性能评估结果，并保存相关历史数据。

（5）预诊断层　预诊断层的主要功能是根据底层模块的数据信息、历史数据、先验知识、维修信息等，建立预测模型，来推断设备的剩余有效工作时间（Remaining Useful Life，RUL）。

（6）决策支持层　决策支持层的主要功能是基于底层模块的数据、设备运行的历史数据、决策历史记录、系统任务目标等信息及当前的资源、技术等限制，提供推荐的系统维护动作和指令,其中包括维护调度指令、配置修改操作等,并对决策信息进行保存。

(7) 表示层　表示层主要作为和用户交互的接口,可以从其他各层的模块中提取数据进行可视化展示或提供图形化操作给用户,包括报警信息的推送、用户对系统信息的可视化存取管理、人机接口的显示等。

8.2.3　关键技术

一个完整的远程运维过程包括从现场采集信号,对采集到的信号进行筛选和处理得到设备运行的有效状态信息,基于历史的设备故障数据与知识库信息,利用诊断方法对设备的故障信息进行识别或预测。因此,远程运维的关键技术主要包括如下几种。

(1) 信号采集　设备工作性能状态的信号采集是故障预测和诊断的前提。设备性能状态的准确表达、参数实时测量、特征信号提取,以及如何用最少的传感器获取最多的设备状态信息是首先要解决的重大难题。

(2) 数据传输　将数据从信号采集设备传递到远程故障诊断、预测平台上的过程就是数据传输过程。在这一过程中需要确定信号传输的格式与标准。只有制定统一的传输标准,才能保证故障诊断系统的信号能够被完整识别。现在常用的传输方式有很多,基于BUS 总线的传输、使用 TCP/IP 协议或 OPC 协议的传输在实际应用中都有体现。

(3) 数据处理　读取设备的状态信号后,由于这些原始信号可能过于凌乱或者包含一些无用的信息,因此不能够直接用于故障诊断系统的智能诊断过程,这就需要对信号进行二次处理。数据处理可以在原始信号中提取出有用的特征信息,利用这些特征信息进行分析诊断会提高分析效率与准确性。数据处理方法一般有傅里叶变换、小波变换、滤波等。

(4) 知识库和数据库设计　远程运维依赖数据库和知识库支撑。一般的制造系统对性能数据和故障数据的积累往往不够多,严重影响了性能预测和故障诊断的精准性,因此建立设备的性能和故障数据库十分关键。知识库的设计、开发和使用维护是一个非常复杂的过程。在知识库的设计阶段,主要面临的是知识的收集获取以及知识的表达问题;在知识库的开发阶段,主要面临的是知识的内部编码以及知识的使用问题;在知识库的使用维护阶段,主要是知识的维护管理和知识的优化问题。

(5) 智能故障诊断方法及智能状态预测方法　常规的诊断与预测方法往往不能满足目前设备复杂、故障知识多的特点,很难对已有故障知识做充分的利用,因此采用智能诊断与预测方法建立一套故障诊断、状态预测系统十分关键。目前一般采用数据驱动的方法面向故障诊断、状态预测进行建模。通过人工智能技术,基于设备的历史信息训练模型,提高模型的诊断与预测能力。

8.3　典型案例

8.3.1　宝钢远程运维案例

作为我国国民经济的基础性工业,冶金行业的设备系统普遍具有大型化、复杂化、高度自动化、连续化的特点,保障设备运行的可靠性与功能精度是流程工业设备管理的核心目标，设备运维水平的高低直接决定了流程企业的竞争力。

宝山钢铁股份有限公司（简称"宝钢"）是全球领先的现代化钢铁联合企业，其工厂设备包含了钢铁、化工、电力等不同行业的流程型设备。宝钢连铸产线作为典型的流程型产线，是钢液转化为钢坯的关键生产环节，也是钢铁产品质量提升的瓶颈，其设备结构复杂、工况恶劣、精度要求高、工艺复杂，是复杂机电一体化设备系统的典型代表。

连铸产线设备不仅庞大，而且工作环境恶劣，板坯在连铸机内由液体凝固成为固体，连铸机不仅要承受板坯的高温，还要承受冷却水的冲刷。宝钢之前使用的运维系统普遍采取定期维护、定检维护和事后维护的策略，往往导致过度维护或维护不足，定检维护对关键点维护无能为力，事后维护对突发或偶发故障又缺少有效预警。连铸产线的设备状态信息的获取大都依靠点检技术人员在设备现场通过手动的方式测试获得，点检人员在各个状态受控点人工采集数据，工作强度非常大，人身安全时刻受到威胁。而且这些设备现场大都环境恶劣、分布分散，许多地方人员无法进入，造成了人员工作强度大、提取的设备状态数据量少、时效性低，这已经成为关键设备状态信息获取的瓶颈。同时，生产线设备缺乏对故障历史数据与知识的积累，建立设备数据中心与决策服务中心势在必行。

要想实现设备全生命周期远程运维服务，必须集中汇聚各类设备运行数据、管理过程数据，集成应用工业大数据分析、智能化软件、工业互联网等技术，优化一系列过程决策机制，建设面向设备全生命周期的远程运维平台，才能提供智能装备（产品）远程操控、健康状况监测、设备维护方案制订与执行、最优使用方案推送、创新应用开放等服务，实现运维模式的转型。

宝钢针对连铸产线的运维需求，建立了基于云平台的智能远程运维平台，总体架构如图8-7所示。设备全生命周期的远程运维平台通过确定主要设备类别的状态数据采集策略，集成多专业融合的设备状态在线监测系统，汇集离线精密诊断结果，改进设备监测模式；建立运维数据分析处理中心，综合运用数据处理方法对采集的数据进行存储、计算，为故障诊断和状态预测提供数据基础；利用基于机理的、基于大数据分析的数字化模型作为智能诊断机制的诊断依据，平台共享功能组件确立基于各类数据智能判断的运维业务决策机制，建立设备运维新流程，实现状态诊断结果的应用、评价及知识积累；状态判断结论和处理方案最终通过APP推送给用户，为精密诊断、专业检测、定检管理等维护和管理提供依据。该远程运维平台的建立和应用提高了设备故障控制能力，提升了劳动生产率，降低了设备综合维修成本，推动产线维修向状态预测维修策略的转变。

图8-7所示远程运维平台总体架构由数据采集层、分析处理层、平台服务层和应用APP层构成，各层面的主要组成与功能如下。

（1）数据采集层 数据采集层主要是通过物联网及互联技术获取设备状态运行数据及其他相关数据，主要是连接各生产区域的设备状态在线监测系统、离线精密诊断系统和自动控制系统等，采集设备运行状态数据及相关的工艺过程数据。此外，还建立与相关业务系统的数据交换通道，如备件采购供应、质量一贯管理等系统，获取相关的业务管理过程的数据，为对设备状态、生产过程或产品质量给出报警、指导、分析等功能创造条件。

（2）分析处理层 分析处理层主要以运维数据分析处理中心为基础，针对工艺参数和设备运行数据等多源时域、频域数据进行融合分析，对设备状态进行及时决策，为设备状态智能诊断、综合诊断的数据分析提供技术支持，从而实现故障的准确预报和精确定位。运维数据分析处理中心存储并处理来自数据采集层、平台服务层的各区域服务器及相关专业业务服务器等的数据，负责对与设备状态相关的各类数据应用存储、计算、分析、运行各类算法，得出对应的分析结果，并为业务应用模块提供相应的数据支持。业务应用能够根据分析结果以报表、图表等各类展现形式进行对外展现，从而支撑管理部门达到设备健康运行、故障提前发现处理、降低维护成本的目的。运维数据分析处理中心主要的功能架构如图 8-8 所示。

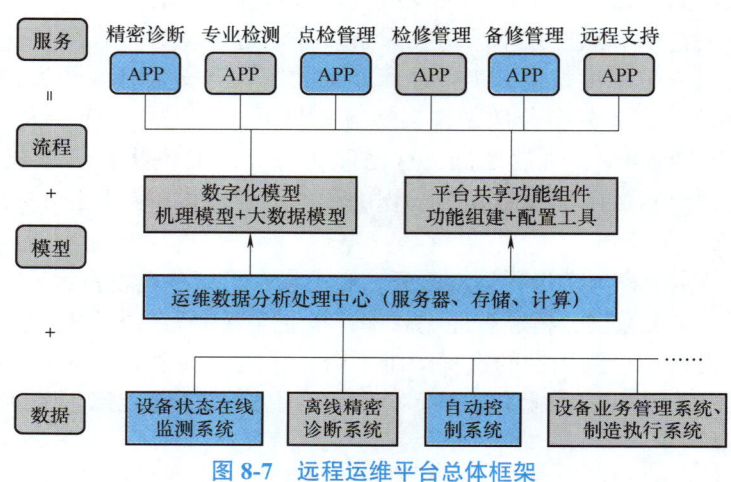

图 8-7 远程运维平台总体框架

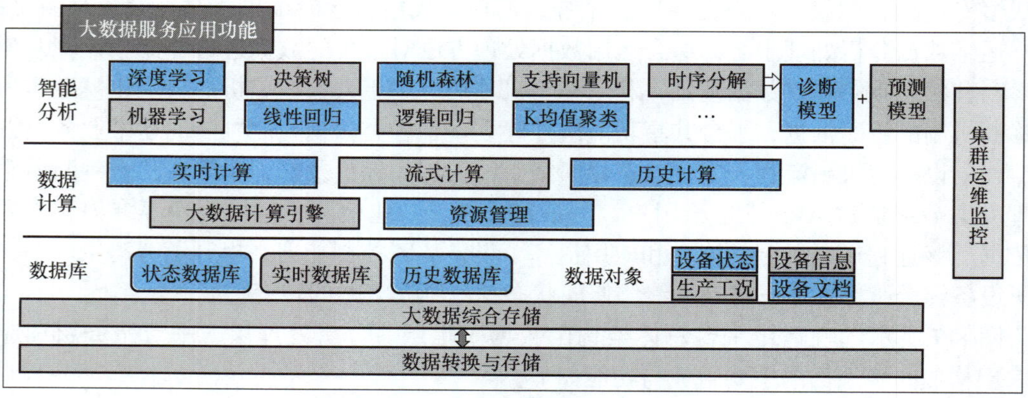

图 8-8 运维数据分析处理中心功能架构

（3）平台服务层　平台服务层主要由数字化模型和平台共享功能组件组成。平台共享功能组件以设备远程运维为目标，实现设备状态信息与相关工艺过程信息相关联，形成包含智能模型判断、专家知识决策和业务流程管控等要素，贯穿于运维全过程的服务功能组件，并采用微服务的架构，达到技术领先、易于使用、灵活配置、快速实施、开放可扩展的要求。平台共享功能组件的构成如图 8-9 所示。

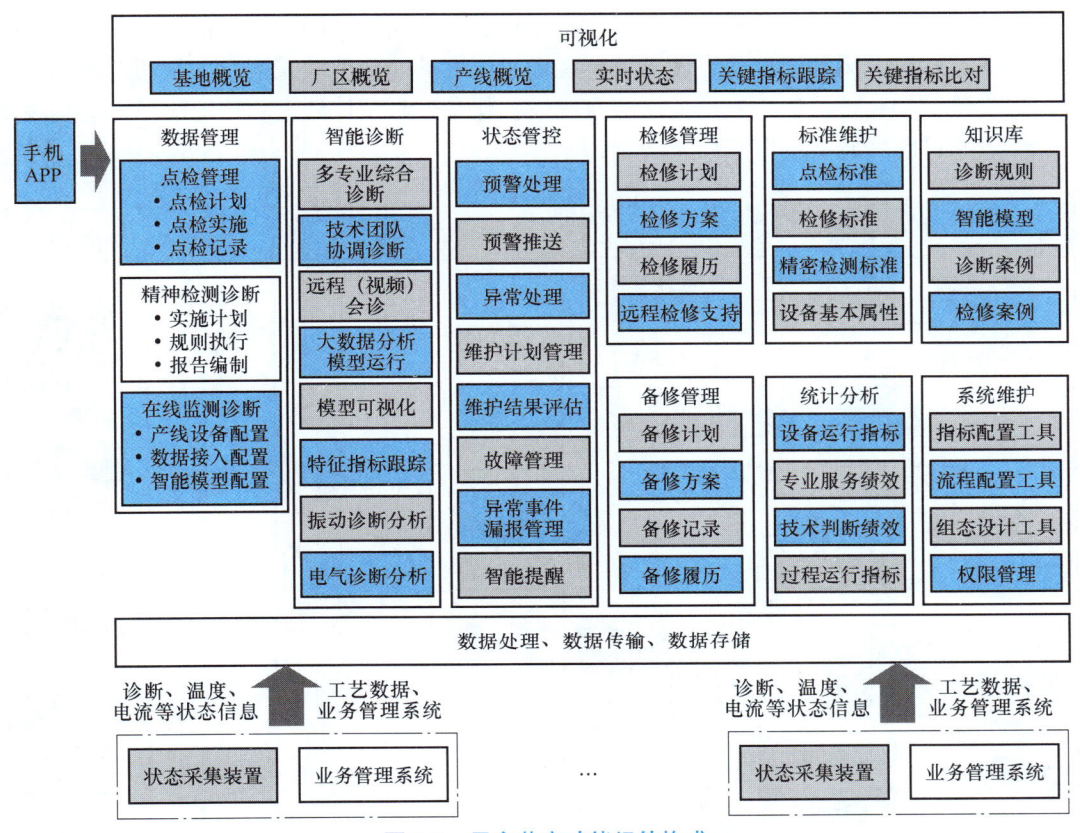

图 8-9　平台共享功能组件构成

平台服务层还配置数字化模型，实现设备状态的智能判断。数字化模型分为基于机理的模型和基于大数据分析的模型。机理模型包括如风机、泵、齿轮箱等机电设备的常见故障（轴承、齿轮、转子等）的智能诊断模型，采用人工智能手段，实现故障特征的智能化处理，自动给出故障的部位和程度，触发相关检修项目或计划的生成实施。大数据模型是在实现设备状态、故障履历、检修履历数据聚合的基础上，采用大数据并行计算系统对大规模设备数据进行预处理工作，进而采用大数据智能算法（包括人工神经网络、支持向量机、深度学习等）对数据进行训练从而建立数据驱动的故障预警模型，对实时状态数据进行自动判别。

（4）应用 APP 层　APP 层主要是结合针对各种设备、采用不同形式的运维需求，通过平台软硬件资源的调用组合与配置，形成满足应用功能、管控流程的定制应用，如异常状态的实时报警、按需推送目标用户；面向重点设备类别实现智能诊断；提供分析工具和工作平台，聚集多领域的技术人员协同诊断，为现场提供隐患或故障的处理方案；基于智能模型和综合诊断，完成异常预警、诊断、处理、反馈的闭环，并完成运维知识的积累。

（5）主要工作流程　围绕远程运维的总需求，打通数据采集、专业分析、智能诊断状态决策、方案推送、检修维护和效果验证评价的完整流程。各个环节的技术、管理人员能够共享数据、协同诊断，形成设备维护的最优解决方案，利用可视化技术及移动互联技术通过 Web、移动平台等多种途径将信息主动推送到各层级不同类型的用户。设备维护人员依据各类解决方案和建议，在设备运行现场实施维护处理事项完毕后，利用整改反馈功能，将实施结果及评价信息进行反馈，完成设备状态异常事件处理管控的闭环，达到设备最优维护的目的。典型工作流程如图 8-10 所示。

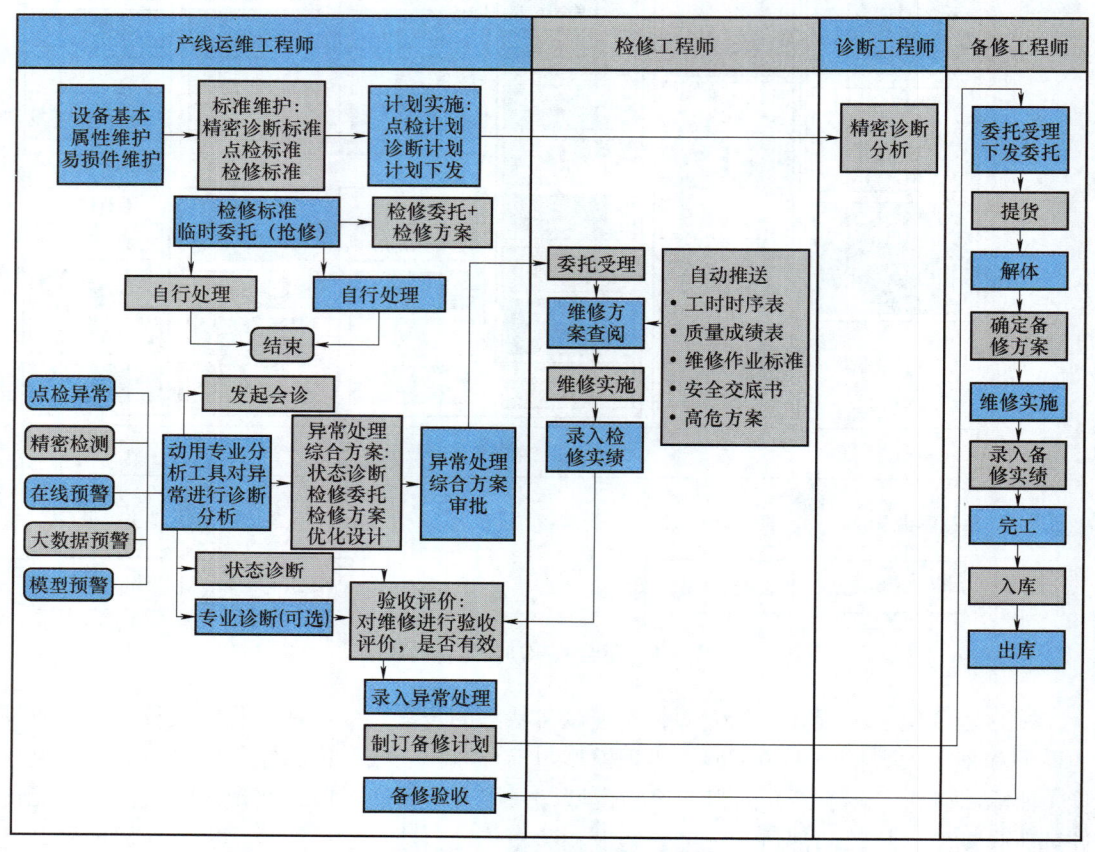

图 8-10 远程运维典型工作流程图

通过建立以上的远程运维平台，形成了比较完善的连铸产线设备状态监测、数据分析诊断、状态预测、关键部件全生命周期分析体系。使维修成本降低 15%，突发故障持续时间降低 20%，工作效率提升 20%，基于状态的维修准确率大于 80%。同时，系统运行可靠性达到 99.9%，设备异常预警率达到 99.9%，异常预警可靠性达到 85%，故障智能判定模型准确率达到 85%。宝钢远程运维平台的主要优势如下。

（1）改变了传统的设备状态人工点检模式　通过部署大量在线信号采集系统对关键状态信息进行采集，在线系统可以 24h 不间断且高质量地采集数据。同时，系统可以部署在恶劣环境中，大大丰富了数据的来源，提升数据的实时性和频度，为大数据分析打下了良好的基础。

（2）降低了点检人员劳动强度　智能远程运维系统建立后，数据采集任务由在线信号采集系统承担，点检人员仅需进行应急处置，降低了劳动强度，保证了人身安全。

（3）提高了设备状态的把控能力　极大地提高了检测的时效性、准确性，并实现了自动报警保护及故障诊断。在线系统采集的实时数据可以随时反映出设备的当前状态。当设备发生故障时，采集的数据超过报警值后系统就会自动报警，并可以根据程序的设定实现自动停机，减少故障损失的范围。同时，系统记录的故障发生前后的技术数据可以用于故障诊断确定故障点，推断故障发生的原因。

（4）改变了传统运维的计划维修模式　设备状态预测和提前预知是建立在大数据分析的基础上的。传统运维无法积累分析大量的数据，因此根本不可能实现预测和预知这些较高级别的功能。而智能远程运维系统可以通过建立分析模型、预警模型，对收集的大量数据进行分析，实现设备状态的预测和预知维修。

（5）提高了人员效率和设备效率　运维管理的要素有人员、操作规范、作业规程、安全规章、工器具、维修配件等，在传统运维中没有技术手段实现对以上要素的全面有效管理。远程运维就提供了实现这种全面管理的能力，其核心是关键设备的全生命周期管理。利用数据分析实现了对关键设备从设计、生产、物流、销售、服务到再制造改进等整个业务流程所有环节的精确运行管理，并可以不断改进提高。

（6）实现了运维状态数字可视化　没有现代 IT 技术的支持，传统运维不能实现运维状态数字可视化整体展示。远程运维模式在现代先进的计算机、网络、VR 技术的支持下，通过对关键数据的实时采集、大数据分析可以较容易地实现整个运维过程及各个环节的数字可视化展示。各环节工作任务的进展状态一目了然，并能实现自动统计、分析、预报警，极大地提升了管理决策效率。

8.3.2　高档数控机床远程运维服务系统

高档数控机床广泛应用于航空航天、船舶、汽车等行业。高档数控机床一旦发生故障将会对生产过程造成严重损失，使企业遭受巨大的经济损失。对高档数控机床进行实时故障诊断，对于降低运营成本、提高生产率和市场竞争力具有重要意义。

随着机床性能特别是数控机床性能的提高，一台机床涉及的机械零部件、电器元件的数量和种类在不断增长，元器件的结构也不断复杂化，这一切都使得数控机床的诊断变得越来越复杂，然而制造企业目前对于数控机床的诊断方法并没有随着机床性能的提高而有相应的进步。企业中，对机床维修最常用的诊断方法是：工作班组长在收到现场机床操作人员关于机床故障的报告后，检查机床故障；班组长根据机床状态主观地对系统状态进行判断，尝试采用参数修正等简易方法来解决问题；如果问题依然不能被有效解决，则维修班组应在最短时间内赶到现场，检查并修复故障，如果维修工程师判定机床故障属于重大故障，且短期内不能够修复，则机床需要进行大修。以上为常见的故障诊断流程，可以看到目前的机床故障诊断方法仍处于事后维修的状态，严重拖延了故障诊断和解决问题的时间。通过远程运维，建立高档数控机床故障数据库、知识库，利用高效的智能故障诊断技术进行在线监测诊断势在必行。

上海机床厂有限公司是中国最大的精密磨床制造企业，在国内磨床业处于主导地位。为了提高产品设备的可靠性，上海机床厂围绕容易引发故障的关键零部件，开发了远程运维平台。如图 8-11 所示，通过状态信息采集、故障数据库搭建、故障诊断模型研发、远程运维平台建设四个方面快速准确识别设备状态，对亚健康设备进行及时维护。下面分别对这四个方面进行介绍。

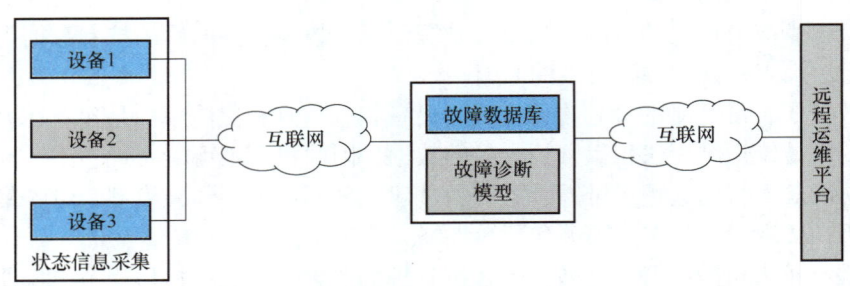

图 8-11 远程运维平台图

（1）状态信息采集　对数控机床的数据采集依赖传感器的使用。针对大型数控磨床，要监测全部功能需要大量的传感器，造价高，而且往往并非完全必要，因此通过有限元分析技术、磨床传动运动模型等分析大型数控磨床关键性能参数采集的优化布局方案，优化了大型数控磨床的传感器布置，实现了以较少的传感器对大型数控磨床性能的全息监测，降低了传感器设备的成本。以大型曲轴磨床为例的现场状态信息采集实现结构如图 8-12 所示。

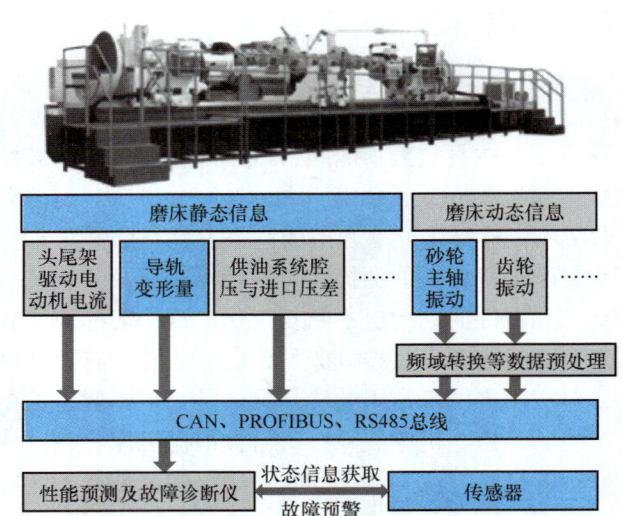

图 8-12　以大型曲轴磨床为例的现场状态信息采集实现结构

CAN—Controller Area Network（控制局域网络）PROFIBUS—PROcess FIeld BUS（过程现场总线）

现场状态信息采集实现了系统的嵌入式小型化和总线化。针对状态信号的特点，对多数缓变类型状态信息采用高精度单片机系统进行信息采集，而对主轴振动、噪声等高频大容量状态信息则采用 ARM（Advanced RISC Machine，先进的 RISC 处理器；RISC，Reduced Instruction Set Computing，精简指令集计算机）系统进行信息采集，ARM 系统可内嵌现场智能信号预处理算法，可从大容量状态信息中获得有效数据。对于高频大容量的机械数据，采用频域转换等信号处理算法进行特征提取预处理，提取频域特征，减少了数据传输量并保证了信息质量。总线化是指所有传感器系统输出为标准总线接口，提高可靠性和监测量的可扩展性，总线接口采用 PROFIBUS 等总线实现。

（2）故障数据库建立　由于缺乏系统的机床状态监测与故障诊断理论，以往并没注重性能数据和故障数据的积累，上述数据的缺失影响了性能预测和故障诊断的精准性。对此需要建立高档数控机床性能特征数据库和故障模型库。为充分利用这些数据信息，指导机床的正确操作与故障排除，需要在专家系统理论、知识挖掘理论的指导下，研究历史经验与故障诊断方法。上海机床厂有限公司有数十年生产数控磨床的经验，可利用知识获取方法对其经验建立性能状态数据库和故障知识库，构建远程运维平台。

采集现场总线上的设备数据、运行状态数据、异常信号数据等，经过数据处理后传入数据库。采用 SQL（Structure Query Language，结构化查询语言）Server 关系数据库管理系统进行性能预测与故障诊断数据库的实现，对于用户、设备产生的大量数据的管理采用分布式数据库结构来实现。设备的基础性能状态数据、运行状态积累数据、故障模式数据、设备异常信息数据均在数据库中有所体现。建立数据库后，对其进一步开发数据检索、数据分析、数据发布等功能，并基于历史数据进行数据挖掘与性能预测。

高档数控机床数据中心的构建如图 8-13 所示。从现场总线获取数据，包括设备实时运行产生的动态运行数据、故障设备运行产生的异常信号、对设备进行实验产生的健康静态数据。数据库底层提供了数据整合、加工、质检、存储、检索等功能，基于数据库的底层功能对数据库进行开发，通过集成化数据处理工具包对数据进行处理并存入数据库。可借助资源数据管理基础中间件对数据库进行高效管理，并在数据库的基础上开发对数据库的应用，包括数据检索、数据分析、数据发布等。

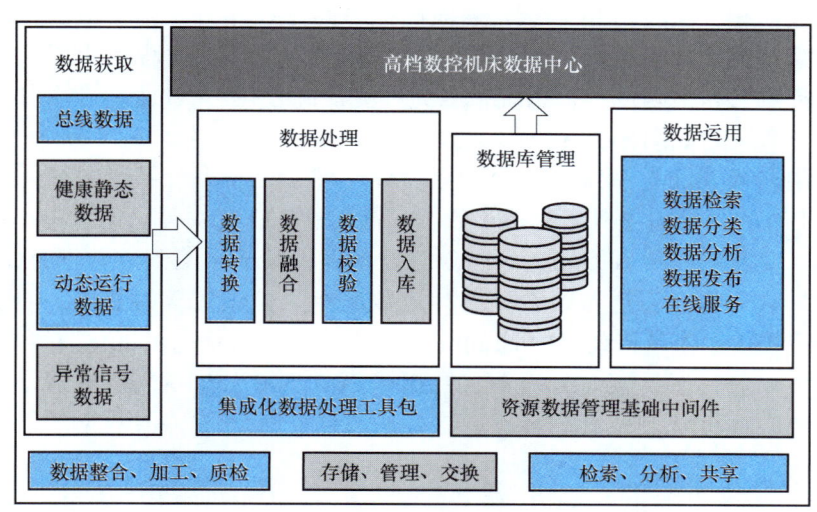

图 8-13　高档数控机床数据中心

（3）故障诊断模型开发　为了准确判断设备是健康、亚健康或临界故障状态，快速准确定位故障原因，采用基于模型或数据驱动的故障诊断模型开发方法。基于模型的方法是针对数控机床的关键部件，建立相应的物理模型，通过缩比性能实验，模拟实际加工运行条件、主轴振动、砂轮磨削,进行导轨床身变形实验、压力实验、流量实验、温度实验、磨损实验、污染度实验、仿真实验、性能实验及疲劳度实验等,得到各种工况下关键部件的实验数据,为数控机床的故障判别提供数据支持。基于数据驱动的故障诊断方法让模型从大量的历史设备状态数据中提取信息,对模型进行训练。模型拟合好后,可以得到较高准确率的故障识别效果。基于上述两种方法对数控机床故障特性、性能衰变进行建模,通过智能算法对机床是否处于故障状态或亚健康状态进行实时诊断,以避免由于故障导致的经济损失。

(4)远程运维平台搭建 基于 Web 技术,开发高档数控磨床远程安全监控子系统、安全预警子系统、故障诊断子系统、维护服务子系统等。当设备出现故障或需要进行维护时以数据库、知识库、故障诊断模型为支撑,为设备各个相关人员提供设备状态信息发布与信息交互平台,从而完成对设备的多方协同维护与故障诊断。

8.3.3 杜克能源公司运维案例

杜克能源公司成立于 1900 年,是美国最大的发电公司,在美国拥有 80 多个工厂和两万多名员工,为美国东南部和中西部六个州约 740 万客户提供能源。杜克能源公司曾经面临监控设备运行状态方面的问题。状态监测对于控制成本、提高可用性和避免设备由于故障停机至关重要。杜克能源公司的预测性维护专家需要亲自走到每个收集点手动收集数百个数据样本,然后返回到他们的计算机,查看和分析他们收集的数据。杜克分析师每月收集近六万条数据,收集数据所需时间通常是分析数据时间的 4 倍,导致故障诊断与设备风险评估的效率很低。

杜克能源希望借用远程运维技术取代传统的数据收集方式,通过自动采集数据、识别问题并通知相关数据分析专家,让他们把时间花在具有更高价值的数据分析任务上。美国国家仪器(National Instruments,NI)等公司提供远程运维服务,可以建立定制化的设备监控和预测性维护系统,因此杜克能源公司与 NI 等企业合作,开发了自己的远程运维系统。如图 8-14 所示,杜克能源公司采用 NI 公司的 CompactRIO(一款可重复配置的嵌入式测控系统)平台建立远程运维系统。平台结合了嵌入式实时处理器、高性能 FPGA、可向主机实时请求数据的高性能 I/O 模块等。系统中,传感器采集数据并通过工业互联网传入 CompactRIO 监控系统;基于采集到的数据,CompactRIO 可以自动对异常运行状态进行报警并向杜克数据专家提供完整的数据,便于专家进行波形分析;相关技术人员借助 NI InsightCM 模块可以进行状态可视化监测与数据分析。通过连接 FPGA 和传感器实时处理器,数据采集节点可以初步判断机器是否处于健康状态,减少健康运行状态数据的传输,这样可以防止大量传感器数据的传输导致网络过载。

此外,杜克能源公司也相应地提高了部分设备的数据采集能力。例如,蒸汽涡轮发电机已经自带了一些传感器用于监控设备运行状态,由于此类昂贵的设备需要更精准的诊断与维护以避免代价高昂的故障,杜克能源为此类设备增加了更多传感器采集数据以支持更先进的振动监测,增强了对设备运行状态的可预测性。

为了收集振动信息,需要在设备上每秒采集 1 万 ~10 万个数据样本。采集一般持续几秒钟，以获得一个较好的设备运行状态测量结果。为了帮助管理大量的振动数据，杜克能源公司使用了服务器组合的方式，每个工厂都有自己的服务器，用于收集、存储和组织一定范围来源的数据。杜克能源公司通过 InStep 公司的模式识别和预测软件识别运行状态与预期行为的偏差，并通过警报仪表板向相关技术人员展示设备是否出现异常状况。一旦识别出异常状况，则按照标准流程发送电子邮件，提醒负责相关异常的工程师，邮件会通过图表形式展示异常偏差并给出初步诊断建议。最终操作员会实地查看设备并进行相关维护。识别的故障信息也将发送到远程的资产健康管理中心，结合来自多个公司的故障数据库，管理中心可以通知杜克能源公司专家进行数据检索并做出更为全面的分析。

图 8-14　基于 NI CompactRIO 系统的杜克能源设备状态监控

杜克能源公司通过数据自动化收集，极大地提高了杜克数据分析师对故障数据分析的时间利用率，降低了收集数据的时间和人力成本，提高了数据分析的效率。一年多来，杜克能源公司的监测诊断中心平均每天发出两次设备异常警报，只有四分之一的警报需要立即采取措施进行维修。这些警报为设备维修人员提供了一个时间窗口，使维修人员可以计算好最佳的维修时机，在成本最低的时候，如工厂的定期维护时间或设备运行需求较少的时候进行停机维修。大多数异常设备能够在检测出运行异常后继续运行几周，允许工程师选择停机损失最小的时间安排维修。例如杜克能源公司能够通过持续的维护使发电机在检测出异常的状况下继续运行三周，直到工程师可以安排一个较为方便的停机时间进行全面的维修。

8.3.4　通用电气公司的远程运维案例

Predix 是通用电气公司（CE）推出的针对整个工业领域的基础性系统平台，这是一个开放的平台，它可以应用在工业制造、能源、医疗等各个领域。Predix 是一个工业互联网云平台，它将机器、数据、人员和其他资产连接起来。基于 Predix 平台，可以实现对设备全面的远程运维。

如图 8-15 所示，Predix 架构分为边缘端、云平台端和行业应用端，在云平台端提供更丰富的工具和能力，而行业应用端则是围绕着资产、运营和业务的应用。以下，我们将对这三个部分进行分别介绍。

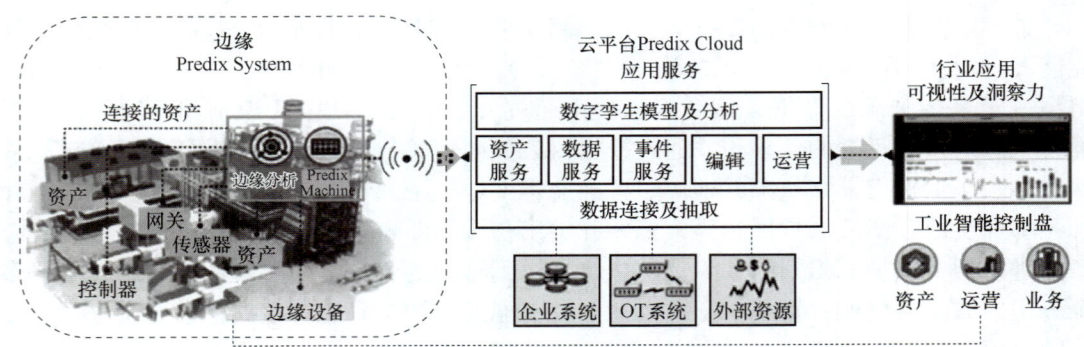

图 8-15　Predix 架构

（1）边缘端　众所周知，工业设备的连接和协议具有复杂性和多样性的特点，因此 Predix 并不直接提供实现数据采集的硬件网关设备，而是提供了一个网关框架——Predix Machine，以实现数据在不同设备上的采集和连接。

Predix Machine 开发框架支持开放现场协议的接入，并增强了边缘计算的功能，由合作伙伴开发相应的设备接入和边缘计算的功能。边缘计算是指在靠近物或数据源头的一侧，采用网络、计算、存储、应用核心能力为一体的开放平台，就近提供最近端服务。边缘网关即边缘计算节点，承载边缘计算能力。Predix Machine 包括一整套技术、工具和服务，支持应用开发、部署、应用和管理，可支持小到嵌入式硬件，大到整体解决方案。并且可以根据边缘设备的处理能力不同而选择 Predix Machine 的内置功能，以此来决定应用场景。

（2）云平台端　云平台端 Predix Cloud 是整个 Predix 方案的核心，围绕着以工业数据为核心的思想，提供了丰富的工业数据采集、分析、建模以及工业应用开发的能力。由于 GE 本身是生产大型复杂型工业产品（飞机发动机、燃气轮机、风力发电机、机车等高端装备）的企业，所以 Predix Cloud 的构建也是从 GE 本身的业务特点出发，即紧密围绕着离散制造行业里的大型高端装备的设计、生产和运维，提供以工业设备数据分析为主线的一系列能力，方便构建高端装备行业的应用。但是在 Predix Cloud 的发展过程中，由于平台优异的开放性，很多其他行业，包括很多流程制造和服务的客户，也在利用 Predix Cloud 开发相关应用。

Predix 最强大的地方是提供了工业大数据分析功能，即将物理设备的各种原始状态通过数据采集和存储，反映在虚拟的信息空间中，通过构建设备的模型，实现对设备的掌控和预测。Predix 提供了一个模型目录，将 GE 和合作伙伴开发的各类模型以提供调用接口的方式发布出来，并提供测试数据，让使用者可以站在巨人的肩膀上，利用现有的模型进行模型训练，快速实现实例化。同时，用户开发的模型也可以发布到这个模型目录中，被更多的客户共享使用。这里的模型不仅包括常规的异常检测模型，还包括文本分析、信号处理、质量管控、运行优化等的模型，根据大家公认的工业大数据分析类型，可以将其分为四类，即描述性（Descriptive）、诊断性（Diagnostic）、预测性（Predictive）以及策略性（Prescriptive）。

（3）行业应用端　对工业客户来说，需要的是解决问题的能力，而不是解决问题的工具。GE 推出 Predix 的主要目标，也是为了更高效、更简单地开发各类工业应用，分析各类工业问题。Predix 应用为各类工业设备提供完备的设备健康和故障预测、生产效率优化、能耗管理、排程优化等应用场景，采用数据驱动和机理结合的方式，旨在解决传统工业几十年来都未能解决的质量、效率、能耗等问题，帮助工业企业实现数字化转型。同时，Predix 采用物联网、人工智能等技术，摆脱人的经验和知识积累的局限性，从只能解决已知的、经验性的问题，逐步进入到对未知世界的掌控中。

Predix 在我国已经有了非常成功的落地案例。如图 8-16 所示，GE 与东方航空公司进行合作，基于大数据建立了发动机叶片损伤分析系统，可以对发动机维修的安排提供可靠的参照。东方航空公司在 Predix 上使用工业互联网应用，搜集了 500 多台 CFM56 发动机的高压涡轮叶片维修数据，结合远程诊断记录和第三方数据，建立了叶片损伤分析预测模型。为每个发动机都收集了与其叶片损伤相关联的数百个参数数据，在进行筛选后，几个关联度最大的参数被最终确定，其中就包括飞机所执飞航线的空气污染程度。GE 使用这些参数建立了叶片损伤分析预测模型，希望据此预测发动机涡轮叶片损伤的发展趋势。不同的外界环境、航空公司的日常维护，以及发动机本身的特性都会对涡轮叶片的损伤趋势造成影响。以前航空公司需要强制飞机定期"休病假"，把微型摄像头伸入发动机内进行检查。现在，只要根据数据分析平台上的结果就可以预测发动机的运行情况，定制科学的检查间隔，提升运营效率。GE 对多台东航现役发动机的叶片损伤程度进行了预测，而东方航空公司也对它们实施了探伤检查。两者对比的结果是，依靠模型预测的准确率达到了 80% 以上。

基于 GE 提供的预测模型，可以了解一台发动机应该以怎样的时间间隔检查叶片损伤。基于预测模型的分析结果，航空公司还可以调整航线安排，降低叶片损伤和报废率，从而降低机队的维护成本。比如由于经常执飞污染程度较高地区的航线，一架客机所配置的发动机叶片损伤程度会相对较高，GE 就会提出建议，让其改飞低污染地区的航线。

图 8-16　GE 发动机叶片运维

GE 与东方航空公司共享各自掌握的海量数据，充分释放 GE 在大数据分析技术以及在发动机领域的最佳实践和创新技术的价值，帮助东方航空公司提高飞行安全管理水平、降低燃油消耗和排放，以及有效应对计划外维修与在翼时间等问题。

参 考 文 献

［1］韩捷.旋转机械故障机理及诊断技术［M］.北京：机械工业出版社，1997.
［2］邓朝晖.智能制造技术基础［M］.武汉：华中科技大学出版社，2017.
［3］赵炯.设备故障诊断及远程维护技术［M］.北京：机械工业出版社，2014.
［4］吴高杰.基于OSA-CBM的设备健康管理体系结构研究［J］.价值工程，2017，36（1）：75-77.
［5］顾家远.基于EMD和SVM的大型复杂设备故障诊断和趋势预测［D］.上海：同济大学，2014.
［6］陈从鹏.大型数控装备远程故障诊断平台的数据采集与通信技术应用研究［D］.上海：同济大学，2012.
［7］黄洪飞.基于嵌入式系统的设备状态监测与故障诊断的研究［D］.上海：同济大学，2013.

科学家科学史
"两弹一星"功勋
科学家：雷震海天

第 9 章

个性化定制

PPT 课件

随着数字化、网络化技术的不断发展，以及与制造业的深度融合，制造业开始进入了新的发展阶段。在该阶段，制造能力大幅提升，物质资料极大丰富，产品不再仅仅是满足消费者的使用需求，还需要满足消费者的个性化需求。随着消费者消费需求的变化，商业模式也发生变化，C2M 和 O2O 模式的结合为制造业适应消费者的需求变化提供了一种新的解决思路。在新的商业模式和制造技术体系下，制造商与消费者之间的屏障得以消除，资源、信息和技术的协同得以保障，制造业真正向以消费者为中心的服务型制造演进。

9.1 个性化定制概述

9.1.1 个性化定制场景

在 2023 年工信部发布的《2023 年智能制造典型场景参考指引》中，根据"十三五"以来智能制造发展情况和企业实践，结合技术创新和融合应用发展趋势，凝练总结了 3 个方面 16 个环节的 45 个智能制造典型场景。其中与个性化定制相关的场景主要包括：产品设计环节中的数据驱动产品设计优化；工艺设计环节中的质量精准追溯，销售驱动业务优化，大规模个性化定制与主动客户服务；工厂建设环节中的车间智能排产与资源动态配置；生产作业环节中的产线柔性配置；仓储物流环节中的智能仓储与精准配送；供应链计划环节中的产供销一体化，供应链智能配送与动态优化以及供应商数字化管理。实际上，目前企业面向客户的个性化定制场景中，大规模个性化定制场景与主动客户服务场景最为重要。

在大规模个性化定制场景中，企业需要部署智能制造装备，依托产品模块化、生产柔性化等，以大批量生产的低成本、高质量和高效率提供定制化的产品和服务。例如，青岛酷特智能股份有限公司依托大数据、互联网等数字化技术，自主创新道路，开辟工业化个性定制服装路径。酷特公司首先通过 CAD 打版设备和自主研发的打版机床，可以使电脑自动制版，从而提高生产效率；接着通过建立版型库，囊括版型数量达几百万种，并根据客户的数据实时生成适合客户自身的版型，摆脱对制版师的依赖，缩减成本；最后通过创建"三点一"线坐标量体法，量体师只需 5min 即可采集人体 19 个部位的

22 个尺寸，快速掌握合格的人体数据，如图 9-1 所示。

在主动客户服务场景中，企业需要建设客户关系管理系统，集成大数据、知识图谱和自然语言处理等技术，实现客户需求分析、服务策略决策和主动式服务响应。例如，国外的创业公司 Yooshu 公司专业从事沙滩鞋的个性化定制，其流程如图 9-2 所示。首先，对客户的双脚分别进行三维扫描，获取脚部数据，再分别对双脚进行三维建模，将脚部模型转换为数字信息输入制鞋设备，通过机器人，分别制作符合双脚人体工程学的

图 9-1 青岛酷特智能公司个性化定制服装

鞋型。同样，在 2016 年德国汉诺威工业博览会上，西门子公司将一根美国卡拉威公司采用西门子技术生产的高尔夫球杆送给奥巴马，并告诉他这是根据他的体重、挥杆姿势和力量等所有相关因素量身定制的一根球杆，造价却与普通的球杆没有区别，如图 9-3 所示。

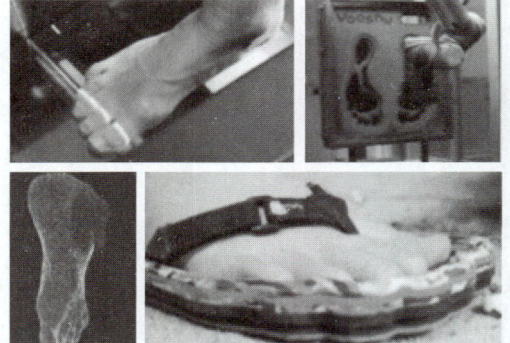

图 9-2 Yooshu 公司个性化定制沙滩鞋过程

图 9-3 西门子公司个性化定制高尔夫球杆

青岛酷特公司的服装，Yooshu 的沙滩鞋和西门子的高尔夫球杆的个性化定制只是个性化定制产业的一个缩影。未来，随着移动互联网信息技术的运用以及新生代消费群体的变迁，消费者的需求不再局限于企业所提供的单一品种规模化流水线上生产的产品以及制造企业提供的可选择的产品，这些被动的消费方式将有所改变。定制个性化产品以满足自身需求已逐渐成为一种新的消费趋势。

9.1.2 个性化定制内涵

个性化定制是指基于新一代信息技术和柔性制造技术，以模块化设计为基础，以接近大批量生产的效率和成本提供能满足客户个性化需求的一种智能制造服务模式。区别于大规模定制，个性化定制更加注重消费者的全程参与。

如图 9-4 所示，制造业在经历了手工生产、大规模生产和大规模定制三个阶段之后，

个性化定制发展成为制造业一个重要的分支。卢秉恒院士预测"制造业的明天一半以上的制造为个性化定制"。智能制造时代，随着相关技术的发展，消费者和制造商这种线下与线上的直接沟通，将开启一种新的更适应消费者需求和时代发展的制造模式。

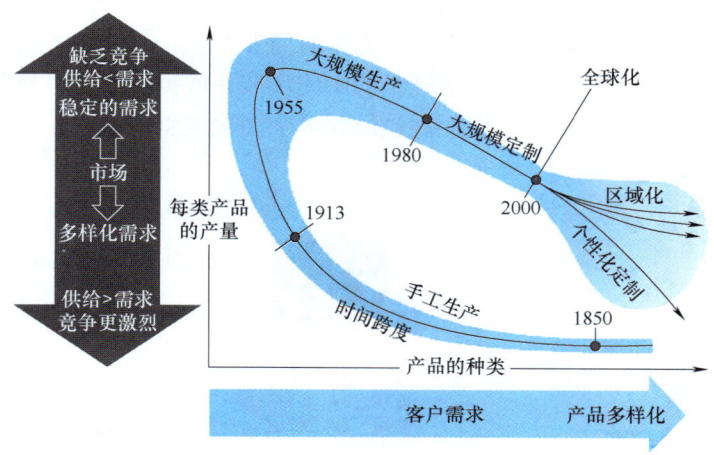

图 9-4 制造业发展历程

区别于传统的制造模式，个性化定制模式最重要的特征是明确地以消费者为中心，并且由订单驱动进行大规模小批量的生产，其将销售过程前置。如图 9-5 所示，制造商通过平台与消费者之间进行信息交互并产生订单，以消费者需求为导向进行产品制造，而不再是传统的先生产后销售。

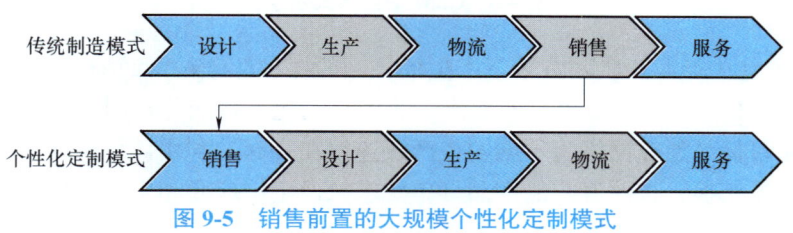

图 9-5 销售前置的大规模个性化定制模式

9.2 个性化定制模式体系架构

9.2.1 个性化定制模式变迁

在网络技术相对落后的年代，传统的商业模式以线下交易为主体，商品和信息的传递通过面对面的方式进行。随着网络技术的兴起，传统商业模式逐渐被网络电子商务模式所代替，其中包括有 B2B、B2C 以及 C2C 等模式。B2B 是发生在企业与企业之间的电子商务模式，B2B 模式一般都不是针对大众消费品，产品也相对复杂，需要专业人士人工参与判断商品的质量好坏，通常在企业之间产生订单。B2C 是发生在企业和消费者之间的电子商务模式，B2C 模式主要针对普通大众消费市场，这种模式可以按组织层级简述为"店铺→商品页→商品信息→购买按钮"。这就是我们日常中在网络平台购物的流程，天猫、京东、亚马逊等自营平台采用的就是这个模式。C2C 是发生在消费者和消费者之间的电子商务模式，类似于 B2C，C2C 模式针对普通大众，但是，部分大众是卖方，部分是买方。该模式下，第三方提供交易平台，个体户作为卖方将产品销售给买方，平台从中提取佣金。

在智能制造时代，C2M 才是被最广泛关注的商业模式。所谓 C2M，如图 9-6 所示，就是将制造商和消费者直接联系，除去冗长的中间环节，砍掉流通加价环节，最大程度地去中间化，让消费者以最低的价格买到高品质、可个性化定制的产品，是一种新型的电子商务互联网商业模式。

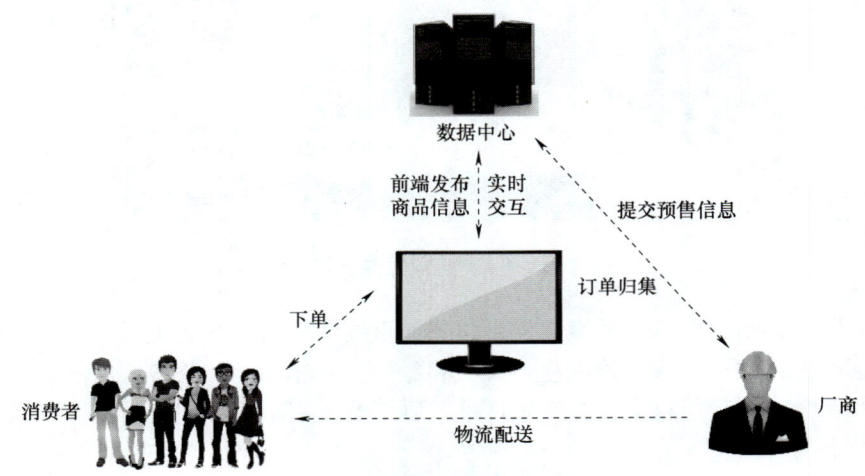

图 9-6　C2M 商业模式示意图

C2M 模式是在工业互联网背景下产生的，它的提出源于德国政府在 2011 年汉诺威工业博览会上提出的工业 4.0 概念，即现代工业的自动化、智能化、网络化、定制化和节能化。它的最终目标是通过网络将不同的生产线连接在一起，利用计算机强大的运算能力保证随时进行数据交换，按照客户的产品订单要求，设定供应商和生产工序，最终生产出个性化产品的工业化定制模式。

按照企业组织生产的特点，可以把制造企业划分为按单设计、按单生产、按单装配和库存生产四种生产类型，如图 9-7 所示。

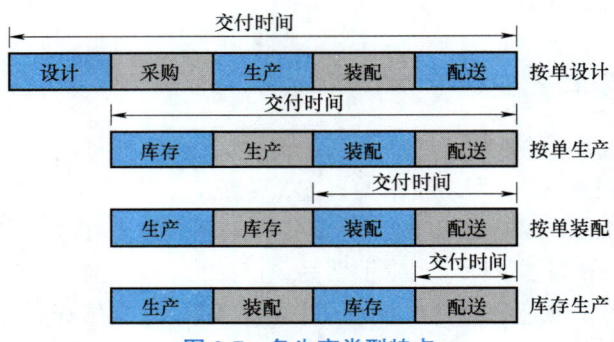

图 9-7　各生产类型特点

C2M 模式下的生产模式更接近于按订单设计模式，从设计、原料采购到装配、配送都是在接到客户订单后发生的，需要更多的交付时间。如图 9-8 所示为 C2M 模式跟其他模式的特点对比。

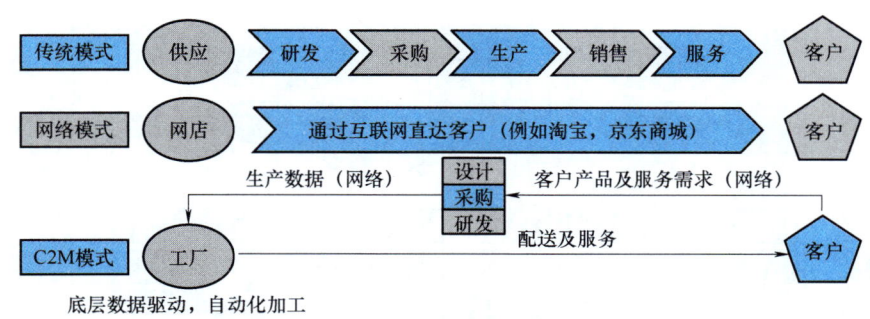

图 9-8　C2M 模式跟其他模式的特点对比

传统模式下，生产和销售具有较强的 B2C 特点，采用大规模、标准化流水线生产，以生产企业为核心，只在最终环节面向消费者。该模式下，企业容易出现供应链的无法协同以及产能的过剩等问题。

网络模式下，以电子商务的模式进行线上交易，既节约了中间成本，也给消费者提供了更多的便利和选择。但是二者的本质还是相同的，都是在销售库存的产品。

C2M 模式下，客户与产品生成端无缝链接，强调客户参与产品、服务和内容从设计到最后呈现的全过程中。其核心商业逻辑是实现客户和产品生成端的直接对接，砍掉所有中间环节，同时让产品生成端快速、工业化和大规模、低成本地响应，以满足客户的定制化需求，做到与 O2O 无缝连接，强调为客户创造价值。

所以对于企业来说，C2M 模式的优势在于让客户完全参与到最终产品的生成全过程中，让企业和客户产生更强的联系。同时，按订单生产也避免了库存问题，精减了企业运营成本。对客户来说，C2M 模式使客户个性化需求可以更高效地变为现实，同时还能全程参与产品制造的全过程，使得整个过程更加的透明。

9.2.2　体系架构

个性化定制体系架构是工业 4.0 技术中端到端数字集成的重要应用过程。端到端数字集成主要是利用工业互联网技术和大数据技术，在生产商和消费者之间建立信息交互渠道。这一架构也是对市场商业模式向 C2M 转变的一个反映。

为实现个性化定制，需要建立消费者个性化需求信息平台和各层级的个性化定制服务平台，能提供消费者需求特征的数据挖掘和分析服务（平台设计），以及提供给客户产品设计、计划排产、柔性制造、物流配送、售后服务的集成和协同优化。如图 9-9 所示为个性化定制体系架构。

个性化定制体系架构以数据为核心，将各层级相互串联。产品定制平台作为定制服务的发起点，将来自客户的需求信息作为制造的目标，通过网络协同企业内部和企业间的生产与服务，最终为客户提供满足要求的产品及服务。

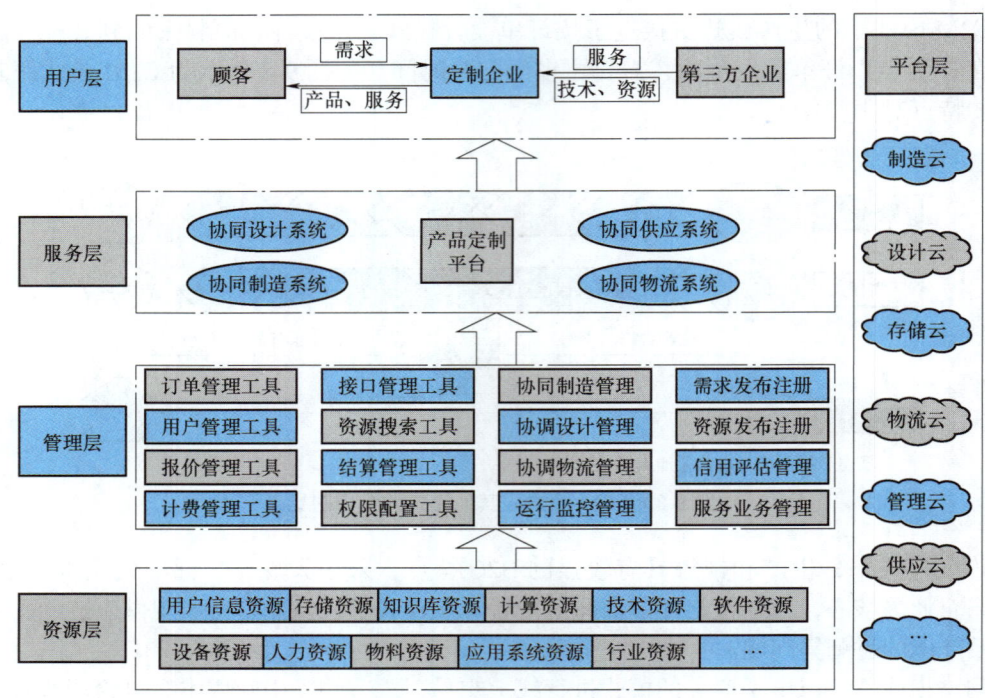

图 9-9 个性化定制体系架构

基于上述架构，图 9-10 给出了一个通用的个性化定制生产流程，从客户订单到售后维护，以客户为中心，客户全程参与商品的生产过程，制造商根据客户要求，可以随时对未出厂的商品进行调整，对出厂后的产品，制造商提供全程在线的服务支持。

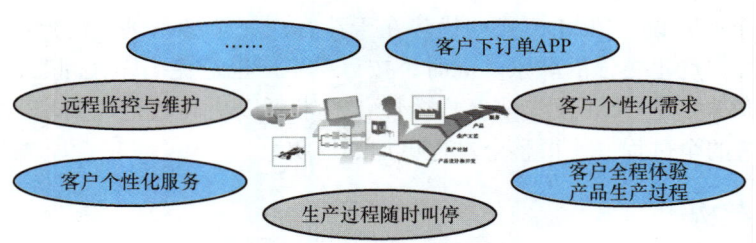

图 9-10 客户全程参与的生产流程

下面以汽车制造过程为例对个性化定制流程进行说明。

（1）客户下订单　首先，客户通过 APP，在制造商信息管理平台中下订单，制造商通过客户录入信息了解客户初步的定制意向。

（2）客户提出个性化需求　通过个性化定制服务平台，制造商为客户提供可选择的基础模块，如发动机型号、变速箱类型以及车身结构等。客户在选择基础模块后，可以通过平台，提出自己的个性化需求，如根据客户体型设计座椅尺寸、根据手掌大小和握持力度设计方向盘以及个人偏好选择内饰设计等。

（3）客户全程体验产品生产过程　制造商确认产品信息后，开始投入生产。得益于数字化技术的支撑，生产过程可以快速响应，标准化的生产工艺参数、设计参数等能够实现快速读取。物料、各制造设备单元以及工人之间可以相互通信,根据订单内容,实现订单的自组织。在生产的过程中,客户可以选择通过实时的图像传输或 VR 等交互技术了解产品的进度,也可以通过去实地考察,参与产品的制造过程。

(4)生产过程随叫随停　客户对于产品在制造过程中发现的问题,例如对车身颜色、内饰设计不满意等,可以提出修改要求,制造商为此提供修改计划。得益于高度柔性的生产线和强大的计算能力,进行实时动态调度,各制造单元可以及时对线上产品进行调整。

(5)提供个性化服务　产品确认完成之后,产品出厂环节中客户可以选择个性化的物流服务。

(6)远程监控与维护　产品交付完成后,制造商除了提供标准通用的售后服务,还可以通过预设的传感器和物联网采集产品在日常工作过程中产生的数据,并对数据进行数据挖掘与分析,结合客户反馈的信息,对产品当前的健康程度进行判断,对可能存在的故障进行预测并提供个性化的维护建议。

9.2.3　相关技术

个性化定制模式的产生与发展受益于各类技术的支撑,其中主要包括以下几个主要关键技术。

1. 工业大数据技术

在个性化定制生产过程中,客户端的对接平台会通过对客户的历史消费信息和浏览记录等信息进行挖掘分析,提供消费者参考信息,帮助消费者决策。这些信息产生的大量数据需要利用工业大数据技术来进行处理。

工业大数据技术架构共有五个部分,如图 9-11 所示,分别为数据采集层、数据存储与集成层、数据建模层、数据处理层、数据交互应用层。

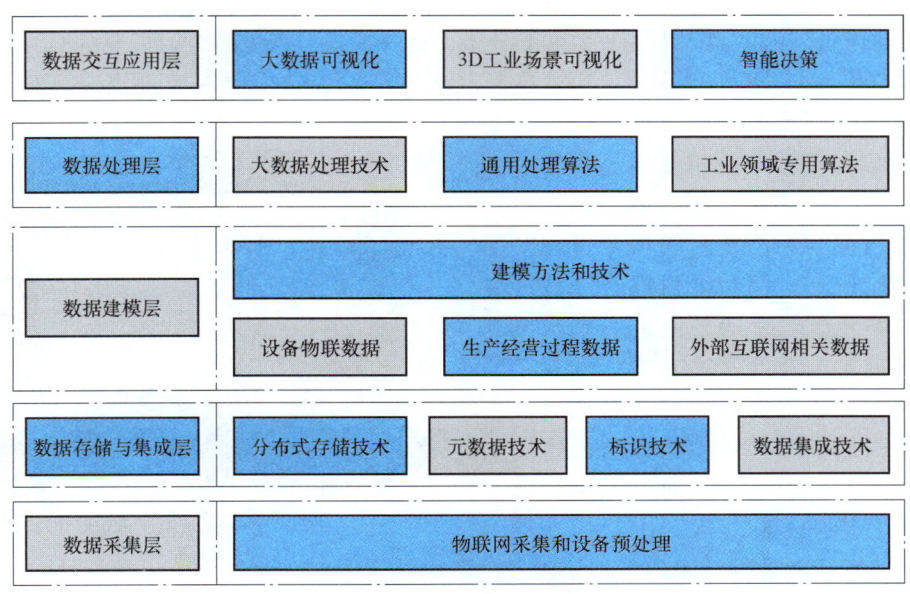

图 9-11　工业大数据技术参考架构

1)数据采集层。数据采集层以传感器作为主要采集工具,结合 RFID 标签、条码扫描器、生产和监测设备、掌上电脑、人机交互界面、智能终端等手段采集制造领域多源、异构数据信息,并通过互联网或现场总线等技术实现源数据的实时准确传输。首次采集获得的源数据是多维异构的,为避免噪声或干扰项给后期分析带来困难,须执行同构化预处理,包括数据清洗、数据交换和数据归约(在尽可能保证数据原貌的前提下,最大限度地精简数据量)。

2)数据存储与集成层。数据储存与集成层包括分布式存储技术、元数据技术、标识技术、数据集成技术。分布式存储技术主要采用大数据分布式云存储,将预处理后的数据有效存储在性能和容量都能线性扩展的分布式数据库中;元数据技术主要对订单元数据、产品元数据、供应商能力等进行定义和规范;标识技术包括分配与注册、编码分发与测试管理、存储与编码规范、解析机制等;数据集成技术主要指面向工业数据的集成,包括互联网数据、工业软件数据、设备装备运行数据、加工控制数据与操作数据、制造结果实时反馈数据、产品检验检测数据等。

3)数据建模层。数据建模层包括对设备物联数据、生产经营过程数据、外部互联网相关数据的建模方法和技术。对无法基于传统建模方法建立生产优化模型的相关工序建立特征模型,基于订单、机器、工艺、计划等生产历史数据、实时数据及相关生产优化仿真数据,采用聚类、分类、规则挖掘等数据挖掘方法及预测机制建立多类基于数据的工业过程优化特征模型。

4)数据处理层。数据处理层在传统数据挖掘的基础上,结合新兴的云计算、Hadoop(一种分布式系统基础架构)、专家系统等对同构数据执行高效准确地分析运算,包括大数据处理技术、通用处理算法和工业领域专用算法。

5)数据交互应用层。数据交互应用层对经处理、分析运算后的数据,通过大数据可视化技术、3D 工业场景可视化等技术,将数据分析结果以更为直观简洁的方式展示出来,以便消费者理解分析,提高决策效率。企业管理和生产管理等传统工业软件与大数据技术结合,通过对设备、消费者、市场等数据的分析,提升场景可视化能力,实现对消费者行为和市场需求的预测和判断。结合智能决策技术,进而实现数据对辅助生产制造决策的价值。

佛山维尚家具公司利用工业大数据技术结合人工智能技术,通过收集和分析消费者的购买历史、偏好和家居风格等数据,为消费者提供个性化的家具定制服务。消费者可以在线选择材料、颜色、尺寸等,制造商则根据这些数据生产符合消费者需求的家具。这种方式不仅提高了消费者的满意度,也降低了库存成本,提高了生产效率。如图 9-12 所示为维尚家具公司的个性化定制家具。

图 9-12 维尚家具公司的个性化定制家具

在上述工业大数据技术参考架构涉及的关键技术中,采集技术、元数据技术、标识技术、云计算技术是基础;分布式文件系统为其提供数据存储架构;分布式数据库便于数据管理，同时提供高效的访问；应用数据归纳等技术对异构数据进行分析处理；最后利用可视化技术将数据处理结果形象生动地呈现给消费者。

2. 信息集成与协同

信息集成与协同包括企业内部和企业之间协同，在复杂多变的市场竞争环境中，寻找最优制造资源，在保证制造品质的前提下最大程度降低企业运营成本，通过协同为制造过程提供最优化的解决方案。构建精益生产运行管理平台，构成完整的产品生态体系闭环，帮助工厂量身定制解决方案。通过集成供应链管理、高级排程、制造执行、仓库管理、仿真模拟、大数据分析等系统，实现对整个生产周期的管理。

如图9-13所示，整个生产周期包括生产、协同、设计、制造、物流及服务等多方面的信息，各种信息管理系统在产品生产过程中相互协同交互，为生产提供了必要的信息保障。客户提供的需求信息和售后反馈信息，供应商提供的相关资源信息和服务信息通过客户关系管理软件（Customer Relationship Management，CRM）进行交互，CRM可以自动化分析销售、市场营销、客户服务，产生相关数据。企业资源计划（Enterprise Resource Planning，ERP）包括物资资源、人力资源、财务资源、信息资源等信息。供应链管理系统（Supply Chain Management，SCM）包括采购相关、销售相关、仓库相关、物流等信息。仓储管理系统（Warehouse Management System，WMS）包括批次、物料、库存、质检、虚仓等信息。高级计划与排程（Advanced Planning and Scheduling，APS）包括企业管理的相关信息，通过与制造执行系统（Manufacturing Execution System，MES）相协调，采集整个生产流程的实时数据，并通过车间工位看板进行信息交互。产品生命周期管理（Product Lifecycle Management，PLM）需要与CRM、ERP、SCM、APS、MES等系统相集成，管理所有与产品相关的信息。

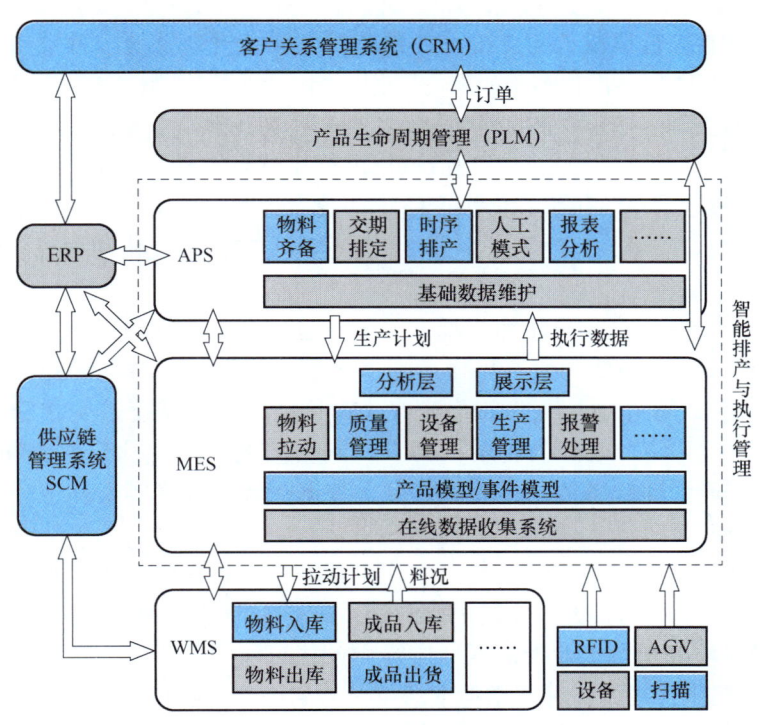

图9-13 信息集成示意图

苹果公司作为全球电子消费品行业的领军企业，其信息集成与协同技术在苹果公司的个性化定制服务中发挥了至关重要的作用。苹果公司利用高度集成的信息系统，能够实时收集、分析和处理来自全球各地的客户订单信息，客户需求的个性化选项会立即被系统捕捉并整合。其次，将客户的个性化需求与供应商的生产能力进行精准匹配。这不仅确保了零部件的及时供应和高质量，还使得生产厂商能够根据具体需求进行定制化生产。此外，通过信息集成与协同技术，设计团队、生产团队、销售团队等能够实时共享客户数据和产品信息，共同参与到个性化定制服务的全过程中。如图9-14所示为不同版本的苹果手机。

图 9-14　不同版本的苹果手机

3. 智能工厂

智能工厂是实现个性化定制的基础与前提，在组成上主要分为三大部分，即产品工程、生产工厂和集成自动化系统，如图9-15所示。在企业层对产品研发和制造准备进行统一管控，与ERP进行集成，建立统一的顶层研发制造管理系统。管理层、操作层、控制层、现场层通过工业网络（现场总线、工业以太网等）进行组网，实现从生产管理到工业网底层的网络连接，实现管理生产过程、监控生产现场执行、采集现场生产设备和物料数据的业务要求。除了要对产品开发制造过程进行建模与仿真外，还要根据产品的变化对生产系统的重组和运行进行仿真，使生产系统在投入运行前就了解系统的使用性能，分析其可靠性、经济性、质量、工期等，为生产制造过程中的流程优化和大规模网络制造提供支持。

1）企业层实现基于产品全生命周期的管理，也包含企业管理职能，属于产品工程部分。融合产品设计生命周期和生产生命周期的设计生产流程，对设计到生产的流程进行统一集成式的管控，在企业层级实现生产全生命周期的技术状态透明化管理。通过集成PLM、MES、ERP系统，进行企业层级的设计到生产的全数字化定义；通过对PLM和MES的融合，实现设计到制造的连续的数字化数据流转，最终实现基于产品的、贯穿所有层级的垂直管控。

2）管理层实现生产过程管理，属于生产工程部分。管理层主要实现了生产计划在制造职能部门的执行，管理层统一分发执行计划，进行生产计划和现场信息统一协调管理。管理层通过MES与底层的工业控制网络进行生产执行层面的管控，生产执行层面的操作人员和管理人员提供计划的执行、跟踪信息以及人、设备、物料、客户需求等所有资源的当前状态，同时获取底层工业网络对设备工作状态、实物生产记录等信息的反馈。

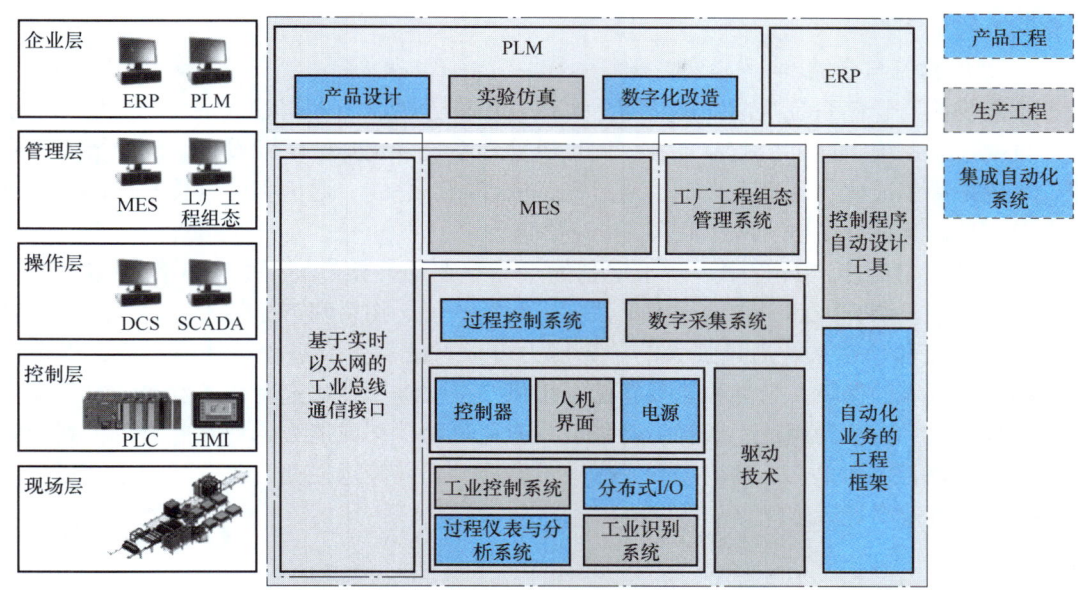

图 9-15 智能工厂架构

3)集成层,包括操作层、控制层和现场层,属于集成自动化系统部分。在集成层,自动化系统的集成是从底层出发的、自下而上的,跨越设备操作层、中间控制层以及车间现场层三个部分,基于 CPS 网络方法使用全集成自动化技术(Totally Integrated Automation,TIA)集成现场生产设备,物理创建底层工业网络,在控制层通过 PLC 硬件和工控软件进行设备的集中控制,在操作层有操作人员对整个物理网络层的运行状态进行监控、分析。

上海华谊新材料智能工厂位于上海化学工业区,是国内丙烯酸及酯系列产品的主要专业生产厂商。作为一家连续流程型化工生产企业,公司在原有化工仪表自动化控制基础上,大力推进智能工厂建设,先后在安全环保、生产调度、质量管控、智能物流、仓储方面进行了数字化应用实践。其智能工厂主要包含四大系统,即过程执行系统(MES)、健康安全环境监控(HSE)系统、先进过程控制(APC)系统与智能物流仓储系统。上海华谊新材料智能工厂通过生产指挥系统,建立了完整覆盖全公司生产业务的生产指令在线流转体系,把计划、生产、操作由分段式管理转变为全程在线、闭环式管理,生产管理效率显著提高。利用工业无线网、智能巡检设备、人员定位和地理信息服务等技术,实现内外操作交接、点对点视频交接、智能化巡检等,改变了内外操作的协作模式,促进操作和管理效率的提升,如图 9-16 所示。

图 9-16 上海华谊新材料智能工厂指挥中心

在智能工厂架构下实现高度智能化、自动化、柔性化和定制化,研发制造网络能够快速地响应市场的需求,实现高度定制化的节约生产。

4. 智能物流与仓储

智能物流与仓储系统是由立体货架、有轨巷道堆垛机、出入库输送系统、信息识别系统、自动控制系统、计算机监控系统、计算机管理系统以及其他辅助设备组成的智能化系统。系统采用集成化物流理念设计，通过先进的控制、总线、通信和信息技术应用，协调各类设备动作实现自动出入库作业。

在个性化定制生产过程中，由于定制的产品存在个性化差异，物料、产品与客户之间的对应关系复杂，因此，在大规模个性化定制场景下，物料和产品的管理也变得越发复杂。智能物流和仓储系统通过强大的计算能力可以保证对生产过程的快速响应，为个性化定制提供可靠的保障。智能物流及仓储系统将会是促进个性化定制快速发展的一个重要组成部分，它具有节约用地、减轻劳动强度、避免货物损坏或遗失、消除差错、提高仓储自动化水平及管理水平、提高管理和操作人员素质、降低储运损耗、有效减少流动资金积压、提高物流效率等诸多优点。

9.3 典型案例

为把握住智能制造时代的机遇，部分研究机构和部分企业已经尝试在个性化定制方向上开展研究和相关业务。其中，以某实验室和青岛红领集团、海尔集团、威马汽车为代表的机构和企业已经走在时代前列。在这些机构的带领下，更多企业也开始走上了个性化定制的发展道路。

9.3.1 某实验室智能小车制造示范线

智能小车制造示范线是一条标准的研究型个性化定制生产线，在实验室内模拟了个性化定制全流程，如图9-17所示。该生产线是实验室模拟生产线，消费者、制造商均由实验室人员模拟担当，设计并搭建了订单处理中心、PLM系统、MES和柔性生产线。消费者可以在内部局域网完成下单，并在局域网中获得消费者反馈和制造商服务信息。通过将局域网与其他网络相连，消费者可以在个人终端利用APP或网页进行产品的在线定制，在线选择基础模块信息（例如智能小车整体架构），向制造商提供消费者信息、自定义尺寸和自定义组件需求（例如传感器类型、小车体积大小等信息），生成个性化定制订单。

图 9-17 个性化生产全流程示意图

针对订单信息，处理中心会协同PLM系统，提供满足需求的产品设计参数、工艺设计CAD模型及工艺仿真参数，各类参数和三维模型可以通过现场触摸屏或网络终端进行展示。在真实世界进行装配之前，利用软件对整个装配过程进行模拟，以检测整个装配过程的合理性，并对部分参数进行优化。最终确定的工艺流程等信息被提供给MES。

智能小车装配前，制造信息被提供给智能机器人或者智能AGV小车，从物料仓库中选取符合制造信息的原料。利用电荷耦合器件（Charge Coupled Device，CCD）识别各原料特征，将检测所得信息反馈至系统，比对实际库内原料与托盘RFID芯片上信息，若比对一致，则正常出库，送至装配中心。

装配过程如图9-18所示。从原料库获得的已有部件和原料，首先利用已有部件，分别装配小车下层、中间层和上层。同时，对原料进行加工，制造个性化部件，并分别装配在各自位置。利用AGV将装配好的三层输送到总装加工中心，先进行下层和中间层之间的装配，再进行最后的总装。

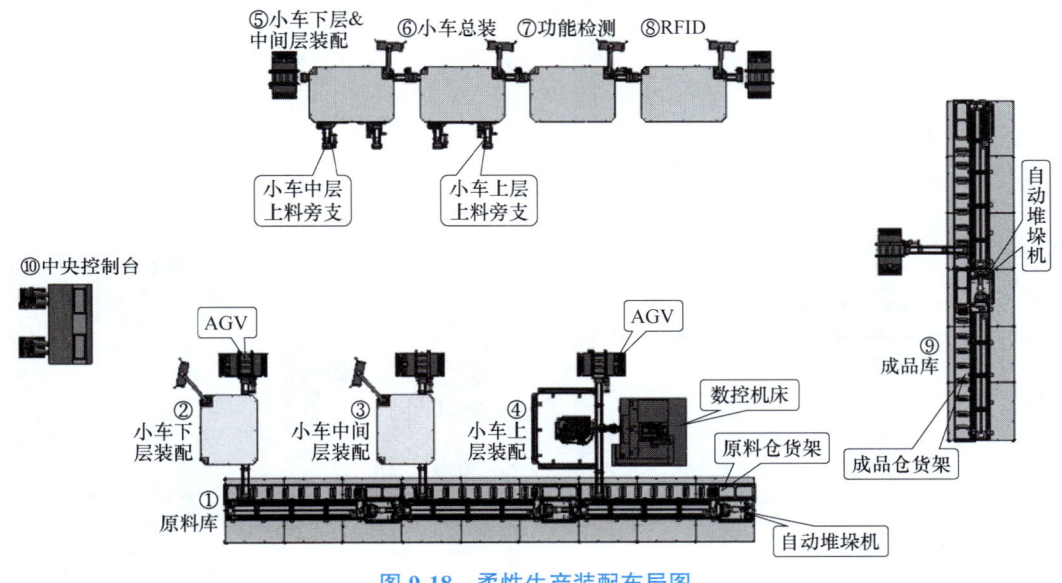

图 9-18　柔性生产装配布局图

在整个装配过程中，消费者可以通过电子屏幕或局域网中的设备实时同步监测装配过程，如果发现某一部分发生错误或者希望临时更改产品设计，可以人为介入装配过程，产品在出库之前都可以再装配。

成品组装完成后，需经过功能检测，并利用激光技术完成最后的个性化标志，再利用AGV将合格的成品送至仓库，同样利用CCD技术识别成品，与托盘信息对比，防止混料，完成成品入库。

在装配过程进行的同时，中央控制台实时监控现场的监测和采集单元，对现场的产品信息和执行机构的反馈信息进行采集分析，对产品的状态和设备的状态进行在线监测，对于出现质量问题的产品及时进行相关修正工作，对于不合理的工艺流程和参数进行优化。通过场内物流，完成产品入库，并利用APP或者网页向客户提供交付信息，同时对消费者的反馈信息进行收集和分析处理，并针对性地提供个性化服务和售后服务。

9.3.2 红领集团

青岛红领集团依托大数据技术,将规模化量产转变为更加聚焦消费者的模式,在全球范围内第一个实现西装的大规模个性化定制。红领集团的个性化定制流程遵循 C2M 模式,如图 9-19 所示,其提供的定制化平台采集消费者需求,获取个性化信息数据,通过数据驱动整个生产制造流程,在智能工厂中完成产品的自动设计、个性化制造等环节,合格的个性化成品通过智能物流被最终交付到客户手中。

如图 9-20 所示,消费者在手机 APP 上自行定制服装细节,既可以在此平台上进行自主个性化设计(如领型、口袋、面料、里料、拼接等),又可以选择时尚成衣版型以及添加个性化元素(如加个性刺绣、命名个人品牌等),真正做到满足不同类型消费者的个性化需求。这些个性化需求将统一传输到后台数据库中,形成数字模型,由计算机完成打版,随后分解成一道道独立工序,通过控制面板及时下达给其智能车间内流水线上的工人。

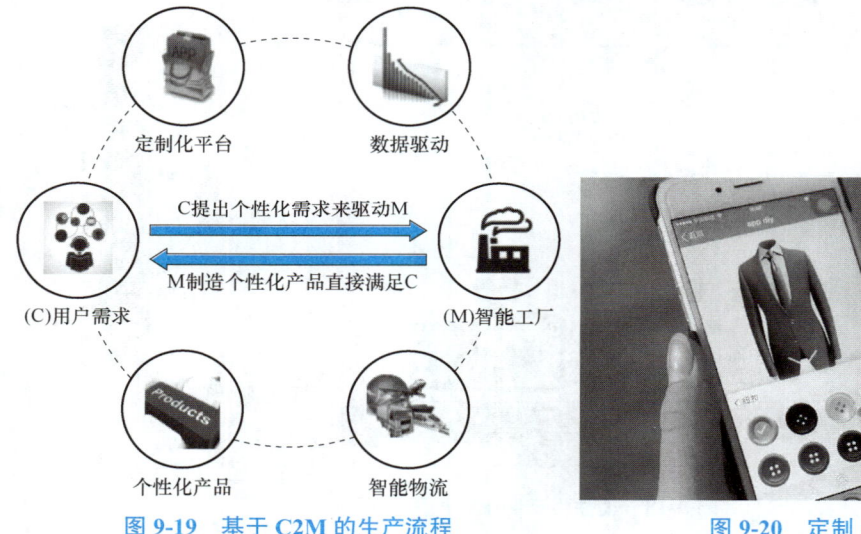

图 9-19 基于 C2M 的生产流程　　图 9-20 定制 APP 界面

结合线下测量,设计师采集消费者人体 18 个部位的 22 个数据。该方法和版型数据库相匹配,进行一组量体数据,便可以完成所有制作服务全过程。同时,还要清楚消费者的需求,针对消费者模糊的需求信息,系统能够向客户提出建议,并根据客户已经填写好的资料生成最合适的搭配方案。APP 页面上会给客户展示一个 3D 模型,顾客可以在 3D 模型上立体、细致地观察款式颜色、细节设计和布料材质等。通过这一标准化的客户信息采集方法,红领能够通过数据建模实时实现"一人一版",在所有细节上实现个性化定制。

数据中心通过其他系统的协同设计,将个性化信息转变成标准化信息,信息会传输到布料准备部门,按照订单要求准备布料,裁剪部门会按照要求进行裁剪。裁剪后的大小不一、色彩各异的布片根据西服的工艺要求(例如领子线、面料、夹里、袖子等)分 6 部分,同时每部分均会配挂一个 RFID 射频识别电子标签(注明工艺要求),并随着布料分别进入对应的吊挂流水线，如图 9-21 所示。

布料上的标签随流水线传送，每一个工位都有专用电脑读取 RFID 上的制作标准信息，各流水线上员工根据指令完成制作。当员工刷卡时，同时系统中也可以监控工艺流转的位置，记录生产进度。在一道工序完成后，电脑会进行标识，半成品传送到下一工序。在最后的组合环节，电子标签会在成衣完成后统一为一张 RFID 卡，并伴随成衣进入到熨烫整理检验环节，最终入库。

图 9-21　红领厂内服装及电子标签

红领把"以满足需求为出发点"的管理思想和企业的核心价值相融合，形成了标准化的解决方案，实现了编码、程序、标准和个性化，命名为源点论数据工程（SDE）。红领 SDE 适用于我国基本国情，普遍适用于传统制造业的升级改造，利用红领 SDE 的思想与个性化制造管理模式可以帮助我国大量中小企业实现不同程度的转型升级。

9.3.3　海尔集团

家电向来被认为是标准化产品，但在需求日益多元化的互联网时代，消费者对家电的外观、颜色乃至功能的诉求呈现多元化趋势。作为中国最早探索大规模定制模式的企业之一，海尔集团在多年智能制造探索的基础上推出了中国首个独创的、具备自主知识产权的工业互联网平台"COSMO"，如图 9-22 所示，让消费者全流程参与产品设计研发、生产制造、物流配送、迭代升级等环节，真正实现了人人定制。

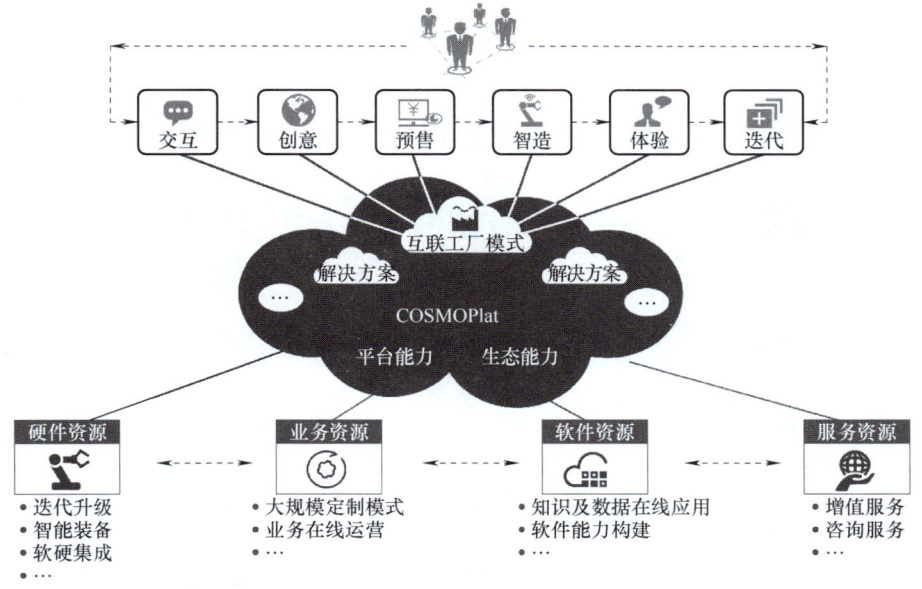

图 9-22　COSMO 平台架构

对消费者来说，COSMO 平台全流程互联互通，所有的资源都可以与自己直接互联，每个节点都可以实时接收自己的意见，产品个性化定制的需求得到充分满足。

对于能力型资源来说，在过去，因为无法触达终端消费者，设计、研发作品难以量化，自身价值一度饱受争议。而现在，设计师等能力型资源可以基于平台庞大多矩阵的社群消费者体系和强大的资源整合能力，去发掘市场的痛点和需求，与消费者共同进行一个产品或一个体验的持续改进。这样一个迭代修改、盘旋式上升的过程，不仅赋予了消费者对产品的主导权，更为能力型资源方提供了作品变现的机会。

众创汇平台是 COSMO 平台下的个性化定制平台，在众创汇平台上，消费者可以提交任何有关家电的创意和想法，自主定义自己所需要的产品，需求在形成一定规模后，就可以通过海尔互联工厂实现生产，如图 9-23 所示。不难看出，海尔通过众创汇平台将消费者的需求连接起来，让消费者全流程参与生产制造的过程，从而让消费者开启了全新的消费体验。

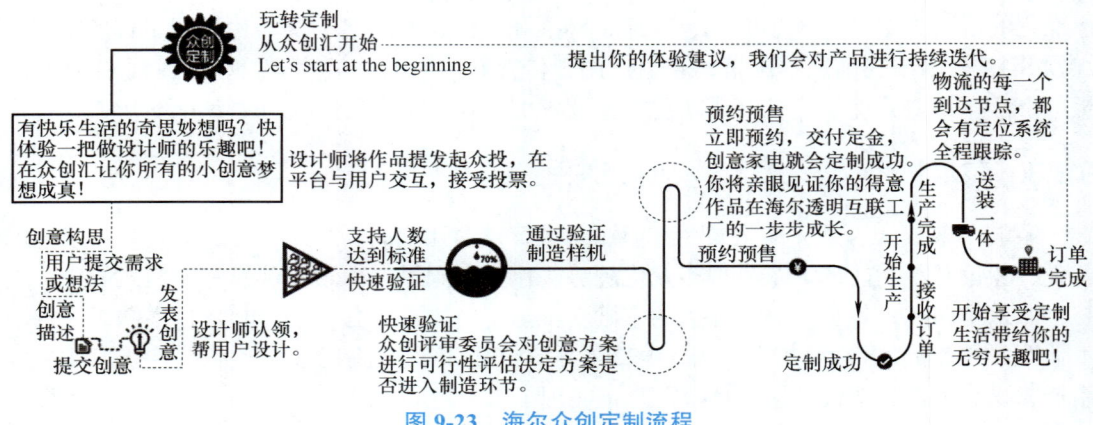

图 9-23　海尔众创定制流程

不同于传统企业先研发产品、再预测市场需求、再大规模制造销售的生产模式，海尔开创了一种消费者需求驱动的生产模式，即 Mind to Deliver（从创意到交付的消费者全流程参与），整合了设计师资源、专业的研发资源、供应链资源。其流程如图 9-24 所示。

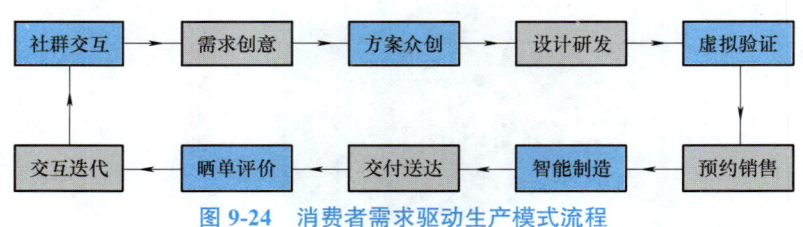

图 9-24　消费者需求驱动生产模式流程

海尔定制平台秉承互联网时代的重要考量标准，以消费者需求为核心，注重消费者体验，打造开放式社群生态平台。它打破了传统的市场、研发、消费群之间互不干涉的壁垒，消费者可以在海尔定制平台上提出自己的需求和创意，与平台优秀设计师一同参与到产品设计、定制的过程中。此外，平台有海尔丰富的模块商资源以及强大的研发资源共同加入，将消费者创意变现成真实有温度的产品。与此同时，在海尔互联工厂的强力支撑下，消费者还可以通过海尔定制平台实时查看产品的订单、生产、物流、交付全过程，实时数据均透明可追溯。海尔定制平台可以给消费者一个表达意愿的场景空间，让消费者在平台上不仅能消费海尔的产品，还能共享海尔的能力、资源、机制等。

以定制一台海尔冰箱为例，消费者通过终端登录海尔定制平台提出定制要求之后，需求信息马上到达工厂，生成订单；工厂的智能制造系统会自动排产，将信息传递到各个生产线，最终生产出消费者自己定制的冰箱。目前，海尔已经建立起空调、洗衣机、冰箱等八大互联工厂，在全球率先完成家电等工业产品从大规模制造向大规模定制的转型。

参 考 文 献

［1］陈明，梁乃超. 智能制造之路：数字化工厂［M］. 北京：机械工业出版社，2016.
［2］卢秉恒. 世界智能制造大会智能制造与工业互联网专题论坛演讲［EB/OL］.（2016-12-09）［2024-03-22］. https://www.gkzhan.com/news/detail/94968.html.
［3］韦莎，马原野，张通，等. 大规模个性化定制技术与标准研究［J］. 信息技术与标准化，2017（8）：15-19.
［4］谢宝飞，梁涛. 基于个性化定制的智能制造研究［J］. 电脑知识与技术，2017，13（10）：154-155.
［5］吴义爽，盛亚，蔡宁. 基于互联网+的大规模智能定制研究［J］. 中国工业经济，2016（4）：127-143.
［6］魏宏静，李少波. 云制造中产品个性化定制研究综述［J］. 工程设计学报，2018，25（1）：12-17.
［7］姜丽丽. 红领集团C2M"个性化定制"模式研究［J］. 经贸实践，2016（1X）：340.
［8］袁航. C2M商业模式在传统企业的应用研究［J］. 商业研究，2017（14）：45-46.

科学家科学史
"两弹一星"功勋
科学家：彭桓武

第 10 章

智能制造系统安全保障技术体系

PPT 课件

  智能制造系统（IMS）的发展关系到一个国家工业生产规模化与智能化、经济可持续发展、关键基础设施保护等重大领域，智能制造系统的重要性及其所面临的安全态势已经引起各国政府的高度重视。2017 年 5 月 11 日，美国总统发布关于加强联邦网络和重要基础设施网络安全的行政命令；我国 2011 年出台《关于加强智能制造系统信息安全管理的通知》、2016 年出台《网络安全法》、2017 年出台《工业控制系统信息安全行动计划（2018—2020）》、2019 年出台《信息安全技术—网络安全等级保护基本要求》、2021 年出台《关键信息基础设施安全保护条例》都对工控系统安全防护提出了法规、政策和标准化的要求，意在加强我国主要工业领域基础设施控制系统及监控与数据采集（Supervisory Control and Data Acquisition，SCADA）系统的安全保护工作。与此同时国内各重要行业，包括核能、水利、通信、交通、能源、关键制造业等，也开始在安全标准、技术、方案等方面采取积极行动，应对日益严重的攻击威胁。

  本章比较了智能制造安全与传统网络安全，在智能制造系统安全需求的基础上，结合密码学技术提出智能制造安全保障技术体系的实现思路。并展望了制定各国智能制造系统安全标准路线图，为我国实施智能制造系统安全标准化提供参考。

10.1 智能制造系统安全概述

10.1.1 智能制造的特点

  智能制造具有复杂性、系统性等特点，涉及研发设计、生产制造、仓储物流、市场营销、售后服务、信息咨询等各个价值链环节，涉及执行设备层、控制层、管理层、企业层、云服务层、网络层等企业系统架构，需要进行横向集成、纵向集成和端到端集成，智能制造生产网络与互联网的融合交互愈加深入。

10.1.2 智能制造系统安全的重要属性

  信息化和工业化深度融合，控制网、生产网、管理网、互联网互联互通成为常态，智能制造生产网络的集成度越来越高，越来越多采用通用协议、通用硬件和通用软件，生产控制系统信息安全问题日益突出，面临更加复杂的信息安全威胁。

图 10-1 所示为智能制造系统中不同模块的安全构成。

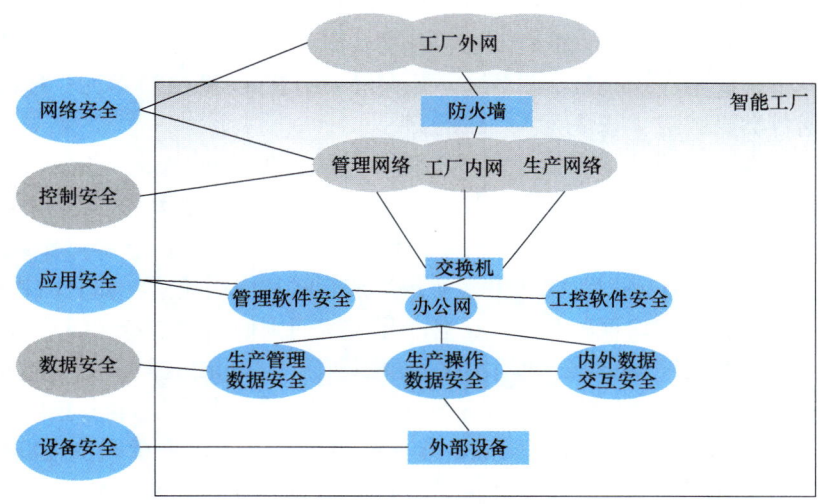

图 10-1 智能制造系统的安全构成

1）网络安全：与互联网的深度融合，网络 IP 化、无线化以及组网灵活化给智能制造网络带来更大安全风险。

2）控制安全：控制环境开放化使外部互联网威胁渗透到生产控制环境。

3）应用安全：网络化协同、个性化定制等业务应用的多样化对应用安全提出了更高要求。

4）数据安全：数据的开放、流动和共享使数据和隐私保护面临前所未有的挑战。

5）设备安全：设备智能化使生产装备和产品更易被攻击，进而影响正常生产。

10.2 智能制造系统网络概述与着力点

10.2.1 制造系统网络与传统网络比较

智能制造系统（Intelligent Manufacturing System，IMS）是指用于支持工业生产过程的各种调度控制网络或系统。这些网络或系统的主要功能是负责监测和控制工业生产当中的各类操作流程，例如石油天然气传输、电力的调度、自来水处理、炼油炼钢生产、铁路运输等。IMS 包含很多类别，其中最普遍的是监控与数据采集（Supervisory Control and Data Acquisition，SCADA）系统。现代 IMS 充分利用计算机及网络通信等技术，使工业生产或作业过程自动化、流程化、精确化。IMS 网络在结构和功能方面与人们熟悉的传统 IT 网络有一些差异，以下归纳的是传统 IT 网络与 IMS 网络的主要区别：

1）传统 IT 网络利用计算机和互联网络实现信息、数据的处理和共享；IMS 网络利用计算机、软件支持实现工业生产和作业过程智能化、精细化。例如百度、亚马逊、淘宝等公司建立庞大的云计算平台实现数据、服务的共享；而西门子的 Siemens Power and Process Automation T3000 系统则利用计算机和软件系统（JAVA/XML）实现对 IMS 各层次控制设备、服务器等的整合以及数据处理。

2）在系统组成上，传统 IT 网络利用计算机软件、硬件、互联网及其相关网络协议以实现信息共享；IMS 由 SCADA、DCS、PLC 和 RTU 等控制设备和系统构成并实现流程支持。例如在主流 IMS（西门子、霍尼韦尔、日本横河电机、中国浙大中控等工控系统解决方案提供商）中普遍集成 SCADA 子系统，并大量采用 RTU 和 PLC 单元；传统 IT 网络的典型代表包括各类局域网、城域网、广域网等。

3）传统 IT 网络普遍使用开放、流行的操作系统，如 Windows、Linux 等；IMS 网络由于作业或生产过程定义明确，普遍使用嵌入式操作系统，且该类系统在功能上一般较其他操作系统更精简，即仅满足作业生产需要，例如 WinCE、VxWorks 等操作系统。

4）传统 IT 网络利用互联网 TCP/IP 栈实现系统互联和应用通信，如 HTTP、SMTP 等；而 IMS 网络一般选择与互联网物理隔离，各个子系统间则使用严格定义的专用通信协议和规约，如法国施耐德电气 ModBus 通信协议、德国西门子 ProfiBus、DNP3 和 OPC 协议等。

5）传统 IT 网络对数据保密性（Confidentiality）要求较高，其次是数据完整性（Integrity）；而 IMS 网络由于使用范围或目标更明确，作业或生产过程要求系统提供连续性服务，因此对数据可用性（Availability）要求较高，其次是数据完整性要求。传统 IT 网络与 IMS 网络对数据安全基本属性具有不同的优先级顺序：

① 传统 IT 网络：Confidentiality > Integrity > Availability。

② IMS 网络：Availability > Integrity > Confidentiality。

例如法国施耐德电气公司的 PlantStruxure 系统提供灵活的分级冗余系统配置，包括冗余服务器、以太网冗余环、冗余 IO 网络等；西门子 SIMATIC S7-400H 类型的高可用性控制器配有两个 H-CPU。一旦主系统发生故障，系统将会切换至备用站，以支持系统服务高可用性和连续性。

6）传统 IT 网络中利用大量的容错机制，可在各种相关软硬件中实现系统的重启和恢复，且互联的系统间通信容忍延迟；IMS 网络则对服务运行的实时性要求较高，因此需要合理的冗余配置。例如上述提到的施耐德电气、西门子、霍尼韦尔、日本横河电机等公司的冗余系统配置。

7）传统 IT 网络中硬件升级容易，并且软件系统升级频繁，整个系统的升级周期也较短；而 IMS 网络升级周期较长，因此 IMS 网络的漏洞生命周期也比传统 IT 网络长。

在信息安全方面 IMS 网络与传统 IT 网络存在的区别如下：

1）传统 IT 网络会受到不同来源的威胁，比如黑客个体或群体、组织；IMS 网络则由于其使用范围特殊和系统的高度专业化，目前主要受到有雄厚背景的（例如国家或国家集团）有组织的攻击。

2）传统 IT 网络存在的主要攻击方式包括木马、病毒、蠕虫以及恶意欺骗等，从低端黑客攻击到高级持续性威胁（APT）形成的"攻击谱系"较宽；而 IMS 网络则主要面对 APT 攻击，且以协同式攻击为主。例如 2000 年 3 月澳大利亚马鲁奇郡污水泄漏事件中的 SCADA 软件遭攻击破坏；2003 年 1 月美国 Davis-Basse 核电站遭网络攻击；2008 年 1 月波兰公共电车系统发生远程黑客攻击；2010 年 12 月伊朗核电厂遭受超级工厂病毒（Stuxnet）攻击，2011 年 11 月遭受毒区（Duqu）木马攻击；2015 年 12 月乌克兰配电公司约 60 座变电站遭到网络攻击；2018 年 3 月美国某发电厂系统登录账户和凭证管理受到网络攻击；2021年5月美国大型成品油管道运营商科洛尼尔受到网络攻击导致4条主干管道关闭等。

3）传统IT网络关注通用系统的漏洞、安全策略、恶意代码防护和系统资源的非授权访问，升级容易；IMS网络则关注所用专业操作系统的安全配置，其系统和安全机制、策略升级和变更困难，防护能力不足，需要复杂的容错与安全措施来保障。

4）传统IT网络的安全防护，通常使用功能完善的杀毒软件和系统软件防火墙（如卡巴斯基、Avast、Avira Antivirus、360杀毒等），支持简便的病毒特征库和安全策略库更新操作；而在IMS网络中，如霍尼韦尔公司的Experion PKS系统提供较为完善的系统安全防护机制更新，该系统更新过程需要通过一个分层的设备容错和安全解决方案（Honey-Wells Layered Approach to Plant Safety）来提供保障。

5）传统IT网络主要强调通信网络协议簇的安全性以及应用层安全，安全技术、机制、模型的应用相对成熟；而IMS网络则关注专有通信协议的可用性，该类协议在设计阶段更多地强调保证系统服务的实时性和连续性，而对协议安全设计考虑不多。例如HTTP可使用加密技术以HTTPS来传输数据；而施耐德电气ModBus通信协议则是设计在TCP/IP OSI模型第7层上的应用层报文传输协议，其协议设计仅考虑IMS网络中控制器间、控制和其他设备间的简单通信，以及控制器消息格式等，因此对协议本身安全性和协议所支持安全机制并未加以考虑。

6）传统IT网络对资源访问控制采用成熟的机制和模型，在软件系统中使用的密钥可以方便地进行周期性更改；而IMS网络访问控制机制则比较简单，甚至对资源的使用缺乏访问控制，且部分控制以设备硬件实现，使得密钥使用无法进行周期性更改。

7）传统IT网络一般具有严格完善的系统和网络行为审计机制；而IMS网络则缺乏基于系统日志的行为审计。

10.2.2 智能制造系统的着力点

为了更好地推动智能制造的发展，相关部门提出了六个着力发展点。

第一，着力构建智能制造服务平台，逐步形成全产业链的智能协作。构建科研支撑、共性技术、协同创新、数据信息、孵化转化五大平台，为智能制造企业主体提供全方位和全过程的创新服务。

第二，着力推动智能制造产业发展，不断增强产业引领力和核心竞争力，其中包括：

1）发展智能制造技术和产品，瞄准世界科技前沿，重点发展机器人、民用航空、数控加工、增材制造、集成电路及专用装备、海洋工程装备、新能源汽车等重大装备和重点产品，实现关键核心材料、工艺和技术的重大突破。

2）发展智能制造系统集成和应用服务，培育引进一批具备整体设计能力和解决方案提供能力的智能制造系统服务集成商，推动无线射频识别、智能传感器、信息物理融合系统等关键技术在企业研发设计、生产制造、经营管理、销售服务等全流程和全产业链的综合集成应用，支撑企业实现产品、装备、服务及生产方式的智能化。

3）推动传统制造智能化改造，建设一批智能工厂、数字化车间，先开展装备智能化升级、工艺流程改造、基础数据共享等试点应用。

4）规划建设智能制造专业园区，围绕智能制造重点方向和关键领域，推动集成电路及专用装备、民用航空、再制造、光电子、微电子、德国工业4.0等一批专业园区建设，打造智能制造集聚示范区。

5）培育发展智能制造服务业，加快发展技术转移、知识产权、科技咨询、电子商务、融资租赁等专业服务，鼓励制造企业增加服务环节投入，发展个性化定制、全生命周期管理、网络精准营销和在线支持服务等新模式。

第三，着力构建智能制造跨界合作体系，积极融入全球化产业发展网络。重点是推动完善智能制造跨界资源配置、联合研发、技术转移、成果转化机制。

第四，着力强化智能制造人才保障，推动建设国际化人才高地。人才是第一资源，智能制造的发展建设离不开人才支撑。

第五，着力加强智能制造金融支持，建立完善多元化创新投资体系。以金融服务打通智能制造企业发展瓶颈，通过转变财政资金投入模式、建立多元化投融资体系、加强金融服务支持等有效手段，强化科技金融对智能制造全创新链的参与支撑，为智能制造发展奠定基础。

第六，着力做好服务保障，营造良好的发展环境。重点是加强政府服务创新和基础设施建设，营造有利于智能制造发展的创新生态环境。

以上就是智能制造的六个着力点，希望对未来的智能制造发展建设有所帮助。

10.3 安全保障技术体系与自主可控

智能制造系统目标在于利用现有计算机网络技术，使工业生产或作业过程自动化、流程化、精确化，IMS强调整个生产过程自动化以及在生产过程中相关设备的智能控制和管理。在IMS层次结构中有四个层级，即企业网络、监控网络和过程控制、控制系统网络以及作业生产现场，如图10-2所示。

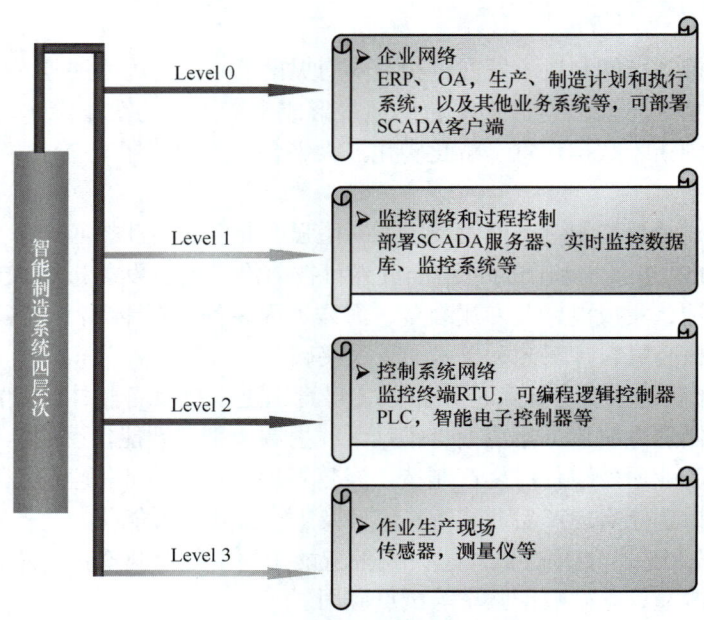

图10-2 智能制造系统层次结构图

在工业生产或作业流程中，不同层次间包含控制、监测过程的编码、命令、响应数据流。智能制造系统从功能上分为两大子系统：SCADA 系统和 DCS。

SCADA 系统用于对地理上分散的设备和资源进行集中式监控和控制，包括监控预警和状态数据获取、处理，SCADA 部署覆盖 IMS 四个网络层次，如图 10-3 所示。

DCS 则用于工业过程控制，它通过对各个局部控制子系统进行高层监控，以达到对工业生产整体流程的监督和控制，DCS 覆盖 IMS 三个网络层次，即 Level 1：监控网络和过程控制，Level 2：控制系统网络，Level 3：作业生产现场。

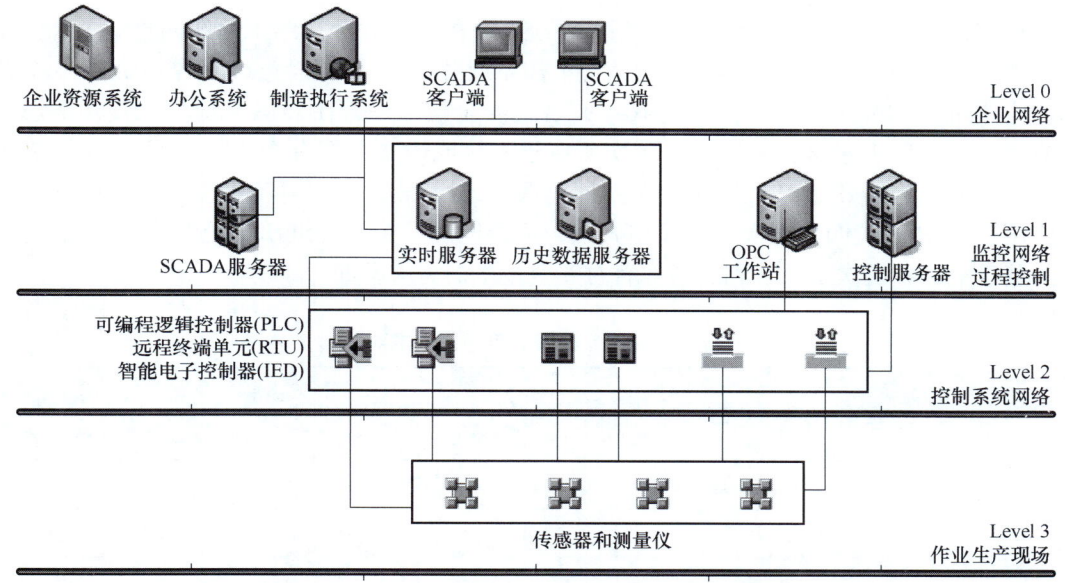

图 10-3　智能制造系统 SCADA 系统部署图

10.4　智能制造系统安全需求

10.4.1　总体安全需求

我们根据欧洲网络与信息安全局（ENISA）关于工控系统安全提出的系统九种风险因素，总结了以下七大类智能制造系统信息安全需求：

1）专用通信协议本身安全性脆弱，缺乏可靠的认证、加密机制，缺乏消息完整性验证机制。

2）IMS 面临继承传统网络及其标准存在的漏洞的可能性，需要对 IMS 采用传统 IT 网络标准后的安全性进行严格验证和测试。

3）在 IMS 层次结构中，企业网络使得其他三个相连的层次面临其带来的安全风险，必须严格限制在企业网络中使用涉及生产和作业的 IMS 服务，对资源使用加强认证和访问控制，同时制定必要的网络划分、域控制和隔离策略。

4）IMS 的各个层次间存在过程控制、监控、测量等设备和计算机服务间的通信，必须对层间通信引入可靠的加密和认证机制。

5）当 IMS 与传统 IT 网络融合并采用部分现行传统 IT 网络标准时，需要考虑对现有传统 IT 网络安全解决方案在 IMS 中的应用进行扩展、裁剪、修改或再开发。

6）对企业采用的 IMS 相关设备的专业信息、运行参数必须进行严格保护。

7）IMS 的使用企业需要制定全局性资源防护安全策略和计划。

10.4.2　安全技术与各层次关系

根据以上归纳的信息系统与智能制造系统安全需求关联分析结果，我们总结了 8 大类 27 子类工控系统安全技术应用，并将结合工控系统各层次结构和特点，对各个层次安全技术的应用进行详细的分类解析。表 10-1 是各类安全技术是否在 IMS 相应层次使用的总体对应表（"√"表示该技术在某一层次所有子系统或设备上都有相应的应用；"×"表示该技术并不适合应用于某一层次的每一种子系统或设备），表中对各大类和子类的安全技术应用在 IMS 系统四个层次做了简单归纳，但智能制造系统在继承传统 IT 网络功能与应用的基础上，各层次子系统和设备部署对安全技术的需求不同。

表 10-1　IMS 各层次与安全技术对应

IMS 安全技术分类及各子类		IMS 各层次			
		Level 0	Level 1	Level 2	Level 3
认证技术	基于位置的认证	×	√	√	√
	智能卡认证	√	√	√	√
	生物信息认证	√	√	×	×
	设备端到端认证	×	√	√	√
	口令和消息反馈认证	√	√	√	×
	数字证书	√	√	√	√
密钥应用与管理	对称加密	√	√	√	√
	非对称加密	√	√	×	×
	散列函数	√	√	√	√
	公共密钥基础设施	√	×	×	×
	密钥管理基础设施	√	√	√	√
	虚拟专用网络	√	√	√	×
协议漏洞评估	原始协议验证	×	×	√	√
	协议实现验证	×	√	√	√
安全管理、监控、检测	日志审计和安全事件追溯	√	√	√	×
	取证和分析	√	√	√	×

(续)

IMS 安全技术分类及各子类		IMS 各层次			
		Level 0	Level 1	Level 2	Level 3
访问控制	基于角色的访问控制	√	√	×	×
	强制访问控制	×	×	√	√
	自主访问控制	×	×	×	×
	最小特权原则	√	√	√	√
	职责分离原则	√	√	√	√
入侵检测	协议特征码检测	√	√	√	√
	异常行为检测	√	×	√	×
防火墙技术	网络防火墙	√	√	√	√
	主机防火墙	√	√	×	×
操作系统安全	病毒和恶意代码检测	√	√	×	×
	漏洞扫描	√	√	×	×

10.4.3 智能制造系统安全保障技术框架

2017 年 9 月美国国家标准与技术研究院（NIST）发布了智能制造系统安全框架总则，2022 年 NIST 发布了 SP1800-10，即制造控制系统网络安全指南细则。这一系列标准化工作提供了针对制造环境开发的智能制造系统安全框架实施细节。

1. 智能制造系统安全保障技术框架核心

智能制造系统安全保障技术框架核心是一系列网络安全活动和预期结果，这些活动在关键基础设施部门被确定为必不可少的。框架核心提供行业标准、指导方针和实践方式，以便从整个组织的执行层面到实施及运营层面进行网络安全活动和结果的交流。框架核心包括识别、保护、检测、响应和恢复五个功能，此五项核心功能来源于美国 NIST 对国家网络空间安全的顶层架构设计，即 NIST 网络空间安全框架（CSF），这些功能提供了组织管理网络安全风险的高级战略视图。

框架核心的五个功能具体内容如下：

（1）识别　帮助组织对管理系统、资产、数据和功能的网络安全风险进行识别。识别功能可了解业务环境，支持关键功能和相关网络安全风险的资源，使组织能够根据其风险管理策略和业务需求，集中精力确定应对风险的优先顺序。此功能中结果类别的示例包括：资产管理、商业环境治理、风险评估和风险管理战略。

（2）保护　制定并进行适当的保护措施，以确保关键基础设施服务的安全。保护功能支持限制或遏制潜在网络安全事件的影响。此功能中的结果类别示例包括：访问控制、意识和训练、数据安全、信息保护程序维护和防护技术。

（3）检测　制定并进行适当的活动以检测网络安全事件的发生。检测功能可以及时发现网络安全事件。此功能中结果类别的示例包括：异常和事件、安全连续监测和检测过程。

（4）响应　制定并进行适当的活动对检测到的网络安全事件采取行动。响应功能拥有应对潜在网络安全事件影响的能力。此功能中结果类别的示例包括：响应计划、通信、分析、减轻和改进。

（5）恢复　制定和进行适当的活动以维护或恢复因网络安全事件而受损的功能或服务。恢复功能支持及时恢复正常操作，以减少网络安全事件的影响。此功能中结果类别的示例包括：恢复计划、改进和通信。

2. 智能制造系统安全保障技术框架目标

智能制造系统安全发展包括确定智能制造系统安全的共同业务及使命目标。最初确定的智能制造的五个共同业务及使命目标为维护人类安全、维护环境安全、维护产品质量、维持生产目标、维护商业秘密。确定了智能制造系统安全的其他业务及使命目标。确定关键网络安全实践是为了支持每个业务及使命目标，使用户能够根据用户定义的需求更好地确定行动和资源的优先顺序。

1）维护人类安全：可以防范影响人类安全的网络安全风险。制造系统上的网络安全风险可能会对人身安全造成不利影响。人员应了解网络安全和安全相互依赖性。

2）维护环境安全：可以防范对环境产生不利影响的网络安全风险，包括意外和故意损害。制造系统的网络安全风险可能会对环境安全产生不利影响。人员应该了解网络安全和环境安全的相互依赖性。

3）维护产品质量：可以防范对产品质量产生不利影响的网络安全风险。防止损害制造过程和相关数据的完整性。

4）维持生产目标：可以防范对生产目标产生不利影响的网络安全风险。制造系统的网络安全风险，包括资产损害，可能会对生产目标产生不利影响。人员应该了解网络安全和生产目标的相互依赖性

5）维护商业秘密：可以防范导致组织知识产权和敏感业务数据丢失或受损的网络安全风险。

10.4.4　安全分类

除了用于调整一组重要业务目标的重点业务及任务目标之外，制造业配置文件还根据其安全等级分为低、中、高三个级别，见表 10-2。制造商或行业部门通过将其系统或组件分类至低，中或高安全级别，将该配置文件应用于制造系统。

如果安全漏洞危及制造系统或组件、运营资产、个人或组织，则分类基于潜在影响（表 10-3），风险分类将与漏洞和威胁信息一起用于评估组织的风险。

安全分类过程会影响实施配置文件时的工作量。支持最关键和 / 或敏感操作及资产的制造系统，需要最大程度的关注和保护，以确保实现适当的操作安全性和风险缓解。

表 10-2 智能制造系统风险等级

影响类别	低影响	中等影响	高影响
损坏	单元级组件损坏	多组件损坏	系统级组件的损坏
经济损失	$1000	$100 000	巨大
环境释放	临时损坏	持久损坏	永久性损坏，异地损坏
生产中断	分钟	天	周
公众影响	临时损坏	持久损坏	永久性损坏

表 10-3 基于产品生产和行业关注的制造系统风险影响水平

影响类别	低影响	中等影响	高影响
产品生产	非危险材料或产品非摄入消费品	生产过程中的一些危险产品或涉及大量的专有信息	关键基础设施（例如电力），危险材料
行业实例	注塑成型仓储	金属冲压、纸浆和纸、半导体、汽车生产	公用事业、石化、食品和饮料、制药、军事

10.5 安全自主可控

我国工业控制系统信息安全产品的研发和应用目前还处于起步阶段，传统信息安全企业已经研发出了适合电力等行业的工业防火墙等产品，工业威胁监测系统、工业漏洞检查工具也在开发中。

智能制造系统与传统 IT 网络对信息安全的需求考虑存在明显差异，智能制造系统最先考虑的是系统可用性，其次是完整性，最后是保密性；传统 IT 网络首先考虑保密性、完整性，最后才是可用性。

另外，智能制造系统的高实时性、复杂的电磁环境、特定的供电环境、恶劣的温度湿度环境、专业的通信协议、高可靠性（MTBF）、不同的使用人员等，都对工业级安全产品提出了有别于传统 IT 网络的功能和性能需求。

目前主流的智能制造系统安全产品主要通过改造硬件平台，提升数据处理的实时性，增加专用协议识别，完善和改进易用的人机交互管理系统来实现，使其满足工业级网络运行环境、网络通信高实时性、访问控制识别工业控制协议等要求。

另外，我国大多数工控企业核心产品和技术来自国外企业，短时间内难以改变国内中高端工业软件市场被外国公司占据的现状。据统计，我国 22 个行业的 900 套工业控制系统主要由外国公司提供，其中数据采集与监控系统（SCADA）国外产品占比 55.12%，分布式控制系统（DCS）国外产品占比 53.78%，过程控制系统（PCS）国外产品占比 76.79%，在大型可编程控制器（PLC）中外国产品则占据了 94.34% 的份额。我国的工业控制系统信息安全起步相对较晚，工业控制系统的安全防护能力比较薄弱。

因此，加快工业控制系统信息安全的制度建设，制定工业控制系统信息安全的标准，提升工业控制系统信息安全的保障能力等，都是加快我国制造业高速发展战略落实中急需解决的课题。

10.6 智能制造系统安全的基石

10.6.1 密码技术

智能制造系统可采用传统 IT 网络使用的密码技术或算法为各层次子系统和设备提供数据安全服务。当前主要的密码学算法分为三大类，即对称加密算法、非对称加密算法和散列函数。

智能制造系统对三类算法应用的同时也依赖它们相应的算法管理模块。其中，对称加密算法需要管理有效的密钥发布机制和有高效的密钥管理方法；非对称加密算法的管理则依赖公钥基础设施（PKI）和密钥管理基础设施（KMI）；散列函数一般不需要特定管理模块。

公钥基础设施为用户提供公钥加密和数字签名服务，基础设施的运行依靠以下部分子服务的建立，包括公钥密码证书管理、密钥的备份和恢复、黑名单发布与管理、自动更新密钥与历史密钥管理、认证中心（CA）、数字证书库、证书吊销系统、系统服务应用程序接口（API）。

在智能制造系统各个层次中，应根据系统安全需求选取部署 PKI 的层次和网络，还包括适当选取 PKI 框架中适合智能制造系统认证和加密需求的子服务。

图 10-4 所示概括了智能制造系统的密码应用技术支撑体系，图中列出了每一类算法体系中的代表性算法，对于在我国智能制造系统中的具体应用，应根据国家颁布的商用密码标准作为实际研究对象。

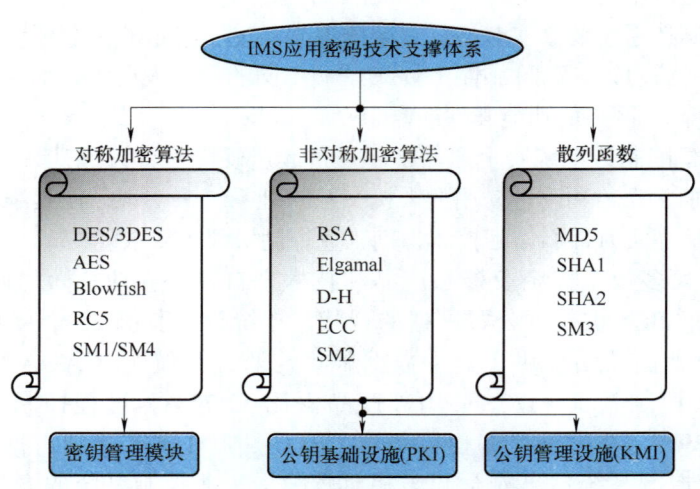

图 10-4 智能制造系统的密码应用技术支撑体系

以上三类加密算法在智能制造系统中的应用一方面取决于系统具体的网络层次，以及在相应网络层次中所运行的子系统和部署的设备；另一方面则受到系统运行环境和条件的制约，如通信距离、系统的规模、交互频率等。

10.6.2 密码角色应用与技术体系映射

我们在本章前面详细介绍了智能制造系统中信息安全总体需求与 5 类安全技术需求及密码技术的基本知识；如果将其相互映射，特别是密码技术支撑体系的各类算法映射到安全需求中，就可得到由具体密码技术体系作为支撑的智能制造系统密码应用总体框架。

总体框架顶层为智能制造系统网络层次结构，底层为密码技术体系，层间则反映了由需求到细节性技术的一一对应关系。密码角色应用与技术体系的映射将成为这一总体框架的重要组成部分。图 10-5 所示为智能制造系统密码角色应用与技术体系的映射关系。

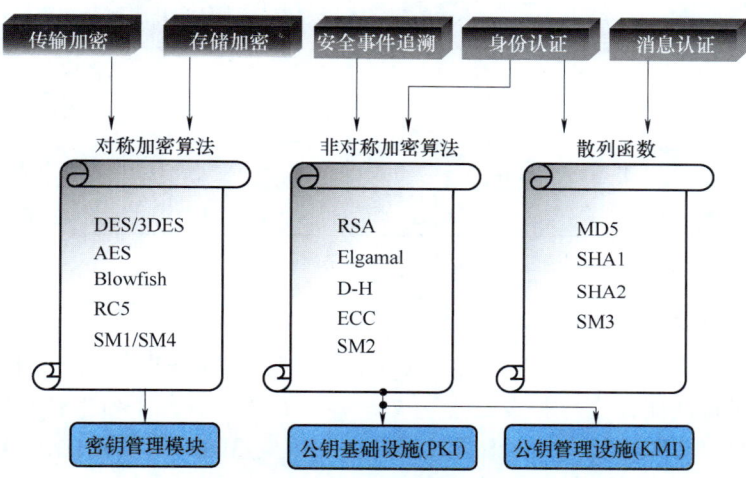

图 10-5 智能制造系统密码角色应用与技术体系映射

10.6.3 密码应用技术详细分析

1. 数据加密标准 DES 与 3DES

DES 算法为经典的国际商用对称加密算法之一，又被称为美国数据加密标准；其明文按 64bit 进行分组，密钥长 64bit，密钥事实上是 56bit 参与 DES 运算，使分组后的明文组和 56bit 的密钥按位替代或交换的方法形成密文组的加密方法。3DES（三重数据加密）对每个数据块应用三次 DES 加密算法，是 DES 向 AES 过渡的加密算法。DES 算法运算速度较 3DES 快，但安全性低于后者；3DES 计算的系统资源消耗高于 DES。

将 DES 与 3DES 应用于智能制造系统，主要可针对存储和传输数据加密；DES 安全性相对较低，不能用于关键数据保护，而 3DES 计算资源消耗较高，需考虑仅在 Level 0、Level 1 上应用，见表 10-4。

表 10-4　DES 与 3DES 在 IMS 各层次应用

IMS 系统层次	各层次子系统及设备部署	DES 与 3DES 在各层次应用
企业网络 （Level 0）	企业 ERP 系统	应用
	企业办公系统	应用
	历史数据客户端	应用
	生产执行系统	应用
	SCADA 客户端	应用
	实时数据客户端	应用
过程监控网络 （Level 1）	SCADA 服务器	应用
	历史数据服务器	应用
	实时数据服务器	应用
	子系统监控	应用
控制网络 （Level 2）	远程终端单元 RTU	非必要应用
	可编程逻辑控制器 PLC	非必要应用
	智能电子控制器类	非必要应用
作业现场网络 （Level 3）	传感器类	非必要应用
	测量仪类	非必要应用

注：应用表示直接应用；非必要应用表示并未通过安全需求映射。

2. AES 高级加密标准

NIST（美国国家标准委员会）选择 Rijndael 作为 AES 备选算法。Rijndael 是非常利于在包括 8 位和 64 位以及 DSP（数字信号处理器）在内的各种平台上执行的加解密算法，其支持密钥长度和明文长度为 128bit 至 256bit。AES 与 3DES 算法相比，AES 算法运算速度更快、安全性更高，计算资源消耗更低。

在智能制造系统各层次网络中，可在 Level 0、Level 1、Level 2 将 AES 用于数据存储、传输加密，见表 10-5。

表 10-5　AES 在 IMS 各层次应用

IMS 系统层次	各层次子系统及设备部署	AES 在各层次应用
企业网络 （Level 0）	企业 ERP 系统	应用
	企业办公系统	应用
	历史数据客户端	应用
	生产执行系统	应用
	SCADA 客户端	应用
	实时数据客户端	应用

(续)

IMS 系统层次	各层次子系统及设备部署	AES 在各层次应用
过程监控网络（Level 1）	SCADA 服务器	应用
	历史数据服务器	应用
	实时数据服务器	应用
	子系统监控	应用
控制网络（Level 2）	远程终端单元 RTU	IMS 定制应用
	可编程逻辑控制器 PLC	IMS 定制应用
	智能电子控制器类	IMS 定制应用
作业现场网络（Level 3）	传感器类	非必要应用
	测量仪类	非必要应用

注：IMS 定制应用表示该算法在 IMS 中的应用需要根据实际子系统配置、性能、带宽和部署成本进行优化、修改、定制或再开发。

3. Blowfish 算法

Blowfish 算法在 32 位处理器中的加密速度是每字节 26 个时钟周期，可以在不到 5KB 的内存中执行，其只使用基本运算（如加法、异或操作等），适合密钥长期不变的应用，比如通信链路加密，不适合密钥经常改变的应用。

Blowfish 算法与 3DES 和 AES 算法比较，在运算速度和安全性方面与后者无差别，而较前者更快、更高。

Blowfish 算法可用于智能制造系统网络中的通信加密，主要应用在 Level 0、1、2 层，见表 10-6。

表 10-6 Blowfish 在 IMS 各层次应用

IMS 系统层次	各层次子系统及设备部署	Blowfish 在各层次应用
企业网络（Level 0）	企业 ERP 系统	应用
	企业办公系统	应用
	历史数据客户端	应用
	生产执行系统	应用
	SCADA 客户端	应用
	实时数据客户端	应用
过程监控网络（Level 1）	SCADA 服务器	应用
	历史数据服务器	应用
	实时数据服务器	应用
	子系统监控	应用

(续)

IMS 系统层次	各层次子系统及设备部署	Blowfish 在各层次应用
控制网络 （Level 2）	远程终端单元 RTU	IMS 定制应用
	可编程逻辑控制器 PLC	IMS 定制应用
	智能电子控制器类	IMS 定制应用
作业现场网络 （Level 3）	传感器类	非必要应用
	测量仪类	非必要应用

4. RC5 算法

RC5 算法是适用于软件和硬件实现的加密算法，其设计为面向字的简单算法，可用于字长不同的处理器，且迭代次数和密钥长度是配置参数；算法对存储量要求低，可用于智能卡及其他存储容量有限的设备。RC5 算法安全性可通过调节加密参数来提高。

智能制造系统中的智能卡设备可使用 RC5 算法，此外在网络层次 Level 0、Level 1、Level 2 也可使用 RC5 算法，见表 10-7。

表 10-7 RC5 在 IMS 各层次应用

IMS 系统层次	各层次子系统及设备部署	RC5 在各层次应用
企业网络 （Level 0）	企业 ERP 系统	应用
	企业办公系统	应用
	历史数据客户端	应用
	生产执行系统	应用
	SCADA 客户端	应用
	实时数据客户端	应用
过程监控网络 （Level 1）	SCADA 服务器	应用
	历史数据服务器	应用
	实时数据服务器	应用
	子系统监控	应用
控制网络 （Level 2）	远程终端单元 RTU	IMS 定制应用
	可编程逻辑控制器 PLC	IMS 定制应用
	智能电子控制器类	IMS 定制应用
作业现场网络 （Level 3）	传感器类	非必要应用
	测量仪类	非必要应用

5. RSA 算法

RSA 算法是可靠的非对称加密算法，该算法先生成一对 RSA 密钥，其中之一是私钥，由用户保存，另一个为公钥，可对外公开。为提高保密强度，RSA 密钥至少为 500bit 长，一般推荐使用1024bit。这就使加密的计算量很大。为减少计算量，在传送信息时，常采用传统加密方法与公开密钥加密方法相结合的方式。RSA算法是第一个能同时用于加密和数字签名的算法，也易于理解和操作。

RSA算法的安全性依赖于大数分解，在合理选择模数的情况下其安全性较高；在计算速度上，RSA算法进行大数计算，比对应同样安全级别的对称加密算法慢很多。

RSA算法可应用于加密、数字签名和密钥交换；在智能制造系统中，RSA算法可作为PKI中使用的主要算法，在系统网络层次Level 0、Level 1应用，见表10-8。

表10-8　RSA在IMS各层次应用

IMS系统层次	各层次子系统及设备部署	RSA在各层次应用
企业网络 （Level 0）	企业ERP系统	应用
	企业办公系统	应用
	历史数据客户端	应用
	生产执行系统	应用
	SCADA客户端	应用
	实时数据客户端	应用
过程监控网络 （Level 1）	SCADA服务器	应用
	历史数据服务器	应用
	实时数据服务器	应用
	子系统监控	应用
控制网络 （Level 2）	远程终端单元RTU	非必要应用
	可编程逻辑控制器PLC	非必要应用
	智能电子控制器类	非必要应用
作业现场网络 （Level 3）	传感器类	非必要应用
	测量仪类	非必要应用

6. Elgamal算法

Elgamal算法，是一种较为常见的非对称加密算法，既能用于数据加密也能用于数字签名，其安全性依赖于计算有限域上离散对数这一难题。在加密过程中，对同一密文由于不同时刻的随机数 k 不同而给出不同的密文，但生成的密文长度是明文的两倍。Elgamal加密明文时可使用按照Diffie-Hellman算法的方式进行交换的公钥进行加密，该算法是单向"公钥加密、私钥解密"的加解密过程，即一方向另一方单向传输数据进行加解密。Elgamal算法不足之处是密文会成倍增长。

与RSA算法比较，Elgamal算法属于轻量级加密算法；在智能制造系统中使用Elgamal算法需考虑其单向加解密问题；该算法可在系统网络层次Level 0、Level 1中应用，见表10-9。

表 10-9　Elgamal 在 IMS 各层次应用

IMS 系统层次	各层次子系统及设备部署	Elgamal 在各层次应用
企业网络 （Level 0）	企业 ERP 系统	应用
	企业办公系统	应用
	历史数据客户端	应用
	生产执行系统	应用
	SCADA 客户端	应用
	实时数据客户端	应用
过程监控网络 （Level 1）	SCADA 服务器	应用
	历史数据服务器	应用
	实时数据服务器	应用
	子系统监控	应用
控制网络 （Level 2）	远程终端单元 RTU	非必要应用
	可编程逻辑控制器 PLC	非必要应用
	智能电子控制器类	非必要应用
作业现场网络 （Level 3）	传感器类	非必要应用
	测量仪类	非必要应用

7. Diffie-Hellman 算法

需要安全通信的双方可以采用 Diffie-Hellman（D-H）算法确定对称密钥，然后用这个密钥进行数据加解密。Diffie-Hellman 算法只能用于密钥交换，不能用于消息加解密，该算法本身易受到网络攻击的影响，因此在使用该算法时应结合可靠的身份认证机制。

在智能制造系统中，如果需要传递数据存储加密和通信加密使用的对称密钥时，可以使用 Diffie-Hellman 算法；该算法可在系统网络层次 Level 0、Level 1 中应用，见表 10-10。

表 10-10　D-H 在 IMS 各层次应用

IMS 系统层次	各层次子系统及设备部署	D-H 在各层次应用
企业网络 （Level 0）	企业 ERP 系统	应用
	企业办公系统	应用
	历史数据客户端	应用
	生产执行系统	应用
	SCADA 客户端	应用
	实时数据客户端	应用

(续)

IMS 系统层次	各层次子系统及设备部署	D-H 在各层次应用
过程监控网络（Level 1）	SCADA 服务器	应用
	历史数据服务器	应用
	实时数据服务器	应用
	子系统监控	应用
控制网络（Level 2）	远程终端单元 RTU	非必要应用
	可编程逻辑控制器 PLC	非必要应用
	智能电子控制器类	非必要应用
作业现场网络（Level 3）	传感器类	非必要应用
	测量仪类	非必要应用

8. ECC 算法

ECC 算法是一种可靠的轻量级公钥加密算法，其安全性主要依赖于椭圆曲线离散对数问题；ECC 算法与 RSA 算法比较有以下的优点：

1）安全性能更高，如 160bit ECC 算法与 1024bit RSA 算法有相同的安全强度。

2）计算量小，处理速度快，在私钥的处理速度上（解密和签名），ECC 算法远比 RSA 算法快得多。

3）存储空间占用小，ECC 的密钥尺寸和系统参数与 RSA 相比要小得多，所以占用的存储空间小得多。

4）带宽要求低使 ECC 具有广泛的应用前景。

ECC 在安全性、计算速度方面的优势，以及其在计算资源、存储空间上消耗少，决定了该算法可以在智能制造系统中得到广泛的应用；该算法可在系统网络层次 Level 0、Level 1 应用，见表 10-11。

表 10-11 ECC 在 IMS 各层次应用

IMS 系统层次	各层次子系统及设备部署	ECC 在各层次应用
企业网络（Level 0）	企业 ERP 系统	应用
	企业办公系统	应用
	历史数据客户端	应用
	生产执行系统	应用
	SCADA 客户端	应用
	实时数据客户端	应用

(续)

IMS 系统层次	各层次子系统及设备部署	ECC 在各层次应用
过程监控网络 （Level 1）	SCADA 服务器	应用
	历史数据服务器	应用
	实时数据服务器	应用
	子系统监控	应用
控制网络 （Level 2）	远程终端单元 RTU	非必要应用
	可编程逻辑控制器 PLC	非必要应用
	智能电子控制器类	非必要应用
作业现场网络 （Level 3）	传感器类	非必要应用
	测量仪类	非必要应用

9. MD5 散列算法

MD5 算法即消息摘要算法 5（哈希算法），用于确保信息传输的完整性，是计算机广泛使用的哈希算法之一，主流编程语言普遍已有 MD5 实现。该算法将数据运算为另一固定长度值，使大容量信息在用数字签名私人密钥前被"压缩"成一种保密的格式；MD5 还广泛应用于操作系统的登录认证，如 UNIX、各类 BSD 系统登录密码；MD5 前身有 MD2、MD3 和 MD4。

智能制造系统中在层次中和层次间均会需要数字签名和消息认证功能，因此在系统网络层次 Level 0、Level 1、Level 2、Level 3 上可采用该算法，见表 10-12。

表 10-12 MD5 在 IMS 各层次应用

IMS 系统层次	各层次子系统及设备部署	MD5 在各层次应用
企业网络 （Level 0）	企业 ERP 系统	应用
	企业办公系统	应用
	历史数据客户端	应用
	生产执行系统	应用
	SCADA 客户端	应用
	实时数据客户端	应用
过程监控网络 （Level 1）	SCADA 服务器	应用
	历史数据服务器	应用
	实时数据服务器	应用
	子系统监控	应用

(续)

IMS 系统层次	各层次子系统及设备部署	MD5 在各层次应用
控制网络（Level 2）	远程终端单元 RTU	IMS 定制应用
	可编程逻辑控制器 PLC	IMS 定制应用
	智能电子控制器类	IMS 定制应用
作业现场网络（Level 3）	传感器类	IMS 定制应用
	测量仪类	IMS 定制应用

10. SHA 算法

安全散列算法（SHA）是在 MD4 基础上修改而成的，最初版本为 SHA1，后续改进算法（统称为 SHA2）包括 SHA224、SHA256、SHA384、SHA512。SHA1 算法与 MD5 算法的安全性较差，容易受到碰撞攻击，而 SHA2 算法抗攻击性较好。计算性能方面 MD5 算法优于 SHA1 算法。

安全散列算法可以应用于智能制造系统的各层次中，相较传统的 CRC 校验方法，SHA1 算法和 MD5 算法能更好地校验数据完整性。在系统网络层次 Level 0、Level 1、Level 2、Level 3 可考虑采用安全散列算法，见表 10-13。

表 10-13　SHA1、SHA2 在 IMS 各层次应用

IMS 系统层次	各层次子系统及设备部署	SHA1、SHA2 在各层次应用
企业网络（Level 0）	企业 ERP 系统	应用
	企业办公系统	应用
	历史数据客户端	应用
	生产执行系统	应用
	SCADA 客户端	应用
	实时数据客户端	应用
过程监控网络（Level 1）	SCADA 服务器	应用
	历史数据服务器	应用
	实时数据服务器	应用
	子系统监控	应用
控制网络（Level 2）	远程终端单元 RTU	IMS 定制应用
	可编程逻辑控制器 PLC	IMS 定制应用
	智能电子控制器类	IMS 定制应用
作业现场网络（Level 3）	传感器类	IMS 定制应用
	测量仪类	IMS 定制应用

10.7 智能制造系统安全标准路线图

10.7.1 德国智能制造系统安全标准体系

德国智能制造系统的安全标准体系由三个层面组成，分别为系统层面、应用层面和技术层面。应用层面的目标是保障工业 4.0 的流程安全，根据新的安全要求，要创造一种可信、有弹性且被社会所接受的工业 4.0 安全系统环境；系统层面的目标是保证信息物理系统的安全，确保其作为工业 4.0 的基础与技术方法的可靠性、安全性；技术层面则确保安全的数据和安全的服务，考虑混合技术在信息物理系统中的使用所带来的安全问题，使用已有成熟的信息安全保障手段。物理系统的安全通过可信赖的机器控制来实现，其中融入了可检测、可核实的完整措施，确保机器在运行过程中的安全。数据安全可以使用现代的加密技术、数据签名和不可篡改技术来保证，考虑账户安全、隐私保护和知识保护。安全服务采用使用权限、可信任环境和身份验证这三个措施来保证，同时还需要新的社会基础设施，行业需要新的资格认证和新的组织方式。德国智能制造系统安全标准体系如图 10-6 所示。

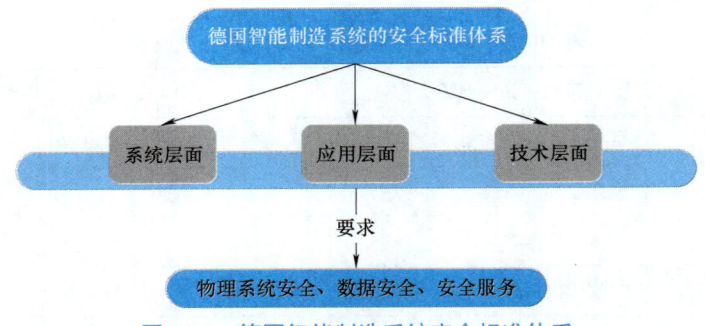

图 10-6　德国智能制造系统安全标准体系

10.7.2 我国智能制造系统安全标准体系

为贯彻落实《中华人民共和国国民经济和社会发展第十四个五年规划和 2035 年远景目标纲要》和《国家标准化发展纲要》，切实发挥标准对推动智能制造高质量发展的支撑和引领作用，工业和信息化部、国家标准化管理委员会组织编制了《国家智能制造标准体系建设指南（2021）》。数字化、网络化、智能化发展成为未来制造业发展的主要趋势，同时这也对国家、制造企业的安全保障系统的建立提出了新的挑战。

第一，我国智能制造相关产业发展相对滞后，综合竞争力不强，关键产品及系统被国外垄断，难以实现安全可控。而且，目前国内尚缺乏系统的智能制造安全风险研究。随着《中国制造 2025》的正式发布，国内智能制造相关产业加速发展，但目前国内对于智能制造安全风险研究基本属于空白，缺乏在系统高度上对智能制造系统安全风险的认知与理解。

第二，智能制造系统面临的安全风险不同于传统信息系统面临的安全风险。区别于传统信息系统，智能制造系统具有不同场景，加之异构网络协议的差异性、设备的多样性，智能制造系统的安全风险更加复杂。目前有几个因素导致智能制造系统风险的日益增加，例如，采用标准化的协议和技术，安全漏洞已知；连接到其他网络控制系统；不安全和非法的网络连接；智能制造系统相关技术信息的广泛普及等。中国智能制造系统安全标准体系路线图如图10-7所示。

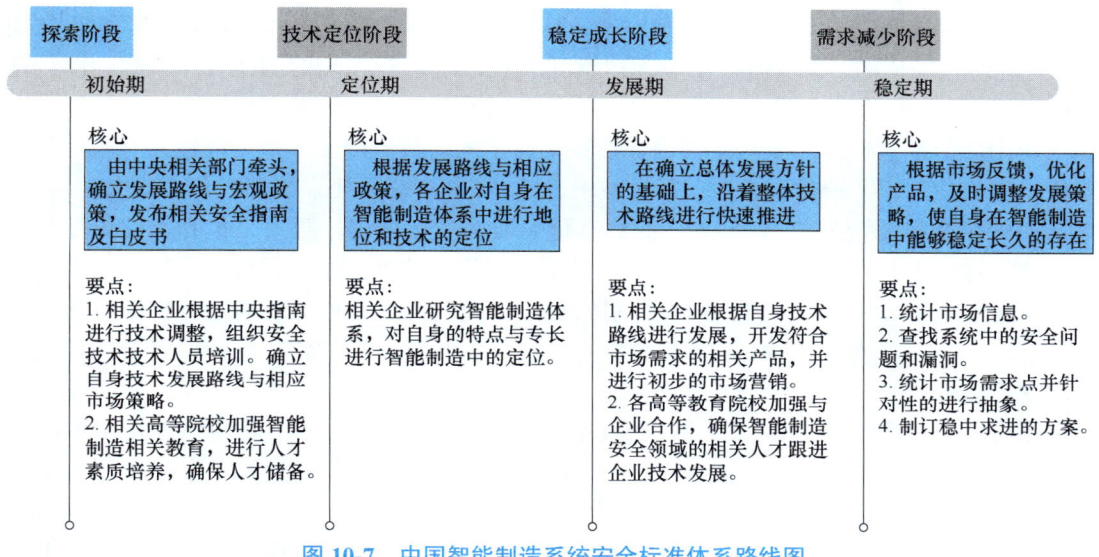

图 10-7 中国智能制造系统安全标准体系路线图

10.8 智能制造系统安全的行业分析

10.8.1 行业概述

当前智能制造各行业中，很多工厂已经受到信息安全问题的困扰，包括：病毒和木马；网络设备或节点故障引发全网瘫痪；员工误操作导致装置停车或设备损坏；网络随意访问、工艺及质量等涉密数据随意查看；维护工程师不能维护日益复杂的新型网络等。此外，还有很多潜在的隐患，包括：智能制造系统专项攻击（震网病毒等）、随时随意的工控系统扫描、远程访问无口令或默认口令、第三方研究机构公开漏洞库。

对于我国智能制造各行业的多数现有工厂及用户来说，其关心的首要安全问题是流程和人员的安全，其次是尽可能连续运行和流程一体化，再次是保护环境、遵从法规以及信息保密。由此可见，数据机密性不是智能制造安全的主要考虑维度，而是与功能安全整合在一起作为整体安全一体化的主要考虑内容。

10.8.2 数控加工行业安全分析

数控系统是数控机床的核心和大脑，代表数控机床的功能和性能，是数控机床中采集、处理、存储和传输信息的关键部件。数控系统基本分为两类，一是控制及检测装置，包括 CNC 控制器（数控装置）、可编程序控制器、进给伺服控制装置、位置检测装置等；二是驱动装置，它包括高速主轴、力矩电动机、直线电动机、普通电动机和步进电动机。

数控系统的互联方式从最早的串行通信逐步升级为以太网通信。不同类型的数控系统的通信端口、通信协议千差万别。在不同的阶段，数控系统厂家设计并提供了面向不同应用目标的通信方式和通信协议。比如最早期第一阶段的 I/O 方式用于和其他设备进行握手和工作协同。在第二阶段的串口通信时期（其实这个技术目前还有很多国内外厂商正在使用），主要是由于数控系统内存偏小，在遇到大程序时进行在线的 NC 文件下载，即最基础的 DNC 功能，这种方式由于其技术门槛低，简单、易行、低成本而被国内数控厂商所广泛使用，但是这也同时限制了国内数控系统对于网络技术的应用，功能极为有限。第三阶段，类似发那科（Fanuc）、西门子（Siemens）等中高端数控系统都配备了以太网接口，比如西门子数控系统提供基于 OPC 的标准化局域网通信协议，数据采集和文件传输都往标准化靠拢，但是这个阶段的系统设计及网络协议设计依然局限于局域网应用，更多的还是基于传统的 DNC 设计思想，这个时期的数控系统网络传输相关功能主要针对数据上传和下载（如备份及恢复、NC 程序下载和上传、参数设定等）以满足点对点或者局域网的互联应用需求。

结合数控行业需求以及高档数控机床组成特点，总体而言，现阶段数控机床面临的信息安全隐患主要有：敏感信息泄漏（如敏感加工信息、敏感商业信息等）、可用性受到破坏（如破坏生产设备、通信设备等）、信息篡改（如篡改控制指令等）、信息伪造（如伪造生产信息、控制指令等）等。具体而言，可能带来安全风险的脆弱性主要包括以下几大类。

1）网络化带来的脆弱性：连接智能设备的通信系统使更多的途径能够访问这些网络上的设备，从而导致更多潜在的攻击；系统中的通信系统的互联性增加，也导致了系统更加容易崩溃或遭受攻击。

2）采用通用计算技术带来的脆弱性：很多系统采用通用的计算技术（如商业操作系统），这些通用计算技术的漏洞也成了工控系统的漏洞。

3）自动化程度提高带来的脆弱性：生产数据的采集、传输和处理更加自动化后，导致对数据的破坏或错误使用会产生严重信息安全风险。

4）操作系统脆弱性：由于工控软件与操作系统补丁兼容性的问题，系统启动后一般不会对操作系统打补丁，导致系统带着风险运行。

5）网络通信协议脆弱性：工业控制系统向工业以太网结构发展，开放性越来越强。基于 TCP/IP 以太网通信的 OPC 技术在该领域得到广泛应用。在工业控制系统中，由于工业系统集成和使用的便利性，大量使用了工业以太网和 OPC 通信协议进行了工业控制系统的集成。

6）软件复杂多样：数控机床中使用的软件包括数控系统厂商生产的基础软件、数控机床厂商针对机床功能开发的软件、机床使用者为了使用便捷开发的软件。软件种类多、数量多，各软件开发者技术水平不同，软件质量存在巨大差异，安全漏洞多。

7）安全策略和管理流程脆弱性：工业控制系统的管理维护过程中，没有经过安全检测和审批的第三方设备接入工业控制系统，会对工业控制系统的安全造成很大的威胁。

10.8.3 电力行业安全分析

在网络安全环境日趋严峻的今天，由于电力系统与传统计算机系统及网络的不断融合，来自传统网络空间的安全威胁以及有针对性的工控系统攻击手段已经严重影响到了电力系统的信息安全。根据《2017年中国高级持续性威胁研究报告》，中国国家电网正遭受着大规模的高级持续性威胁攻击（APT攻击）。针对这类网络安全攻击，电力企业现有网络安全防御体系有着明显的不足。主要存在以下问题。

1）缺乏对全网信息设备、系统资产主动识别探测的手段。现有的资产管理体系基于上报与手工录入或半工具化探测进行被动式的管理，导致各个专业部门对所管理的信息设备资产数量、位置等信息掌握情况不够准确；缺乏主动式的资产识别方法，以及现有信息资产的完整信息。

2）传统安全防御手段基于已知威胁，对未知威胁缺乏分析手段。电力企业现有的网络入侵检测系统、入侵防御系统主要是通过攻击特征库的模式匹配，完成对攻击行为的检测和防御；而APT攻击采用的攻击手法和技术都是未知漏洞（0day）、未知恶意代码等未知行为，在这种情况下，依靠已知特征、已知行为模式进行检测分析，需进一步完善为如何分析高级可持续威胁攻击手段。

3）缺少能在海量网络安全数据中快速分析的方法，以及整体网络安全的动态感知能力。对APT网络攻击进行检测需要从网络全量数据中进行快速分析，在重要时期的网络安全保障期间，都是通过红蓝队员对产生的日志进行人工筛选分析，效率和准确率都非常低下，因此，如何智能化的分析以及将分析后的数据可视化的动态展示，辅助电力企业信息安全人员对网络安全事件的分析和应急响应的问题都亟待解决。

在工业控制系统（如电力系统）的安全研发方面，国外著名研发机构已经制定了相关的产品标准，并开发了系列的安全保障工具。国内的工业控制系统研究方面，已经发布GB/T 30976—2014《工业控制系统信息安全》，而相关行业的安全标准还在制定和完善中，部分安全公司已经开始在工控安全方面进行产品和解决方案的研发。

当前，我国面临电力业务系统体系化防护能力不足、自主可控安全技术的应用覆盖小、轻量化防护手段缺失、针对性安全技术应用评测体系不完善等问题。亟需开展电力行业适配性安全技术应用模式和机理创新，提升电力系统安全替代能力，加强电力关键基础信息设施的安全；解决电力领域专有信息安全技术应用的基础性、共性支撑。

美国国家标准技术研究院（NIST）在NIST SP800-82 r2/r3中将存储数据加密作为电力系统"Defense-in-depth"重要策略之一考虑，将认证技术作为SCADA系统的安全问题关键解决方案；德国联邦网络安全局（BSI）在其发布的报告BSI-PP-0042中，将存储数据加密列为关键基础设施密码模块评估（TOE）的重要安全目标之一。美国NIST在2020年发布的《制造系统网络空间安全框架》（NIST IR-8183 r1）中明确对制造系统身份管理、认证和访问控制部分（PR.AC-3）、数据安全（PR.DS-2）等提出加密机制使用要求，该报告明确了对于各类电力系统安全技术，在整体系统的确认（ID.RA）、检测（DE.AE、DE.CM、DE.DP）方面，需要实施性能及负载测试以确保安全技术的应用不会影响制造系统本身的性能。

10.8.4　智能网联汽车行业安全分析

近年来，随着我国经济结构快速转型升级，新能源汽车产业迎来了爆发式发展，我国已逐步成为全球最大的汽车产销国和出口国。据中国汽车工业协会统计，自2018年以来，我国新能源汽车出口数量的年复合增长率达到了46.58%。2023年全国汽车产销量达3000万辆，其中新能源汽车产销超900万辆，汽车出口超过500万辆，为我国经济健康发展提供了强劲动力。

在全球政治、军事摩擦日益加剧，经济贸易去全球化的大背景下，新能源汽车的信息安全问题逐渐受到业界的高度关注。汽车快速智能化带来了对网络安全的迫切需求。信息安全是新能源汽车发展的核心要素，对汽车进行破解或是安全攻击的事件日益频繁，且后果还相当严重。网络安全将可能演变成影响社会安全，甚至国家安全的问题。

2022年3月1日，由于丰田汽车的供应商小岛冲压工业株式会社遭到网络攻击，丰田暂停了日本国内14家工厂28条生产线的运行。此次事件，造成日本丰田生产暂停一天，影响了大约18000辆汽车的生产。2022年7月21日，滴滴因在汽车网络安全和数据安全领域存在重大的违法违规操作，国家互联网信息办公室依据《网络安全法》《数据安全法》《个人信息保护法》《行政处罚法》等法律法规，对滴滴全球股份有限公司处人民币80.26亿元罚款。2022年12月20日，蔚来汽车在其官方社区发布《关于数据安全事件的声明》，承认存在用户基本信息和车辆销售信息泄露的情况，黑客以泄露数据勒索225万美元等额比特币。2022年12月，美国SiriusXM车联网服务平台中被曝存在一个高危安全漏洞，该漏洞可能允许黑客远程攻击多家汽车制造商的车辆，包括本田、日产、英菲尼迪等。研究人员表示，只要知道车辆的车辆识别码（VIN），就可利用该漏洞以未经授权的方式解锁、起动、定位和鸣喇叭。2023年迄今为止，汽车行业的数据泄露事件呈上升趋势，占汽车安全事件总数的37%。

同时，随着UN/WP29-R155和我国强制性标准《汽车整车信息安全技术要求》等的陆续发布和生效，新能源汽车产业链的各个环节都对信息安全提出了更高的要求，产业链上下游企业也陆续开始重视信息安全问题。在生产制造环节，各零部件及整车制造企业开始强制建立完善信息安全管理体系，确保生产过程中的数据安全和产品可靠性。在销售环节，企业需要加强对客户信息的保护，防止数据泄露和被滥用。在充电设施和车联网领域，企业需要加强网络安全防护，保障车主和企业的利益。此外，在自动驾驶等新兴领域，信息安全的保障尤为重要，需要加强对传感器数据的保护和防止被攻击利用。

2020年8月，工信部发布了《新能源汽车生产企业及产品准入管理规定》，其中明确要求新能源汽车必须通过信息安全和功能安全相关检验，符合相关标准要求。2022年4月8日，工信部等五部委发布《关于进一步加强新能源汽车企业安全体系建设的指导意见》，指导新能源汽车企业加快构建系统、科学、规范的安全体系，全面增强企业在安全管理机制、产品质量、运行监测、售后服务、事故响应处置、网络安全等方面的安全保障能力，提升新能源汽车安全水平，推动新能源汽车产业高质量发展。2022年11月2日，工信部、公安部就《关于开展智能网联汽车准入和上路通行试点工作的通知》公开征求意见，通知规定试点企业应具备网络安全、数据安全、软件升级、风险与突发事件等安全保障能力，同时应建立智能网联汽车产品安全监测服务企业平台，对试点车辆的网络与数据安全状态进行监测，并建立报告机制。征求意见稿的发布意味着网络安全和数据安全已成为智能网联汽车准入和上路的核心关键环节，昭示着汽车行业安全"强监管"时代的加速到来。建议车企强化落实网络安全和数据安全保护的主体责任，建立健全网络安全和数据安全管理制度，加快提高安全技术保障能力，促进汽车行业整体安全水平的提升。

目前，我国新能源智能网联汽车信息安全已逐步迈向"强监管"时代，2023年5月初，工信部开展了《汽车整车信息安全技术要求》等四项强制性国家标准的制修订，并形成了征求意见稿。作为强制性国家标准，《汽车整车信息安全技术要求》发布后，各主机厂及上游的相关零部件厂商需要严格遵守该标准，对相关的零部件产品和整车进行合规性安全检测，从而进一步促进汽车信息安全检测市场的发展。

在国际政策层面，随着我国成为全球最大的汽车出口国，国外相关政策标准也日益受到产业链上下游企业的关注。欧洲的GDPR和美国的CCPA等隐私法规也要求企业保护用户隐私，对新能源汽车企业的数据收集、存储和使用提出了更高的要求。UN/WP29 R155作为针对汽车网络信息安全的标准，已于2022年7月1日生效，该标准要求自生效之日起，出口到欧盟协议成员国的新车系必须获得网络安全系统型式认证。同时，自2024年7月1日起，尚未停产的车型必须获得网络安全系统的型式认证，才可以在相关市场销售。

参 考 文 献

［1］中华人民共和国国家发展和改革委员会．智能制造发展规划（2016—2020年）［EB/OL］．（2017-06-20）［2024-03-22］．http：//www.ndrc.gov.cn/fzgggz/fzgh/ghwb/gjjgh/201706/20170620_851813.html．
［2］美国国家标准与技术研究院．制造系统网络空间安全框架［Z］．2022．
［3］上海临港地区开发建设管理委员会．推动建设国际智能制造中心：上海建设具有全球影响力科技创新中心临港行动方案（2015—2020）［EB/OL］．（2015-10-14）［2024-03-22］．http：//sh.zhaoshang.net/2015-10-14/531457.html．
［4］重庆大学．工业控制系统密码应用研究课题指南［Z］．2014.07-2015.06．
［5］美国国家标准与技术研究院．网络安全框架（CSF）［Z］．2017．
［6］美国国家标准与技术研究院．制造控制系统网络安全指南细则［Z］．2022．

科学家科学史
"两弹一星"功勋
科学家：王淦昌